トランジスタ技術 SPECIAL

No.168

トランジスタからヒューズまで！ 高効率・低損失な設計のために

パワエレ回路技術
部品特性から入門

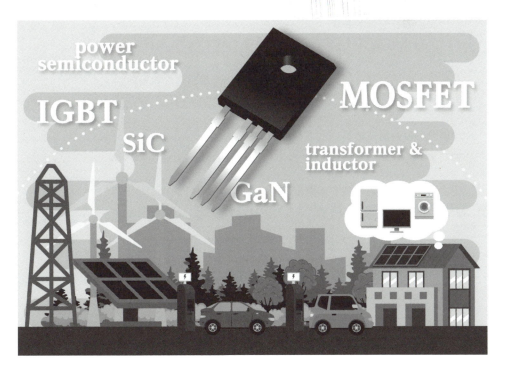

power semiconductor
IGBT
SiC
GaN
MOSFET
transformer & inductor

CQ出版社

トランジスタ技術 SPECIAL

No.168

トランジスタからヒューズまで！高効率・低損失な設計のために

パワエレ回路技術 部品特性から入門

トランジスタ技術SPECIAL編集部　編

Introduction **パワエレ回路は部品からおさえるべし**　岡田 芳夫 ・・・・・・・・・・・・・・・ **5**

第1部　パワー・トランジスタ&ダイオードの回路技術

パワエレのコモンセンス
第1章 **パワー MOSFET とスイッチング動作入門**　瀬川 毅 ・・・・・・・・・・・ **10**

高耐圧と低オン抵抗を両立できるSiCやGaNが期待される背景
第2章 **パワー MOSFET の半導体構造とシリコンの限界**　瀬川 毅 ・・・・・ **23**

小型/高速/低損失の実力とこれからの課題
第3章 **新しいパワー MOSFET…SiC と GaN**　瀬川 毅 ・・・・・・・・・・・・・ **28**

出力容量と動作周波数で用途によって使い分ける
Appendix 1 **パワー半導体デバイスの使い分け方**　白井 慎也 ・・・・・・・・・・・・・・ **36**

パワー MOSFET と構造は似ているが得意/不得意が異なる
第4章 **大電流スイッチング素子「IGBT」のしくみ**　山田 順治 ・・・・・・・・ **37**

パワー MOSFET と IGBT，SiC MOSFET を比べる
第5章 **実測比較！ SiC MOSFET と従来パワー半導体の性能**　山本 真義 ・・・ **46**

CONTENTS

表紙／扉デザイン：ナカヤ デザインスタジオ（柴田 幸男）
本文イラスト：後藤 晶子

第6章 ダイオードのメカニズムと損失が発生する理由を把握する
数千V，数百Aに耐えるパワー・ダイオードのしくみ 山田 順治 ・・・ 52

第7章 よく使う数十W以下のスイッチング電源作りを例に
スイッチング電源に使えるダイオードの選び方 梅前 尚 ・・・・・・ 59

第8章 マイコン直結で200V級出力！ 高密度モジュールDIPIPM回路の研究
インバータ機器向けパワー・モジュールに見る
パワエレ・パターン設計の勘どころ 市村 徹 ・・・・・・・・・・ 64

第9章 数百Vより上のパワー半導体の世界もおさえる
まだ現役！サイリスタ＆トライアック 白井 慎也 ・・・・・・・・・ 71

第2部 パワー・トランス＆コイル…しくみと特性

第10章 電源回路の性能を左右するキーパーツ
スイッチング電源用トランスの基礎 梅前 尚 ・・・・・・・・・・・・ 78

第11章 トランス/コイルの最適設計に重要な指標をシミュレーションで確認する
高効率化のための基本パラメータ①磁束密度 眞保 聡司 ・・・・・・ 86

第12章 試作の前に高精度に設計検証
高効率化のための基本パラメータ②インダクタンス 眞保 聡司 ・・・ 91

第13章 計測が難しい導体内の電流をシミュレーションで検証
高効率化のための基本パラメータ③ 電流密度と抵抗損 眞保 聡司 ・・・ 95

Appendix 2 磁気シミュレーションの結果を回路シミュレーションに取り込む
トランスのモデルと回路シミュレーションの連係 眞保 聡司 ・・・ 100

第14章 電線を使わずに電気エネルギーを伝える不思議な部品
トランスを磁気の目で見てみよう 富澤 裕介 ・・・・・・・・・・・ 103

第15章 磁気のふるまいを電気に置き換えて理解しよう
磁気回路によるインダクタンスの計算 富澤 裕介 ・・・・・・・・・ 110

トランジスタ技術SPECIAL No.168

第3部　パワエレ向けコンデンサ…しくみと特性

誘電体の材料と構造が特性を決めている
第16章　コンデンサの種類　八幡 和志 ・・・・・・・・・・・・・・・・・・・・ **122**

電源の平滑回路用によく使われる
第17章　小型大容量を得られるアルミ電解コンデンサ　藤井 眞治, 藤田 昇 ・・・ **128**

自動車の動力系に欠かせない
第18章　高耐圧で周波数特性に優れるフィルム・コンデンサ　藤井 眞治 ・・・ **138**

第4部　パワエレに必須の保護部品…しくみと特性

役割/使われどころから種類/構造まで
第19章　ヒューズの基礎知識　布施 和昭, 高藤 裕介 ・・・・・・・・・・・・・ **142**

エレメントの構造と溶断特性の相違
第20章　ヒューズの動作原理　布施 和昭, 高藤 裕介 ・・・・・・・・・・・・・ **150**

感電や発煙, 発火などを防ぐために決められている
Appendix 3　各国のヒューズ安全規格　布施 和昭, 高藤 裕介 ・・・・・・・・・ **155**

定格電圧/電流からディレーティングの設定まで
第21章　ヒューズ選定の手順　布施 和昭, 高藤 裕介 ・・・・・・・・・・・・・ **160**

電源投入時の突入電流の測り方から寿命計算まで
第22章　具体例で示すヒューズの正しい選び方　布施 和昭, 高藤 裕介 ・・・・・ **166**

材料や環境によって沿面/空間距離が決められている
第23章　ヒューズを実装する際の考慮点　布施 和昭, 高藤 裕介 ・・・・・・・・ **175**

温度ヒューズ/復帰型電流保護素子/サージ吸収素子/突入電流防止回路
第24章　電流ヒューズ以外の保護素子　布施 和昭, 高藤 裕介 ・・・・・・・・・ **180**

初出一覧 ・・・・・・・・・・・・・・・・・・・・・・・・・・・・・・・・・・・・ **188**

▶本書は「トランジスタ技術」誌に掲載された記事を元に再編集したものです.

Introduction

パワエレ回路は部品からおさえるべし

岡田 芳夫 Yoshio Okada

パワエレはこれから大注目で進化中の分野

● 電力効率の向上を使命とする

私たちの身の周りにある製品の多くは，電力で動いています．それらの製品において電力の供給を担当しているのが，パワー・デバイス(パワー半導体)です．

社会を支える基盤を見ても，電力発電，情報機器，交通車両(車や鉄道車両)，通信放送，工場など，幅広い分野で電力が使われており，電力変換機器が活躍しています．

「パワー(電力)」と「エレクトロニクス(半導体デバイス)」，「コントロール(制御)」にかかわる技術分野を「パワー・エレクトロニクス(パワエレ)」と呼びます(Dr. Newellが1973年に定義)．パワエレはすべての社会と家庭を動かすエレクトロニクスといえます．そして，パワー・デバイスには，電力効率の向上が求められています．

社会生活の利便性や快適さを得ながら，地球温暖化防止や廃棄物処理，環境ホルモンに対処するためにもパワエレは重要です．人類の将来に大きく影響するといっても過言ではありません．

パワエレ回路の基本構成と主な部品

パワエレ部品がどのようなものかを説明するため，パワエレ回路の構成例を図1と図2に示します．キー部品の大まかな動作の役割がイメージできると思います．

ひとくちにパワエレといっても，扱う電力量や動作周波数は幅広いです．図1はAC100V入力のスイッチング電源回路，図2はリチウム電池などの直流電源(400Vなど)で駆動する電気自動車(EV)用インバータ回路です．

● スイッチング電源

一般的な絶縁方式の回路ブロック構成を図1に示します．商用の交流電源を入力し，ノイズ対策用(EMC)ライン・フィルタを介して，整流回路(ブリッジ・ダイオード)と平滑コンデンサで直流の整流電圧を得ます．整流電圧はPFC(力率改善回路)を通り，MOSFETのLLC共振方式によるスイッチングによって，高周波トランスを通じて2次側へ電力を変換します．アイソレーション(絶縁)した2次側電力は整流さ

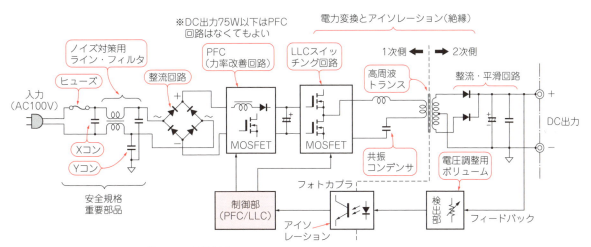

図1 AC100V入力 スイッチング電源の回路構成例

Introduction

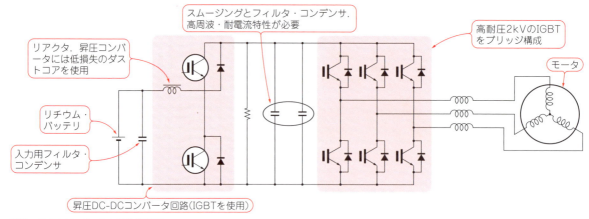

図2 EV用インバータの回路構成例

れ，DC電圧を出力します．また，出力電圧を，フォトカプラを介して1次側へフィードバックすることで，安定した制御を行います．

● EVインバータ

図2のインバータ回路は，3相のEV用交流駆動モータの回路ブロックを示しています．

リチウム電池などの直流電源を入力し，入力電圧を昇圧コンバータで高め，3相のIGBTブリッジ回路へ供給します．この昇圧コンバータのリアクタは直流重畳特性の良い，うなり音の発生しないダストコアなどが使われます．インバータ回路の入力コンデンサはスムージングとノイズ・フィルタ用で，高周波特性の良いフィルム・コンデンサなどが使われます．入力電圧を上げて，電力効率，馬力，燃費などEVとして総合特性を高めることができます．

特に重要なパワー半導体と進化

電力効率の向上に中心的な役割を果たすキー部品は，なんといっても，電力変換のためにON/OFFを繰り返すパワー半導体素子(スイッチング素子)です．また，磁気部品であるトランスやインダクタ(コイル)，共振回路であれば共振タンクや力率改善コンデンサ，フィルタなども重要です．

● パワー半導体の種類

パワー半導体は大別すると，整流作用をするダイオードとスイッチングするトランジスタ，MOSFET，IGBT，GaN，SiCなどがあります．

GaNやSiC材料を使ったHEMT(High Electron Mobility Transistor)やMOSFETなどは研究開発段階が終わり，製品化の域に入っています．しかし，まだ価格や流通などにおいて課題があり，Si MOSFETやIGBTもまだまだ欠かせない存在です．

● これからのパワー半導体…GaN，SiCの状況

SiCやGaNを使った，次世代パワー半導体(トランジスタ・タイプ)の実用化状況を表1に示します．一般に，サンプル程度の小数であれば，実用化されているものであれば販売代理店などから入手可能です．

次世代パワー・デバイスの研究開発は，現在，日本，米国，欧州それぞれで進められています．SiCは自動車EVや鉄道車両，産業機器向けインバータなどの大容量域で，GaNは高周波・小容量域であるディジタル情報機器，通信機器の分野において，実用化に向けた研究開発が進められています．

● パワー半導体に合わせて磁性材料も進化中

スイッチング電源やインバータなどにGaNやSiCを採用しても，実は，従来の磁性材料の特性では十分な

表1 進化中…パワー・トランジスタの状況(2024年8月現在)

項目/材料	Si(シリコン)		GaN		SiC	
デバイス	MOSFET	IGBT	HEMT/MOSFET	MOSFET	MOSFET	IGBT
用途	低電圧・低電流	高電圧・大電流	高周波(SiC・Si)[*1] 低電圧・低電流	高電圧・低電流(GaN)[*2]	高電圧・大電流	超高電圧・超大電流
製品化	完了	完了	完了	未	完了	未
備考	実用化済み	実用化済み	実用化済み	開発段階	自動車EV/鉄道車両において開始	開発段階

*1：SiやSiCの基板上にGaNエピタキシャル層を形成したもの．*2：GaNの基板上にGaNエピタキシャル層を形成したもの

Introduction パワエレ回路は部品からおさえるべし

性能を引き出せません．そのような中，GaN用で高周波対応のMnZnフェライト材PC200(TDK)が話題になっています．特徴は，周波数700 kHz～4 MHzにて低損失で，キュリー温度が250℃と高いことです．従来の標準的なコア形状であるER，FED，ELP，EQ，PQなどの対応が可能です．

また，リカロイ(アルプスアルパイン)という金属磁性材料がパワエレの世界で注目を浴びています．リカロイはアモルファス合金であり，従来のフェライト・コアより低損失，飽和磁束密度が高い，粉末化が容易で自由な形状ができるという特徴をもちます．

パワエレ回路の進化はパワエレ部品の進化

● GaNを使ったAC電源アダプタの実例

すでに実用化されている製品を例に，GaNの実力を見てみます．一般向けに，GaNを使ったACアダプタ製品が出ています．出力50 W以下のものが多いようですが，「140 W USB-C電源アダプタ」(アップル，**写真1**)は，GaNを使ったLLC共振方式，出力140 Wの電源です．この製品を例に，GaNを採用するメリットである高効率&小型化について紹介します．

▶ X線撮影

本製品は密閉された放熱樹脂のパッケージング構造となっています．これをX線撮影し(**写真2**)，内部構造と回路を調査しました．

表面実装型のGaNや，複数の磁性部品(トランスやインダクタ)が実装されています．

▶ 別のスイッチング電源とのサイズ比較

この製品と，同じLLC共振方式でSi MOSFETを使う電源アダプタとで，サイズ(容積)を比較してみました(**写真3**)．

- 140 W USB-C電源アダプタ(GaNを使用)：202 cm^3
- 150 W 12 V出力の電源アダプタ(Si MOSFETを使用)：613 cm^3

用途が事務機器と産業用という違いはありますが，GaNを使う製品の容積が1/3となっています．

● 高速スイッチング可能なGaNは小型化できる

GaNを使った電源アダプタを小型化できた理由を説明します．一口で言うと，電力変換周波数を高められたことが主な要因です．

GaNは，Si MOSFETと比べて電圧変化(dv/dt)が5倍以上，電流変化(di/dt)においては約10倍以上高速スイッチングが可能な半導体です．また，低オン抵抗，高耐圧化，小チップ化されています．

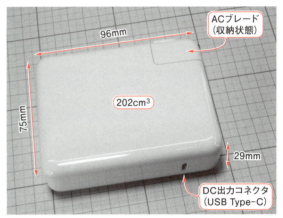

写真1 140 W USB-C電源アダプタ(アップル)の外観
容積は202 cm^3．放熱樹脂で密閉したパッケージングとなっている

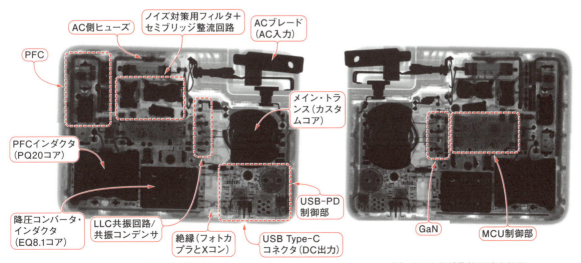

(a) 部品実装面　　　　(b) 表面実装部品(SMD)実装面

写真2 140 W USB-C電源アダプタをX線撮影した

Introduction

● トランスのコアを小さくできる

トランスの1次巻き数N_pは，以下の式が示す基本原理として一般的に計算されます．

$$N_p = \frac{v_{in}}{8 \times f \times A \times B_m} \times 10^8$$

ただし，N_p：1次巻き数［ターン］，f：周波数［Hz］，A：コアの有効断面積［cm^2］，B_m：最大磁束密度［ガウス］

この式から，B_mとv_{in}を一定のまま周波数を高くすると，N_pとAが小さくなります．数ランク小さなサイズのコアが選択でき，1次巻き数を減らせるので小型のトランスになります．

● ノイズ・フィルタや出力コンデンサを小さくできる

写真3(b)では，リプルやノイズ・フィルタに関係する部品が大きなスペースを占めています．

インダクタ（コイル）やコンデンサの大きさは，周波数に関係します．以下に示すように，共に周波数の関数で表わされます．

$$\text{インダクタンスのインピーダンス}\, Z_L = 2\pi f L$$
$$\text{コンデンサのインピーダンス}\, Z_C = \frac{1}{2\pi f C}$$

EMCライン・フィルタやノイズ・フィルタの設計にあたり，ある値のインピーダンスを実現するために周波数を高くすれば，インダクタやコンデンサを小型のものにできます．

電源の出力整流に使うコンデンサはリプル電流を吸収し，きれいな直流を出力することを目的とします．リプル電流を吸収するときにリプル電圧が必ず発生します．

GaNを使い，周波数を100kHz以上にすることで，低インピーダンスの小さな固体コンデンサ（OS-CONなど）を使うことができ，小型化できます．

*　　　*　　　*

半導体パワー・デバイスの技術開発が進み，これまでにバイポーラ・トランジスタからMOSFETへ変化したように，新たにGaNやSiC，酸化ガリウム（Ga_2O_3）のデバイスが使われるようになっていきます．製品は複数のデバイスで構成されるので，半導体デバイスだけでなく，磁気部品であるトランスやコイル，そのほかコンデンサなどの新たな製品も相乗的に出現すると考えられます．

社会全体のエネルギ削減を目標に，電力効率の高い民生・産業製品が求められています．日本の電力総需要は約10000億kWh/年といわれています．そのうち，家電，産業，モータ関連の消費電力量を8500億kWh/年と考えると，これらの業界のエンジニアが工夫して電力効率を1%改善すれば，原子力発電所の1～2基分の削減に寄与できることになります．

新しいデバイスの動向に関心を持ち，将来に向けて精進することがエンジニアの義務だと個人的に考えています．

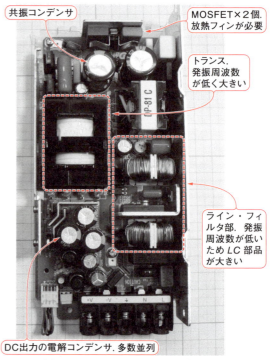

(a) 140W（最大28V/5A）出力のUSB-C電源アダプタ

(b) 150W 12V 出力の電源アダプタ

写真3　パワー半導体の違いによる電源回路の形状を比較した
同じLLC共振方式の電源回路で，Si MOSFETを使用したものとGaNを使用したものを比較した．GaNを使ったほうが容積比で1/3になっている

第1部

パワー・トランジスタ &ダイオードの回路技術

第1部 パワー・トランジスタ&ダイオードの回路技術

第1章 パワエレのコモンセンス

パワーMOSFETとスイッチング動作入門

瀬川 毅 Takeshi Segawa

キー・デバイス…パワーMOSFETとは

● パワーMOSFETは「MOSFET」

パワーMOSFETの回路記号を図1に示します．パワーMOSFETにはNチャネル(N channel)とPチャネル(P channel)があり，回路記号では小さな矢印の方向で区別します．また，パワーMOSFETとそうではないMOSFETの区別はありません．図1ではサークルあり(サークルはパッケージを表す)とサークルなしの記号を示しています．基本的に回路記号は，回路エンジニア同士が互いにパワーMOSFETとわかればどちらでもよいのです．本稿でMOSFETはサークルなしの回路記号を使います．

端子はNチャネルでもPチャネルでも3つあり，それぞれ名前がついていて，ゲート(gate)，ソース(source)，ドレイン(drain)と呼びます．

● サイズが大きい

パワーMOSFETの外観を写真1に示します．パワーMOSFETのパッケージには名前がついていることが多いです．写真1の右からTO-247，TO-3P，TO-220，TO-252，TO-263です．

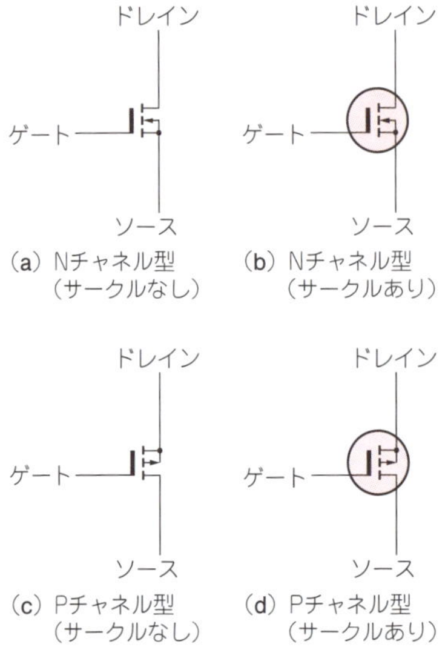

TO-247，TO-3P，TO-220は外形からわかるように大きなパッケージです．このため，高耐圧で50A以上の大きな電流を流すことができます．また，高い電圧で使う素子は，UL規格など各国の安全規格の適用を受け，端子間の距離などに制約があります．TO-247，TO-3P，TO-220のようなパッケージが必要です．

パッケージには多くの種類があり写真1には載せきれません．パワーMOSFETの外形の特徴は，ほかの半導体素子と比べると「大きい」ことでしょう．外形が大きいのには理由があります．それは大きな電流を流すためです．大きな電流を流すと素子が発熱するので，TO-247，TO-3P，TO-220のように放熱器をつけて放熱できるようにしてあります．

● 新たなパワーMOSFETはパッケージ裏側に注目

TO-247，TO-3P，TO-220といったパッケージは，30年以上前から使われてきた十分に信頼性のあるものです．しかし，パワーMOSFETの進化によってそれだけでは対応できないことも増えました．そこで新たなパッケージの登場です．一例として写真2(a)を挙げます．

図1 パワーMOSFETの回路記号
矢印の方向でPチャネルとNチャネルを区別する

(a) Nチャネル型(サークルなし)
(b) Nチャネル型(サークルあり)
(c) Pチャネル型(サークルなし)
(d) Pチャネル型(サークルあり)

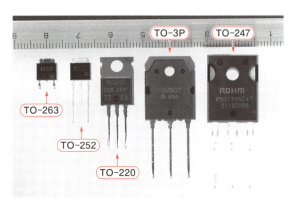

写真1 いろいろなパワーMOSFETの外観

第1章 パワーMOSFETとスイッチング動作入門

後述しますが，パワーMOSFETが高速にスイッチングすると，自分自身のインダクタンス成分によって大きなサージ電圧が生じます．インダクタンス成分は，内部の配線と接続のための端子のリード線で生じます．これらの配線を極限まで短くしてインダクタンス成分を減少させようとした例が，**写真2(b)**の裏面です．

このパッケージの裏面は，内部の半導体と直付けされたドレインの電極です．こうすることで，最短の配線でインダクタンス成分を大幅に減少させています．さらに，この外形では放熱器で放熱することなど無理なので，プリント基板の太いパターンを使って放熱することが必須です．

パワーMOSFETのはたらき

● 大きな電流をコントロールする

パワーMOSFETを英語にするとPower Metal Oxide Semiconductor Field Effect Transistorです．Field Effect Transistorは頭文字をとるとFETです．パワーMOSFETもトランジスタの仲間でFETの一種です．

名前の最初に大げさにPowerがついていますが，英語を直訳した「力」ではなく，大きな電流によって大きな「電力」をコントロールする素子と考えます．つまり，パワーMOSFETとは電力用のMOSFETと考えるのです．大きな電流は，ドレインの端子とソースの端子の間に流れます．大きな電力をコントロールする目的でパワーMOSFETは大きな電流を流し，そのために外形が大きくなったのです．

ところで，大きな電流とは何A以上を指すのか，実は曖昧です．筆者の主観的な感覚では，1A以上の電流を連続的に流すことができるMOSFETは，パワーMOSFETと呼んでもよいように思います．

● パワーMOSFETはスイッチング動作で使う

大きな電流を流せるパワーMOSFETは，どのように使われるのかと言うと，それはスイッチング（switching）です．

スイッチは，図2(a)のように人間の手でON/OFFさせて使います．人間の手を使った場合，1 μsなどの短時間でON/OFFさせたりすることには無理があります．

そこで，半導体でスイッチの動作をさせる，つまりスイッチング動作が考え出されました［図2(b)］．そして，スイッチング動作にとても適した素子が40年ほど前に登場しました．それがパワーMOSFETです．

● スイッチング・コンバータの回路例

パワーMOSFETが使われている回路の事例を図3に示します．

図3(a)はバック・コンバータ（buck converter）です．降圧コンバータと呼ばれることもあります．入力のDC電圧より低いDC電圧を得るために使います．具体的には，おもにCPU（Central Processing Unit）やマイコンなどの電源電圧である+5 V，+3.3 V，+1.2 Vといった電圧を供給するための電源として使われています．

図3(b)はブースト・コンバータ（boost converter）です．昇圧コンバータとも呼ばれます．入力のDC電圧より高いDCを得るために使います．具体的には，スマートフォン（cell phoneまたはmobile phone），タブレットPC（tablet computer）などのバッテリ（battery）で動作する機器の表示器の液晶背面のLED（Light Emitting Diode）などに使われています．

図3(c)はブースト・コンバータの応用なのですが，PFCコンバータ（Power Factor Correction converter）です．なかでも図3(c)は，効率99%を超える高効率を実現した回路で，トーテム・ポールPFC（totem pole PFC）と呼ばれています．トーテム・ポールPFCコンバータは高効率なので，5G，次世代の6Gといった携帯の基地局で使われています．

一般に，PFCコンバータはAC 100 Vなどの商用電源の国際的な高調波電流規制（具体的にはIEC 61000-

（a）表面　　　　（b）裏面

写真2 配線を極限まで短くしたパワーMOSFETのパッケージ

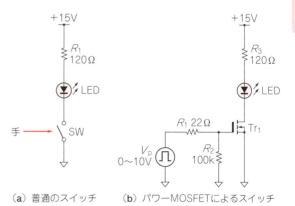

（a）普通のスイッチ　　（b）パワーMOSFETによるスイッチ

図2 パワーMOSFETはスイッチングで使う

第1部　パワー・トランジスタ&ダイオードの回路技術

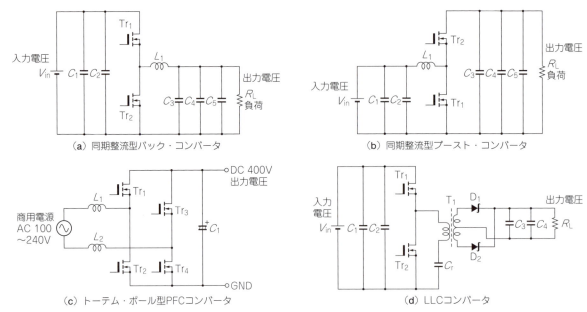

(a) 同期整流型バック・コンバータ

(b) 同期整流型ブースト・コンバータ

(c) トーテム・ポール型PFCコンバータ

(d) LLCコンバータ

図3　パワーMOSFETはコンバータ回路でよくスイッチングさせて使われる

3-2)に適合するように考案されました．出力電圧はDC 380 VからDC 400 V程度です．入力が商用電源なら使用電力が小さい機器を除き，ほとんどの機器に使われています．

図3(d)はLLCコンバータ(LLC converter)と呼ばれています．パワーMOSFETをスイッチングするのですが，ドレインの電流波形がパルス状ではなく，sin波に近い波形で流れます．そのため，スイッチングにともなうノイズが非常に少ない特徴があります．また，スイッチング時にパワーMOSFETの損失(loss)も少ない方式です．反面，入力の電圧範囲を広くとることには向いていません．

LLCコンバータは，PFCコンバータの後段に接続され，商用電源との絶縁とDC 400 Vの電圧をDC

12 V，DC 24 V，DC 48 Vなどの電圧に降圧する目的で使われることが多いです．

図3において，パワーMOSFETはすべてスイッチング動作して入力電圧を変換しています．これらの回路を総称してスイッチング・コンバータ(switching converter)と呼びます．

● パワーMOSFETは身の回りでの機器で使われている

スイッチング・コンバータが使われている機器は，スマートフォン，バッテリ充電器，タブレットPC，PC，液晶モニタ，テレビなど，身の回りの家電製品から車に至るまで，我々の生活のあらあゆる場所で使われていると言っても過言ではないでしょう．

本稿では，スイッチング・コンバータ自体ではなく，

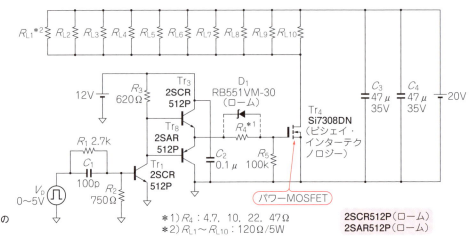

図4　パワーMOSFETのスイッチング実験回路

*1) R_4：4.7, 10, 22, 47 Ω
*2) R_{L1}～R_{L10}：120 Ω/5 W

第1章 パワーMOSFETとスイッチング動作入門

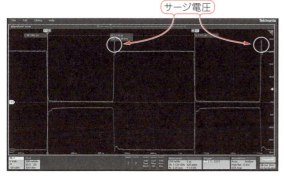

図5 パワーMOSFETのスイッチング波形を測定しようとすると電流プローブのインダクタンス成分によるサージ電圧が発生してしまう
上：ドレイン-ソース間電圧（5 V/div, 200 ns/div），下：ドレイン電流（500 mA/div, 200 ns/div）

図6 電流プローブを外すとパワーMOSFETのスイッチング時にあったドレイン-ソース間電圧の大きなサージ電圧はなくなった
5 V/div, 200 ns/div

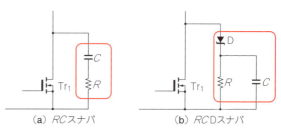

図7 よく使われるスナバ回路

そこで使われているパワーMOSFETに話を絞って進めていきます．

実験の前に… スイッチング動作を測定するときの注意

パワーMOSFETをスイッチングさせてみます．実験回路は図4，実験結果は図5です．

図5で，上側の波形がドレイン-ソース間電圧，下側の波形がドレイン電流です．パワーMOSFETは確かにON/OFFを繰り返してスイッチングしています．図5での繰り返しの周波数，つまりスイッチング周波数f_{sw}は，オシロスコープで波形全体が大きく見えて，できるかぎり高い周波数との観点から900 kHz（$1/f_{sw}$ = 1.11 μs）としました．

● 高速スイッチングすると測定がたいへん！ 電流プローブでもサージ電圧が発生

図5でパワーMOSFETのドレイン-ソース間電圧を見ると，ドレイン電流が流れなくなった瞬間［ターンOFF（turn off）と呼ぶ］に，電圧が入力電圧に対して＋5Vほど大きく跳ね上がっています．この電圧をサージ電圧（surge voltage）と呼びます．これは，負荷の抵抗のインダクタンス成分やプリント基板のインダクタンス成分，さらにはパワーMOSFET自身のインダクタンス成分の影響もありますが，主に測定のために挿入した電流プローブのインダクタンス成分によるものです．

インダクタンスLと流れる電流iとの関係は，式(1)で知られています．

$$V = L \frac{di}{dt} \quad \cdots\cdots\cdots\cdots\cdots\cdots\cdots (1)$$

このためドレイン電流が急激に変化する時間，つまりdi/dtが大きいと電圧は大きくなります．つまり，パワーMOSFETがターンOFFして電流が急速に0 Aになるタイミングで大きな電圧が生じています．

ここで，インダクタンス成分をもつ電流プローブを外してみた結果が図6です．多少はインダクタンス成分の影響は見られますが，大きなサージ電圧はなくなりました．

● 本稿では電流プローブで測定したのでサージ電圧あり

このように，高速でスイッチングするパワーMOSFETのドレイン電流を測定すると，インダクタンス成分によってドレイン-ソース間の電圧波形に大きなサージ電圧が発生します．

しかし本稿では，スイッチングするパワーMOSFETのドレイン電流も測定したいので，以後も電流プローブを挿入して測定します．その際，ドレイン-ソース間の大きなサージ電圧はおもに電流プローブのインダクタンス成分によるものと考えてください．

● サージ電圧でパワーMOSFETが破損することもある

一般にインダクタンス成分によるサージ電圧は，パワーMOSFETの定格を超えてしまい，最終的にパワーMOSFET自身が破損に至る場合もあるので注意が必要です．サージ電圧を抑えるポイントは，
（1）プリント基板のパターン設計でとにかくインダクタ成分を低く抑える
ことです．それでもだめなら，

第1部　パワー・トランジスタ&ダイオードの回路技術

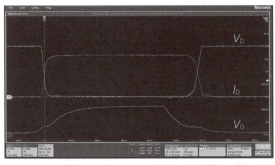

図8 ゲート抵抗47Ωのときのスイッチング波形（Si7308DN）
V_D, V_G：5 V/div, 100 ns/div, I_D：500 mA/div, 100 ns/div

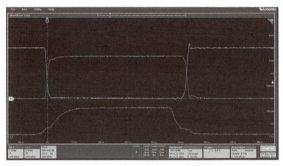

図9 ゲート抵抗22Ωのときのスイッチング波形（Si7308DN）
V_D, V_G：5 V/div, 100 ns/div, I_D：500 mA/div, 100 ns/div

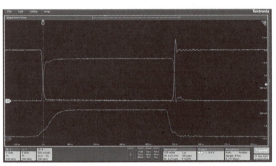

図10 ゲート抵抗10Ωのときのスイッチング波形（Si7308DN）
V_D, V_G：5 V/div, 100 ns/div, I_D：500 mA/div, 100 ns/div

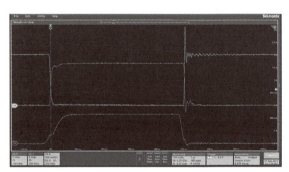

図11 ゲート抵抗4.7Ωのときのスイッチング波形（Si7308DN）
V_D, V_G：5 V/div, 100 ns/div, I_D：500 mA/div, 100 ns/div

（2）スナバ（snubber）と呼ばれる回路（図7）を追加します．

　回路にもよりますが，最初からスナバ回路のパターンをプリント基板に設けておいて，サージ電圧が大きいときに部品を実装する方法もあります．スナバ回路は，プリント基板のパターン部分やパワーMOSFETのインダクタンス成分が既知ではないので，実験のうえで定数を決定して部品を実装します．

実験…パワーMOSFETの基本動作

● ゲート電圧がゆっくり立ち上がるほどスイッチングもゆっくり

　さらに子細に動作を見ていきます．測定にゲート電圧の波形も加えて拡大します．ここでは，図4でパワーMOSFETのゲートに接続されている抵抗R_4を変えて測定してみました．図8はR_4＝47Ω，図9はR_4＝22Ω，図10はR_4＝10Ω，図11はR_4＝4.7Ω，図12はR_4＝10Ω＋D_1の結果です．

　図8～図11を見ると，ゲートの抵抗R_4の抵抗値が大きいほどゲート電圧V_Gはゆっくりと立ち上がっています．また，ゲート抵抗R_4の抵抗値が大きくゲート電圧がゆっくり立ち上がるほど，ドレイン電流I_Dも，0Aから立ち上がる時間や1.7A程度から立ち下がる時間がゆっくりとなっています．つまり，ゲート

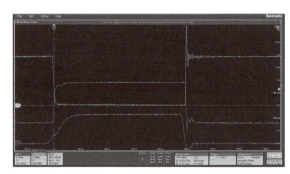

図12 ゲート抵抗10Ω＋ダイオードのときのスイッチング波形（Si7308DN）
V_D, V_G：5 V/div, 100 ns/div, I_D：500 mA/div, 100 ns/div

電圧によってスイッチングの切り替わりの速さが変化しているのです．

● ドレイン電流の変化率によってサージ電圧も変化

　ドレイン電流の立ち下がり時間の大きさによって，ドレイン-ソース間電圧V_Dに生じるサージ電圧の大きさも変化していることに注目してください．サージ電圧が生じる主たる原因は，測定のために入れた電流プローブのインダクタンス成分Lです．式（1）で示されるサージ電圧の大きさVは，ドレイン電流の変化率di/dtによって決まります．

第1章 パワーMOSFETとスイッチング動作入門

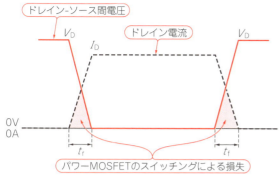

図13 パワーMOSFETのスイッチング損失

スイッチング損失と可視化

● ドレイン-ソース間電圧とドレイン電流が交差している部分が損失

ドレイン-ソース間電圧の波形とドレイン電流の波形が交差して三角形を作っているところに注目します. イメージは図13です. そこで改めて図8～図11を見ると, ドレイン-ソース間電圧の波形とドレイン電流の波形が交差して作る三角形の大きさが, パワーMOSFETのゲートの抵抗R_4の抵抗値によって変わっています.

この三角形となる時間は, ドレイン-ソース間電圧とドレイン電流が同時に存在する時間帯です. ドレイン-ソース間に電圧が加わり, かつドレインに電流が流れると, パワーMOSFETに電力(電圧×電流)の損失が生じます. パワーMOSFETのこの電力損失をスイッチング損失(switching loss)と呼びます. スイッチング損失は, パワーMOSFETがOFFからONになる(ターンON)区間と, ONからOFFになる(ターンOFF)区間で生じます.

また, 実際のスイッチングは, OFFからON, ONからOFFの繰り返しです. ですからスイッチング損失は, スイッチング周波数に比例して増加します.

● スイッチング損失はオシロスコープの掛け算機能を使えば測定できる

パワーMOSFETのスイッチング損失は, ディジタル・オシロスコープに備わっているMATH機能を使って測定するのが一般的です. 電力の損失を求めるので, 電圧と電流の掛け算にオシロスコープを設定します. 具体的には図14のように, ドレイン-ソース間電圧の入力(ch 1)とドレイン電流の入力(ch 4)をMATH機能で掛け算(＊)に設定します. これでMATHの波形は, ドレイン-ソース間電圧とドレイン電流の掛け算, つまりスイッチング損失が表示されるはずです.

それを実験してみました. 図9の条件でスイッチン

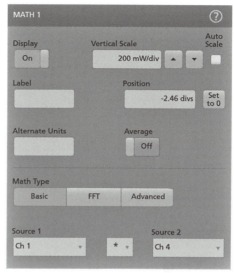

図14 スイッチング損失の測定のためオシロスコープのMATH機能で電圧と電流の掛け算を設定

グ損失を測定した波形を図15に示します. 図15において, 一番下の波形がスイッチング損失です. パワーMOSFETのターンONやターンOFF時にスイッチング損失が発生しているようすがよくわかります.

● スイッチング損失はある程度は手計算で求められる

電圧や電流の波形を完全に数式化できないので誤差はありますが, スイッチング損失P_dを概算で計算することができます. 電圧や電流の波形を図13とすれば, 計算式は式(2)となります.

$$P_d \simeq \frac{1}{6} V_d I_d (t_r + t_f) f_{sw} \quad \cdots\cdots (2)$$

実際のドレイン-ソース間電圧とドレイン電流(図10の条件)で計算してみます. 図10の結果を式(2)に当てはめて,

$$P_d = \frac{1}{6} \times 20 \times 1.7 \times (16.2\,n + 13\,n) \times 900\,k$$

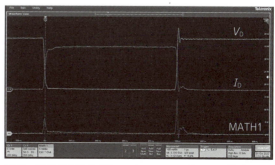

図15 図10の条件でパワーMOSFETのスイッチング損失
V_D：5 V/div, 100 ns/div, I_D：500 mA/div, 100 ns/div, MATH1：5 W/div

第1部 パワー・トランジスタ&ダイオードの回路技術

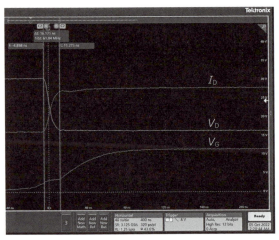

図16 パワー MOSFET のターン ON 時の拡大（下段の波形に注目）
V_D, V_G：5 V/div, 40 ns/div, I_D：500 mA/div, 40 ns/div

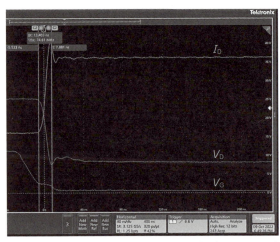

図17 パワー MOSFET のターン OFF 時の拡大（下段の波形に注目）
V_D, V_G：5 V/div, 40 ns/div, I_D：500 mA/div, 40 ns/div

$$\fallingdotseq 0.149\ \mathrm{W} \quad\cdots\cdots\cdots\cdots\cdots\cdots\cdots\cdots (3)$$

と得られました．

スイッチング損失を減らす基本

● 最適なゲート抵抗の抵抗値は主観

図8～図11のように，スイッチング損失はパワー MOSFET のスイッチングの切り替わりの速さによって違いが出てきます．ならば，スイッチングの切り替わりの速いパワー MOSFET を採用したり，ゲートの抵抗値を小さくしたりすればよさそうです．ただしこの場合，プリント基板のインダクタンス成分の影響でサージ電圧が大きくなります．

製品/機器として見た場合，スイッチング損失が多いと電力の無駄が多いということになります（つまり効率が良くない）．これは社会的には，持続可能な社会を目指す動き（SDGs）に反した機器になってしまいます．一方，サージ電圧が多いと結果として機器が発するノイズが多くなり，各種のノイズ規格に適合できないことになります．

まさに，あちらを立てるとこちらが立たずです．蛇足ですが，こうしたあちらを立てるとこちらが立たずの状態を一般にトレードオフ（trade-off）と呼びます．トレードオフは技術の世界だけでなく，一般社会でもあります．

この解決には，プリント基板で大きな電流変化のあるパターンのインダクタンス成分を限りなく小さくすることです．その場合，パターンの長さを 1 mm でも短く，いや 0.5 mm でも短い配線にします．最終的には実験をして，主観的に適切なゲートの抵抗値を決めます．図8～図11では，筆者は図10を選びます．

● スイッチング損失を減らすにはインダクタンス成分を最小化する

図15だけ見ていると，パワー MOSFET のターン ON やターン OFF の時間が短ければスイッチング損失が少なくなることは明瞭です．しかし，上述したようにターン ON やターン OFF の時間が短いと，パワー MOSFET やプリント基板などのインダクタンス成分によって大きなサージ電圧が発生します．

したがって，パワー MOSFET の外形/パッケージを工夫してインダクタンス成分を減らした素子の使用や，プリント基板もインダクタンス成分が少ないパターン設計が非常に重要となっています．

● 低ノイズで効率も良い LLC コンバータ

このような，あちらを立てるとこちらが立たずといった問題が，パワー MOSFET を使うと普通に出てきます．しかし，根本的と思われる解決法が登場しました．それが先に紹介した LLC コンバータです．

LLC コンバータのパワー MOSFET はスイッチング動作していますが，ドレイン電流は急激な変化がなく，sin 波に近い波形です．そのためにノイズが少なく，さらにドレイン-ソース間電圧とドレイン電流が交差する時間が非常に短く，つまり効率が良いのです．ここまでくると LLC コンバータの良さがわかります．

実験…スイッチング動作の詳細

● パワー MOSFET はゲート電圧がスレッショルド電圧を超えるとターン ON

せっかくゲート電圧の波形も測定したのですから，さらに深入りします．先ほどの図10に対して，パワー MOSFET のターン ON 時を拡大したようすを図16

第1章 パワーMOSFETとスイッチング動作入門

に示します．ゲート電圧V_Gに注目すると，ゲート電圧の上昇が約3.3V付近で階段の踊り場のようにいったん平坦に見える時間が存在しています．

さらに，ターンOFFを拡大したようすを図17に示します．ゲート電圧V_Gが踊り場にさしかかるとパワーMOSFETのドレイン-ソース間電圧V_Dは急激に下がりだし，ドレイン電流I_Dは急速に増えだします．そしてゲート電圧が踊り場を過ぎると，パワーMOSFETは完全にONしています．ゲート電圧が踊り場にいる時間は約16.2 nsほどです．

パワーMOSFETをドライブする回路にもよるのですが，ターンOFF時でもゲート電圧に踊り場は存在します．

実験したパワーMOSFETは，ゲート電圧が約3.3V以上になると急速にターンONしています．この電圧をスレッショルド電圧（threshold voltage）と呼んでいます．記号は一般的にV_{th}で表します．スレッショルド電圧は温度によっても変動し，また同じ型番のパワーMOSFETでもばらつきが大きく，異なる型番のパワーMOSFETではさらに異なります．しかし，スレッショルド電圧V_{th}は無限にばらつくことはなくて，多くは1～4Vの範囲に入ります．

● ゲート電圧を高くするほどオン抵抗は小さくなる

パワーMOSFETをスイッチングさせるには，ゲート電圧をスレッショルド電圧まで与えればONになりそうです．それは間違いありません．でも，プロフェッショナルな回路エンジニアを目指すにはさらに掘り下げる必要があります．

実は，ゲート電圧によってオン抵抗R_{ON}が異なるのです．オン抵抗とは，パワーMOSFETがON時のドレイン-ソース間の抵抗値です．オン抵抗が小さな値であるほど，DC的にはより理想に近い素子です．

図18に示すように，同じパワーMOSFETでもゲート電圧を高くするとオン抵抗が小さくなっています．少しでもオン抵抗を小さくしてパワーMOSFETの損失を減らそうとすると，ゲート電圧はスレッショルド電圧より高くなるでしょう．実際の回路では，ゲート電圧は5～12Vの範囲で使われています．

● すこし脱線…ゆっくりゲート電圧を変えるとリニア動作する

本稿はパワーMOSFETのスイッチング動作を前提にしているのですが，少し脱線します．パワーMOSFETのゲートの電圧を高くするとオン抵抗が小さくなり，ゲートの電圧を低くするとオン抵抗が大きくなります．このため，ゲートの電圧を任意に穏やかに変えてオン抵抗を変え，ドレインの電圧を変えることも可能です．パワーMOSFETのリニア動作です．

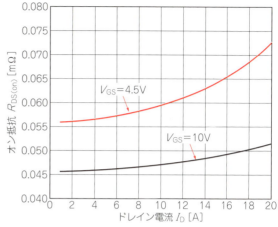

図18[(1)] オン抵抗はゲート電圧によって変わる（Si7308DNの例）

現実的にはリニア動作に適したパワーMOSFETは少ないので，回路を設計するときの難しさはあります．

● オン抵抗による電力損失はスイッチング損失より少ない

オン抵抗R_{ON}による電力の損失P_rはどの程度なのでしょうか．図10の場合で計算してみます．オン抵抗R_{ON}は，図18より，

$$R_{ON} \approx 0.046\ \Omega \cdots\cdots\cdots\cdots\cdots\cdots (4)$$

です．電流の実効値I_{RMS}は，

$$I_{RMS} = \sqrt{D}\ I_p = \sqrt{0.5 \times 1.8} \approx 0.949\ \text{A} \cdots\cdots\cdots (5)$$

です．ですから，オン抵抗R_{ON}による電力の損失P_rは，

$$P_r = I_{RMS}^2 R_{ON} = 0.949^2 \times 0.046 = 0.0414\ \text{W} \cdots\cdots (6)$$

となります．

式(3)のパワーMOSFETのスイッチング損失と比べると，オン抵抗R_{ON}による電力損失は圧倒的に少ないことがわかります．なので，パワーMOSFETを使うときは，まずはスイッチング損失を減らし，そのあとにオン抵抗による電力損失を減らすことを考えます．

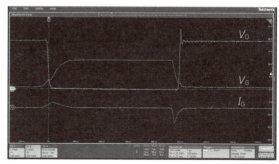

図19 ゲート抵抗10Ωのときのスイッチング波形（Si7308DN，ゲート電流）
V_D，V_G：5 V/div，100 ns/div，I_D：500 mA/div，100 ns/div

第1部 パワー・トランジスタ&ダイオードの回路技術

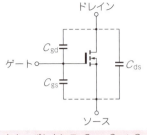

図20 パワーMOSFETの各端子には必ずキャパシタンスが存在して動作に影響を与える

入力キャパシタンス $C_{iss}=C_{gd}+C_{gs}$
出力キャパシタンス $C_{oss}=C_{ds}+C_{gd}$
帰還キャパシタンス $C_{rss}=C_{gd}$

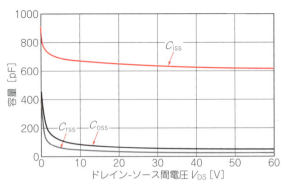

図21[(1)] パワーMOSFET Si7308DNのキャパシタンス

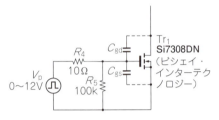

(a) 図4の回路の一部でパワーMOSFETのキャパシタンスも想定した回路

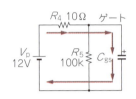

(b) V_Dが12Vになった直後の等価回路

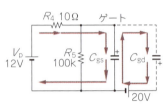

(c) ゲート電圧が"踊り場"のときの等価回路

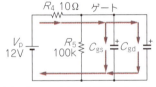

(d) パワーMOSFETがONした直後の等価回路

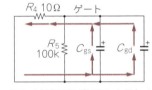

(e) パワーMOSFETがOFFしようとする直前の等価回路

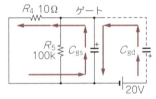

(f) パワーMOSFETがOFF時の"踊り場"のときの等価回路

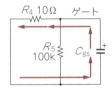

(g) パワーMOSFETが完全にOFFになる直前の等価回路

図22 パワーMOSFETの端子間のキャパシタンスも含めた動作

● パワーMOSFETのキャパシタンス成分が動作に影響を与える

ゲート端子の電流も測定したようすを図19に示します．下段の波形に注目すると，パワーMOSFETがターンONするときにゲート電流が流れています．またターンOFFするときにはターンON時とは逆方向に電流が流れています．

これは，パワーMOSFETのゲート-ソース間とゲート-ドレイン間にキャパシタンス成分があることを示しています．実は，パワーMOSFETには図20のようにゲート，ドレイン，ソースの各端子間に構造的に生じるキャパシタンスがあります．

実験時に使用したSi7308DN（ビシェイ）の仕様を図21に示します．キャパシタンスC_{iss}，C_{rss}，C_{oss}が一定の値でなく，ドレイン-ソース間電圧によって大きく変化している点に注目してください．いずれにせよ大きさの大小はありますが，キャパシタンスはパワーMOSFETでは必ず存在します．

● パワーMOSFETのゲートの電流（ターンON時）

ターンONとターンOFF時にゲート電流が流れていますが，時間軸を細かくもう少し深入りして考えてみます．

図22(a)は図4の回路の一部で，パワーMOSFETの端子間のキャパシタンスまで書き込んだものです．そこで，図19の波形を時間に分けて子細に見てゆきます．

まず，パワーMOSFETがターンONする場合です．図22(b)は，ゲートの電圧が0V付近から上昇している時間です．ゲートにはキャパシタンスC_{gs}を充電

第1章 パワーMOSFETとスイッチング動作入門

する電流が流れます．パワー MOSFET は，まだOFF の状態です．

図22(c)は，ゲート電圧がスレッショルド電圧に達したときです．パワー MOSFET はターン ON し始め，ドレイン電圧も急速に下がります．このとき入力電圧（図4では 20 V）で充電されているキャパシタンス C_{gd} の両端電圧は急速に下がり，やがて極性が反転します．キャパシタンス C_{gd} を放電する電流が流れていると考えるとわかりやすいでしょう．つまり，外部からキャパシタンス C_{gs} を充電する電流と，パワー MOSFET 内部のキャパシタンス C_{gd} を放電する電流が流れて打ち消しあうので，ゲート電圧は踊り場のように電圧の上昇が一時止まります．このときパワー MOSFET は，ON 状態とも OFF 状態ともいえない状態です．

図22(d)は，ゲート電圧がスレッショルド電圧に達した直後です．今度はキャパシタ C_{gs} と C_{gd} を充電する電流がゲートから流れ込み，再び上昇を始め，やがてゲートの駆動電圧で止まります．パワー MOSFET は ON の状態になりました．

● パワー MOSFETのゲートの電流（ターン OFF 時）

パワー MOSFET がターン ON する場合で考えてみます．

図22(e)は，ゲートの電圧が + 12 V 付近から下降している時間です．この時間は，キャパシタンス C_{gs} も C_{gd} も矢印の方向に放電します．このときパワー MOSFET は ON の状態です．

図22(f)は，ゲートの電圧がスレッショルド電圧まで下がったときです．パワー MOSFET は，ターン OFF し始め，ドレイン電圧が急激に上昇し始めます．ドレイン電圧がゲート電圧以上になるとキャパシタンス C_{gd} の両端電圧の極性は反転して，入力電圧（図4では 20 V）から充電されるようになります．この電流はキャパシタンス C_{gs} を充電させる方向なので，ゲート電圧の下降は一時停止して踊り場のような時間ができます．このときパワー MOSFET は，ON 状態とも OFF 状態ともいえない状態です．

図22(g)は，ゲートの電圧がほとんど0 Vとなった時間です．キャパシタンス C_{gs} からの放電も止まります．パワー MOSFET は OFF 状態です．

● パワーMOSFETは「電圧で動く」といっていいのか？

パワー MOSFET に限らずMOSFETは，ゲート電圧によって動作する素子ということになっています．これは，MOSFETをリニア動作させたときに相当します．しかし，パワー MOSFET をスイッチングさせると，ゲート抵抗にもよりますが，1 A 程度の電流が流れることが普通です．この状態を電圧動作とは言いにくいです．

表1[1]　絶対最大定格の例（Si7308DN，ビシェイ）

パラメータ		記号	定格	単位
ドレイン-ソース間電圧		V_{DS}	60	V
ゲート-ソース間電圧		V_{GS}	± 20	
ドレイン電流（$T_J = 150°$）	$T_C = 25℃$	I_D	6	A
	$T_C = 70°$		6	
	$T_A = 25℃$		5.4	
	$T_A = 70°$		4.3	
パルス・ドレイン電流（10 μs 幅）		I_{DM}	20	
ソース-ドレイン間ダイオード電流	$T_C = 25℃$	I_S	6	
	$T_A = 25℃$		2.7	
アバランシェ電流	$L = 0.1$ mH	I_{AS}	11	
単一パルスアバランシェ・エネルギー		E_{AS}	6.1	mJ
最大電力	$T_C = 25℃$	P_D	19.8	W
	$T_C = 70℃$		12.7	
	$T_A = 25℃$		3.2	
	$T_A = 70℃$		2.1	
動作温度，保存温度		T_J, T_{stg}	−55〜+ 150	℃

それで，ゲートに大きな電流が流れる前提でゲート駆動用のICも発売されています．これらのICの出力電流は，最大で3〜6 A 程度の容量をもっています．

パワー MOSFET の絶対最大定格と動作マージン

パワー MOSFET のスイッチング動作がわかったところで，絶対最大定格と現実の動作点について述べます．

● パワー MOSFET が使える範囲…絶対最大定格

パワー MOSFET に流せる電流の上限，加えることのできる電圧の上限，電力損失の上限を絶対最大定格（absolute maximum ratings）と呼びます．実験したパワー MOSFET Si7308DN の例を表1に示します．パワー MOSFET をスイッチング動作で使う場合は，おおむね電流の上限を絶対最大定格の1/3以下，電圧の上限を絶対最大定格の2/3以下で使うと，破損など最悪の状態を防ぐことができます．

● ドレイン-ソース間電圧は絶対最大定格「耐圧」の2/3以下程度で動作させる

ドレイン-ソース間電圧は，サージ電圧を含めて電圧の上限を絶対最大定格の2/3以下程度で使います．

多くの場合，スイッチング・コンバータの入力が最大のときにドレイン-ソース間電圧も最大になります．なので，スイッチング・コンバータの入力電圧が最大のときでも，ドレイン-ソース間電圧は絶対最大定格の2/3以下程度にするのがポイントです．「程度」と書いた意味は，絶対厳守でぴったりと2/3以下にしな

第1部 パワー・トランジスタ&ダイオードの回路技術

くてもかまわないということです．2/3 + 数 % 以下であればよいように思います．

表1の場合は，絶対最大定格は60 V ですから，40 V以下で使うのが望ましいのですが，それが仮に2/3の電圧の3.33 %増しの42 V となってもかまいません．2/3の電圧の13.3 %増しの48 V で使うと，何かイレギュラーなことが起きて入力電圧が異常に上がるとパワーMOSFETを破損する危険があります．

こうした異常事態になっても，パワーMOSFETを壊れないようにする必要があります．絶対最大定格に対して，動作時の余裕を設計マージン(design margin)と呼びます．

● ゲート電圧は3端子レギュレータで決める

一般のスイッチング・コンバータでは，ゲート電圧を決めるのに3端子レギュレータを用意するので，イレギュラーな電圧異常は3端子レギュレータが吸収してくれ，そうした事態は想定しなくてよいでしょう．

また，3端子レギュレータの電圧は回路設計者が決めるので自由度があります．

なので，オン抵抗R_{ON}をできる限り小さくしたい用途では，ゲート電圧を高く設定します．例えば，表1の場合，絶対最大定格は±20 V なので，その8割の+16 V 程度までは許されるでしょう．もちろん，その場合，ターンON時にパワーMOSFETの入力キャパシタンスC_{iss}を+16 V で充電することになり，ターンOFF時にはそのぶんを全部放電します．つまり，入力キャパシタンスの充電放電で電力をゲートの抵抗で消費します．そのため，スイッチング周波数が低い，50 kHz以下の用途でお勧めします．

より一般的なパワーMOSFETを200 kHzから600 kHzでスイッチングする用途では，ゲート電圧は上述したように5 V から12 V 程度で動作させることが多いです．以上より，ゲート電圧は実際的/現実的に絶対最大定格の影響は受けないと思います．

column>01 パワー回路の測定に欠かせない「電流プローブ」のポイント

瀬川 毅

● パワー回路の電流測定に電流プローブが必要な理由

エレクトロニクス分野において，パワーを扱う回路は少々特異です．ほかのエレクトロニクス分野と比較すると大きな電力(＝電圧×電流)を扱うので，電圧だけではなく電流も測定する必要があります．

電流がDCや100 Hz以下の周波数ならば，写真Aのようなシャント抵抗と呼ばれる小さな抵抗値の抵抗を回路中に挿入して，その両端電圧を測定すればよいでしょう．

しかし，パワーMOSFETをスイッチング素子として，200 kHzから1 MHz程度で動作している回路の電流波形をオシロスコープで測定しようとすると

困ります．理由は下記の2点です．

(1) シャント抵抗は1 mΩ，10 mΩといった低抵抗なので，1 A，10 A などの大きな電流が流れても両端電圧は0.1 V 以下となり，ノイズが多い波形になる

(2) 一般的に低抵抗の抵抗は，自身のインダクタンス成分によって比較的低い周波数からインピーダンスが増加して，測定値としては誤差を生じやすい

そこで，測定器メーカは電流プローブ(写真B)を用意しています．電流プローブは，写真Cのように

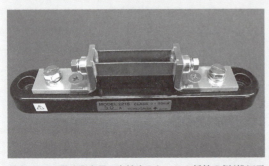

写真A DC電流測定用の高精度のシャント抵抗の例(横河電機，この例は50 A まで使え1 A に対して1 mV の電圧が得られる)

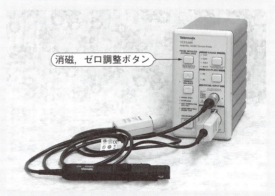

写真B 電流プローブTCP312AとアンプTCPA200(テクトロニクス)

第1章 パワーMOSFETとスイッチング動作入門

● ドレイン電流は絶対最大定格の1/3程度で動作させる

ドレイン電流の絶対最大定格は，DCの条件とパルスの場合の2通りあります．連続的にスイッチング動作をさせるには，DCのほうの値を使います．パルスの絶対最大定格の値は，5分に1回10μsの時間だけONとか，パワーMOSFETに熱のストレスがない場合に適用します．

ドレイン電流は絶対最大定格の1/3程度で動作させるようにします．これもスイッチング・コンバータの出力がショートしたなど，1μs程度のイレギュラーな事態でも壊れないようにするためです．

● 設計マージンは安全の設計思想

このように，電圧や電流の絶対最大定格に対してとる動作時の余裕を設計マージンと呼びました．ならば，設計マージンが大きいほうがパワーMOSFETは壊れにくいのでは，との指摘もあります．このことは事実ですが，それが過ぎると過剰な仕様(オーバースペック)になります．適正な設計マージンは，与えられた条件，とくに使用温度によっても変わってくるので簡単ではないのですが，そのあたりは上記した条件で設計して実験してさらに追い込むとよいでしょう．

パワーMOSFETに限らず，一般的に設計マージンとは，異常な事態が起きても製品が壊れることなく安全に問題なく動作することを目的に決めるものです．設計マージンは，いわば安全の設計思想と呼んでもよいかもしれません．昨今，ときどき日本製品の不良，欠陥のニュースが流れますが，設計の現場で設計マージンを知らなかったり無視したりした結果と思われて，心中穏やかではありません．

◆引用文献◆
(1) Si7308DN データシート，Vishay Intertechnology.

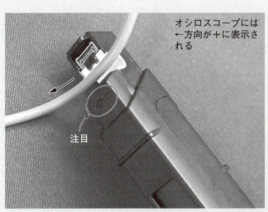
(a) 配線をつかむ前

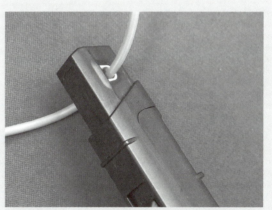
(b) 配線をつかんだ後

写真C 電流プローブは配線をつかむことで電流を測定

回路中の配線を「つかむ」ことで，内部の電流波形が測定できます．写真C(a)で，プローブの先端の矢印に注目してください．電流プローブには方向性があります．写真C(a)の矢印の方向に流れる電流は，オシロスコープでは+方向に表示されます．

● ポイント①…まず消磁，ゼロ調整してから使う

電流プローブも測定前に校正が必要です．校正項目は3点あります．1点目は，磁性体で構成される電流検出部の残留磁束を消すこと，2点目はDC成分をゼロにすることです．この操作は簡単で，電流プローブTCPA300(テクトロニクス)では，1つのボタン(PROBE DEGAUSS AUTOBALANCE)を押す

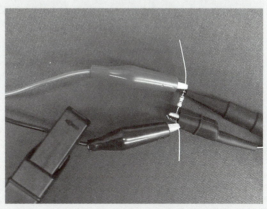
写真D 47Ωの抵抗の両端電圧と電流を測定する接続

第1部 パワー・トランジスタ＆ダイオードの回路技術

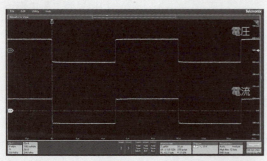

図A 電流プローブの遅れを合わせる前の47Ω抵抗の電圧と電流
5 V/div，100 mA/div，2 μs/div

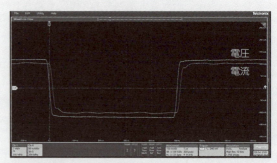

図B 電流プローブの時間遅れを合わせる前のパルス波形を重ねて拡大
2 V/div，50 mA/div，100 ns/div

ことで消磁とゼロが実現できます．

この操作は，プローブを配線から外して電流がない状態で，かつプローブの配線をつかむ部分をしっかり閉じて行います．

● ポイント②…電流プローブの時間遅れを調整

3点目は，電圧プローブと電流プローブ間の時間遅れをゼロとなるように調整することです．電圧プローブと電流プローブは同じ時間遅れでオシロスコープに表示されるわけではありません．

写真Dのようにして実験してみました．その結果を図Aに示します．抵抗の電圧と電流を測定しているのですから同じ波形となるはずです．図Aを一見すると，電圧プローブと電流プローブの時間差はな

く同じように見えます．電圧波形と電流波形を重ね，さらに時間軸を拡大してみたのが図Bです．プローブ間の時間遅れがあります．

抵抗の電圧と電流は同じ波形になるはずなので，これではマズイですね．もちろんこの時間差を調整できる機能がオシロスコープに用意されています．

図Cのように，電流プローブが接続されているオシロスコープのチャネルのメニューを開き，その中から「デスキュー（Deskew）」を選択します．その後，波形を見ながらツマミを回し，時間遅れがゼロとなるようにデスキューを調整します．すると図Dのように，電圧プローブと電流プローブの波形はピッタリと一致します．これで，電圧プローブに対する電流プローブの時間遅れの調整は終了です．

図C 電流プローブの時間遅れを合わせる

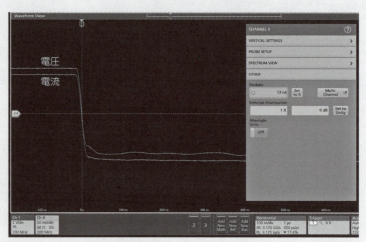

図D 電流プローブの遅れを調整するとこんな感じ
2 V/div，50 mA/div，100 ns/div

第2章 高耐圧と低オン抵抗を両立できるSiCやGaNが期待される背景
パワーMOSFETの半導体構造とシリコンの限界

瀬川 毅 Takeshi Segawa

はじめに，MOS(Metal Oxide Semiconductor)とは何かという話をします．

Metal Oxide Semiconductorは，直訳すると酸化金属半導体ですが，これは半導体の内部の構造の話です．パワーMOSFETにはNチャネルとPチャネルがあります．

パワーMOSFET内部の半導体としての動作

● p型半導体の内部にNチャネルが発生

パワーMOSFETのゲート端子の電極はアルミニウムなどの金属です．このゲートの金属に，酸化させたシリコン(SiO_2)が接合されています．この酸化させたシリコンを酸化膜(silicon dioxide)と呼びます．酸化膜は導体ではないので電気を通しません．図1(a)のように，ゲートの電極と酸化膜とさらにp型半導体を接合させた状態で考えます．p型半導体は正孔が多く，電子が少ない半導体です．

今，図1(b)のようにゲートの端子に＋の電圧を加えたとします．すると，p型半導体内部の少ない自由電子は酸化膜のほうに引き寄せられ，正孔は－側の電極のほうに引き寄せられます．もちろん酸化膜は電気を通さないので，酸化膜の近くに集まった電子はゲート端子に流れ出ることはありません．

その結果，p型半導体でありながら，酸化膜の周辺にはn型半導体のように電子が多く存在する層ができます．この層はn型半導体のような性質をもつので，Nチャネルと呼ばれます(p型半導体にできるのがNチャネルで，n型半導体にできるのがPチャネル．紛らわしい)．

図1(b)では自由電子あるいは正孔がない領域が存在しています．この領域は空乏層(depletion layer)と呼ばれます．

● n型半導体の内部にPチャネルが発生

図2(a)のように，ゲートの電極と酸化膜とn型半導体を接合させた状態で考えます．n型半導体は，自由電子が多く正孔が少ない半導体です．n型半導体のゲートの端子に図2(b)のように－の電圧を加えたとします．すると，n型半導体内部の少ない正孔は酸化膜のほうに引き寄せられ，自由電子は＋側の電極のほうに引き寄せられます．酸化膜は電気を通さないので，酸化膜の近くに集まった正孔はゲート端子に流れ出ることはありません．

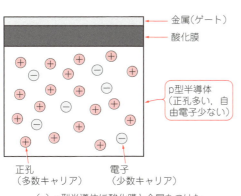

(a) p型半導体に酸化膜と金属をつけた

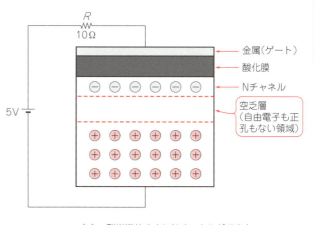

(b) p型半導体の中にNチャネルができた

図1　p型半導体の断面図

第1部　パワー・トランジスタ&ダイオードの回路技術

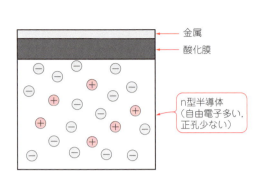

(a) n型半導体に酸化膜と金属をつけた

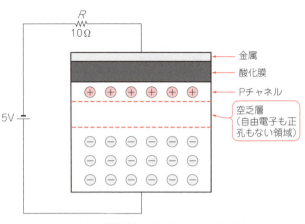

(b) n型半導体の中にPチャネルができた

図2　n型半導体の断面図

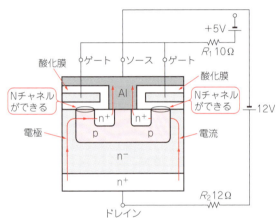

図3　プレーナ型のパワーMOSFETに電流が流れる

その結果，n型半導体でありながら，酸化膜の周辺にはp型半導体のように正孔が多く存在する層ができます．この層はp型半導体のような性質をもつので，Pチャネルと呼ばれます．ここでも空乏層ができます．

● チャネルができるとパワーMOSFETはターンON

それでは，このチャネルはどのような意味をもっているのでしょうか．

図3は，プレーナ型のパワーMOSFETの構造を示しています．今，ゲートに+5Vの電圧が加わったとします．すると，図3のp型半導体の中の酸化膜に近い部分に自由電子が集まりNチャネルができます．p型半導体の中のNチャネルは自由電子の集まりですから，電流が流れます．その結果，Nチャネルが電流の通り道となりドレイン→n^+半導体→n^-半導体→Nチャネル→n^+半導体→ソースのルートで電流が流れます．つまり，チャネルができるとパワーMOSFETはターンONするのです．

第1章で，パワーMOSFETのゲートに外部から電圧を加えてスレッショルド電圧に達すると，ターンONすることを実験しました．これは，ゲート電圧がスレッショルド電圧に達したとき，パワーMOSFETの内部ではチャネルが生成されて電流が流れ出したのです．

パワーMOSFETに電圧を加えたときのpn接合のふるまい

● p型半導体とn型半導体を接合すると空乏層

ここで空乏層について説明します．ダイオード(diode)のように，p型半導体とn型半導体を図4(a)のようにくっつけた(接合と呼ぶ)とします．p型半導体とn型半導体の境界は，自由に電子や正孔が動くことができます．すると，境界付近ではp型半導体の内部にある正孔とn型半導体の内部にある自由電子が結合して，電気的にはゼロになります．その結果，図4(b)のように，この境界付近では半導体のキャリア(carrier)である正孔も自由電子も存在しない領域ができます．この半導体のキャリアが存在しない領域を空乏層と呼んでいます．

● 空乏層はキャパシタ

図4(b)をよく見ると，図4(c)の電荷をためたキャパシタと同じ構造であることがわかります．p型半導体の正孔とn型半導体の自由電子によって，キャパシタのようになっています．事実，p型半導体とn型半導体の接合，つまりpn接合によってキャパシタができます．

それならば，pn接合の代表的な素子であるダイオードは，はたしてキャパシタンスがあるのかどうか実験してみました．ダイオードに10E1(京セラ)を使って測定したようすが**写真1**です．確かに0.65 nF (650 pF)のキャパシタンスがあります．

第2章 パワーMOSFETの半導体構造とシリコンの限界

(a) p型半導体とn型半導体を接合する

(b) 境界面付近に空乏層ができる

(c) 空乏層はキャパシタ

図4 pn接合と空乏層

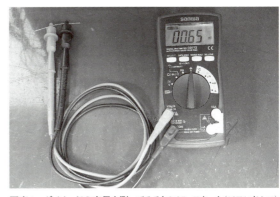

写真1 ダイオードの容量を測ってみると0.65 nFあった(10E1, 京セラ)

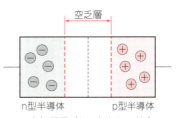

(a) 電圧がないときのpn接合

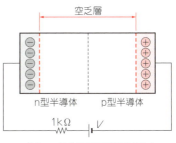

(b) pn接合に電圧が加えられた

図5 pn接合に電圧を印加する

● pn接合は電圧で容量が変わるキャパシタ

さらに深入りします．具体的には，パワーMOSFETの端子の両端の電圧が低かったり，あるいは大きな電圧が加わった状態を想定します．

図5(a)はpn接合に電圧が加わっていないときです．空乏層ができますが，それほど広くは分布していません．図5(b)はpn接合の両端にDC電圧が加わった状態です．pn接合に電圧が加わり，正孔は外部電源のマイナス側に集まり，自由電子は外部電源のプラス側に集まり，空乏層は半導体内部に大きく広がります．空乏層の広がりはDC電圧によって変わることに注目してください．つまり，pn接合に電圧が加わると内部の空乏層の広がりが大きくなり，pn接合を外側から見るとキャパシタンスが小さくなる方向に変化するのです．

今度は数式を使って考えてみます．キャパシタンスCは，次式で表せます．

$$C = \frac{\varepsilon S}{d}$$

ε：誘電率
S：電極の面積
d：電極間の距離

空乏層の広がりは，キャパシタの電極間の距離dが広がったと考えられます．そのため，pn接合に電圧が加わるとキャパシタンスは小さく見えるのです．

● パワーMOSFETには多くのキャパシタがある

このように，p型半導体とn型半導体を接合すると内部に空乏層が生まれ，外部からはキャパシタがあるように見えます．この知識をパワーMOSFETに応用します．

図3はプレーナ型のn型のシリコンの基板に作られたNチャネル・パワーMOSFETの構造を示しています．ここで，n$^+$はn型半導体の不純物が多い状態の半導体，n$^-$はn型半導体の不純物が少ない状態の半導体を示しています．n型半導体の不純物が多いとは自由電子の数が多いこと，不純物が少ないとは自由電子が少ないことを意味しています．

不純物の濃度が異なる半導体が接しているところ，具体的には図3のn$^+$半導体とp型半導体が接しているところでは，n$^+$半導体から濃度の濃い自由電子がp型半導体に拡散してp型半導体内部の正孔と結合します．その結果，n$^+$半導体の周辺には正孔や電子のない領域，つまり空乏層ができます．同様に，図3の

第1部 パワー・トランジスタ&ダイオードの回路技術

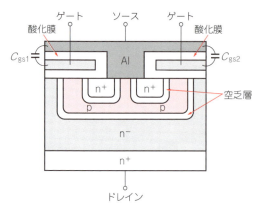

図6 パワーMOSFETの内部の空乏層

n^-半導体とp型半導体が接している領域でも空乏層ができます．空乏層は外から見るとキャパシタンスです．さらに，ゲートの端子は金属で酸化膜は不導体，さらにソースも金属ですから，ゲートとソースの間に大きなキャパシタンスC_{gs}をもちます．

その結果，パワーMOSFETは図6のように内部に空乏層が生じます．パワーMOSFETの空乏層は電圧によって変わるので，外部から見ると第1章の図20のような特性のキャパシタンスに見えます．

パワーMOSFETで重要なボディ・ダイオードとリカバリ時間

● ドレイン-ソース間にはボディ・ダイオード

Nチャネル・パワーMOSFETの構造について考えます．図7(a)のpn接合部分に注目します．pn接合はダイオードそのものでした．パワーMOSFET内部にも図7(a)のように，意図して作ったものではないけれど，構造上pn接合ができて，その結果ダイオードができてしまいました．このダイオードを寄生ダイオードとかボディ・ダイオード(body diode)と呼んでいます．

Pチャネル・パワーMOSFETでも同様に，図7(b)のように内部にその構造上pn接合ができて，そのためやっぱりボディ・ダイオードができてしまいます．

回路記号もボディ・ダイオードを含んだものがあり，それを図8に示します．

● ボディ・ダイオードが高速なパワーMOSFETを使おう

その昔，20年ほど前までのパワーMOSFETのボディ・ダイオードは意図して作ったものではないので，スイッチング速度がけっして高速とはいえませんでした．そのため，ドレイン電流がOFFとなっても，いったんボディ・ダイオードに電流が流れると，とたんにパワーMOSFETのスイッチング特性が劣化していました．近年は，当然ながら大幅に改善されています．

具体例を表1に示します．ボディ・ダイオードのリカバリ時間が30 ns(標準)と大幅に改善されています．パワーMOSFETを使う際には，ソース-ドレイン間の電圧やドレイン電流の絶対最大定格ばかりでなく，ボディ・ダイオードのリカバリ時間にも注目してみてください．

耐圧&オン抵抗の両立とシリコンの限界

● ドレイン-ソース間の絶対最大電圧はドリフト層で決まる

図3や図6のn^-の領域は，ドリフト層と呼ばれています．ドリフト層の役割は，絶対最大定格のドレイン-ソース間電圧(以下，耐圧と呼ぶ)を支えていることです．つまり，パワーMOSFETの耐圧はドリフト層で決まります．

耐圧が400 V，600 Vといった高耐圧のパワーMOSFETは，ドリフト層が厚くできています．実は，ドリフト層が厚くなると，電流が通過する経路が長くなるのでオン抵抗が大きくなるのです．そのため，パワーMOSFETが高耐圧化するにつれてオン抵抗が増

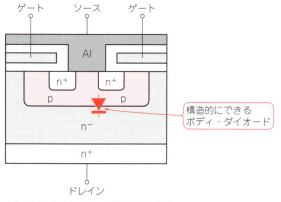

(a) Nチャネル・パワーMOSFETの場合

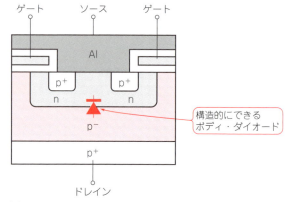

(b) Pチャネル・パワーMOSFETの場合

図7 パワーMOSFETは構造的にボディ・ダイオードができる

第2章 パワーMOSFETの半導体構造とシリコンの限界

（a）Nチャネル・パワーMOSFET　（b）Pチャネル・パワーMOSFET

図8 ボディ・ダイオードも記載したパワーMOSFETの回路記号

表1[(1)] ボディ・ダイオードの特性例（Si7308DN, ビシェイ）

パラメータ	記号	条件	最小	標準	最大	単位
ソース-ドレイン・ダイオード電流	I_S	$T_C = 25℃$			6	A
パルス・ダイオード・フォワード電流	I_{SM}				20	
ボディ・ダイオード電圧	V_{SD}	$I_S = 1.7\ A,\ V_{GS} = 0\ V$		0.8	1.2	V
ボディ・ダイオード逆リカバリ時間	t_{rr}	$I_F = 4.3\ A,$ $dI/dt = 100\ A/\mu s,$ $T_J = 25℃$		30	60	ns
ボディ・ダイオード逆リカバリ電荷	Q_{rr}			32	50	nC
逆リカバリ立ち下がり時間	t_a			25		ns
逆リカバリ立ち上がり時間	t_b			5		

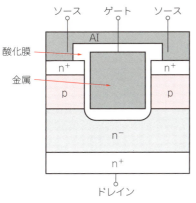

図9 トレンチ型構造のパワーMOSFET

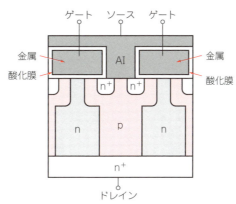

図10 スーパージャンクション型構造のパワーMOSFET

写真2 スーパージャンクション・パワーMOSFETの例（IPZA60R099P7, インフィニオン テクノロジーズ）

加するという好ましくない傾向が見られました．

● 低圧のパワーMOSFETはオン抵抗を低くできるトレンチ型が一般的になっている

パワーMOSFETにとってオン抵抗は低いほどよく理想は0Ωです．ドレイン電流が10Aと大きな電流を流すパワーMOSFETにとって，オン抵抗が0.1Ωもあるとスイッチング損失ばかりでなく，導通損失も，

$$P_r = i^2 R_{ON} = 10^2 \times 0.1 = 10\ W$$

と，大きな電力になります．この電力はパワーMOSFET自身を熱くするので，オン抵抗は低いほど良いのです．

そこで，20年以上前にトレンチ型と呼ばれる画期的なパワーMOSFETが生まれました．図9にその構造を示します．詳しい解説はここでは割愛しますが，構造に工夫をこらすことで，さまざまな特性を実現しています．このタイプは一般的に低い耐圧ですが，その代わり耐圧30V以下の素子では，現在，オン抵抗が2mΩ以下の製品が販売されています．

● 高圧のパワーMOSFETはスーパージャンクション型で高耐圧と低オン抵抗を両立している

耐圧が400V, 600Vといった高耐圧のパワーMOSFETにも革新的な製品が生まれました．スーパージャンクション（super junction）型と呼ばれるパワーMOSFETです．その構造を図10に示します．20年近い昔ですが，インフィニオン テクノロジーズから発表されたときの衝撃を今でも覚えています．名前が"CoolMOS"とこれもかっこいいです．

製品の外観を写真2に示します．この製品のオン抵抗は，600Vの高耐圧にもかかわらず25℃で0.1Ω以下です．

● シリコンの限界を超えるワイドギャップ半導体

しかし，耐圧はドリフト層しだいですが，やがてさまざまな工夫をしても，これ以上オン抵抗が下がらない限界が近づいてきました．耐圧を高くするためにドリフト層を厚くすると，そのぶん電流経路も長くなるので，結局オン抵抗が大きくなってしまいます．

言い換えるとシリコン自身の限界です．この限界をブレークスルー（breakthrough）した製品も登場しました．SiC（silicon carbide）やGaN（gallium nitride）のワイド・バンドギャップ半導体（wide bandgap semiconductor）と呼ばれるパワーMOSFETです．次章で紹介します．

◆参考・引用*文献◆

(1) Si7308DNデータシート, Vishay Intertechnology.

第3章 小型/高速/低損失の実力とこれからの課題

新しいパワーMOSFET…SiCとGaN

瀬川 毅 Takeshi Segawa

　シリコン(以下, Si)におけるパワーMOSFETの耐圧を高くするとオン抵抗も大きくなる関係は, Si自身の耐圧の限界に近づき, 高耐圧のパワーMOSFETやオン抵抗を低くできなくなってきました. このままパワーMOSFETの特性は限界となり頭打ちかと思われたのですが, さにあらず…パワーMOSFETの新しい形, ワイド・バンドギャップ(wide bandgap)半導体であるSiC(silicon carbide)やGaN(gallium nitride)が登場してきました.

シリコンの限界を超えるSiCとGaN

● ハイパワー化はSiC, 小型化はGaN
　SiCやGaNを使ったパワーMOSFETの特徴と, 応用面での出力電力とスイッチング周波数の関係を, 筆者の主観も入れて図1に示します.
　SiCのパワーMOSFETは, 原理的にソース-ドレイン間電圧の絶対最大定格(以下, 耐圧)を大きくすることができます. 耐圧が大きいと, 電流が同じならより多くの電力が扱えます. また, オン抵抗も低いのでパワーMOSFET自身の電力損失が少ない, つまり高効率(high efficiency)で電力変換が可能になります. また, Siと比べて高い温度でも使用できます. そのためモータ・インバータ(motor inverter), 太陽光発電用のソーラ・インバータ(solar inverter), 電気自動車(electric vehicle), 大型のバッテリ充電器などの電力が大きい用途に応用が広がるでしょう.
　GaNは自身の物性として, 電子移動度μ_eがSiと比較すると約1.4倍もあります. そのため, GaNのパワーMOSFETは, ターンONの時間やターンOFFの時間が非常に短い, つまりスイッチング特性がとても良好なので, スイッチング損失が少ないです. オン抵抗も少ないので, 1MHz以上のスイッチング周波数かつ高効率で電力変換が可能になります. こちらは従来からあるDC-DCコンバータで, SiのパワーMOSFETからの置き換えが進むと思われます.

● SiCやGaNの半導体の耐圧はシリコンの約10倍
　SiCやGaNの半導体でパワーMOSFETを作ると何が良いのでしょうか. SiCやGaNの場合, 耐圧がシリコン(以下Si)に対して約10倍もあります. これは何を意味しているのでしょうか.
　図2は, Siプレーナ型のパワーMOSFETの構造を示しています. パワーMOSFETがOFFしているとき,

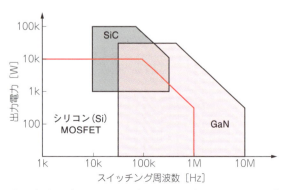

図1　従来のパワーMOSFET(Si-MOSFET)とSiCやGaNのパワーMOSFETの使いどころ

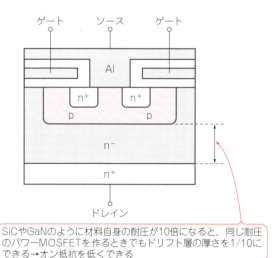

図2　パワーMOSFETの耐圧はドリフト層で決まる

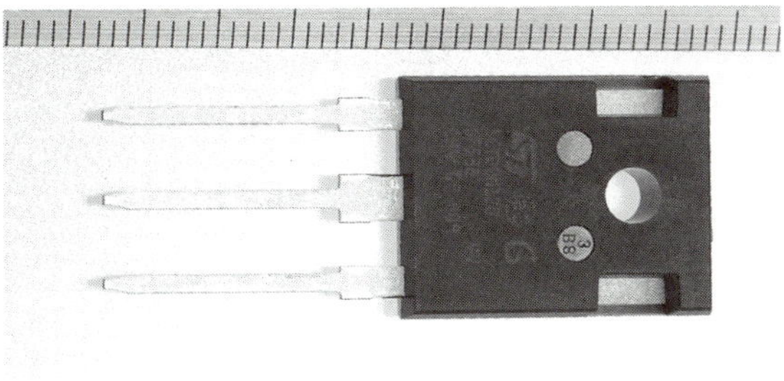

第3章 新しいパワーMOSFET…SiCとGaN

写真1 SiCパワーMOSFETは大型が多い
(SCTWA20N120, STマイクロエレクトロニクス)
上部の目盛りは1mm(以下同)

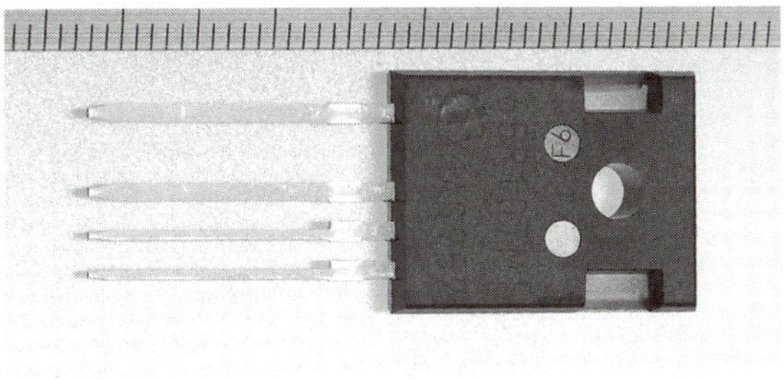

写真2 SiCパワーMOSFETは大型が多い
(IMZA65R107M1HXKSA1, インフィニオン テクノロジーズ)

写真3 SiCパワーMOSFETは大型が多い
(NTH4L022N120M3S, オンセミ)

ソース-ドレイン間に電圧がかかります．ソース-ドレイン間にかかる電圧が何Vまでならパワー MOSFETが壊れないかというのが絶対最大定格のソース-ドレイン間電圧，つまり耐圧です．パワー MOSFETの耐圧がどの程度あるのかは，**図2**のn⁻層，つまりドリフト層の厚さで決まります．ドリフト層の厚みが増すほど耐圧が高くなります．この結果，耐圧が高いほど，オン抵抗も増加します．

● 耐圧が10倍になるとオン抵抗は1/10

例えば，ソース-ドレイン間の耐圧が600V必要であれば，パワーMOSFET内部のドリフト層を厚く作る必要があります．ここで，SiCやGaNを使って同じ耐圧600VでパワーMOSFETを作ると，SiCやGaNの耐圧はSiの10倍ですからドリフト層の厚みは単純に1/10でよいことになります．つまり，SiCやGaNでパワーMOSFETを作ると，オン抵抗は同じ耐圧のSiのパワーMOSFETと比べて1/10となるでしょう．

さらにSiCの場合，ドリフト層の濃度を100倍程度高くできます．その結果，SiCではドリフト層が薄くなることとあわせて，オン抵抗は同じ耐圧のSiのパワーMOSFETと比べて1/100以上の改善ができる可能性があります[1]．

● 新しいSiCやGaNも普及には低価格化が必要

SiCやGaNのパワーMOSFETの使い分け，すみ分けについても言及しておきます．現在のところ，耐圧が600V以上必要な用途ではSiCが断然有利で，応用の範囲も広がるでしょう．対して耐圧が600V以下の用途では，GaNがメインとなって応用は広がるでしょう．耐圧600V付近の用途では，ケースバイケースでどちらともいえない状況と思えます．

いずれにせよ，SiCやGaNのパワーMOSFETの普及のポイントは単価です．SiのパワーMOSFET並みとは言いませんが，2倍以下にならないと普及が大きく進むことは難しいと推察します．

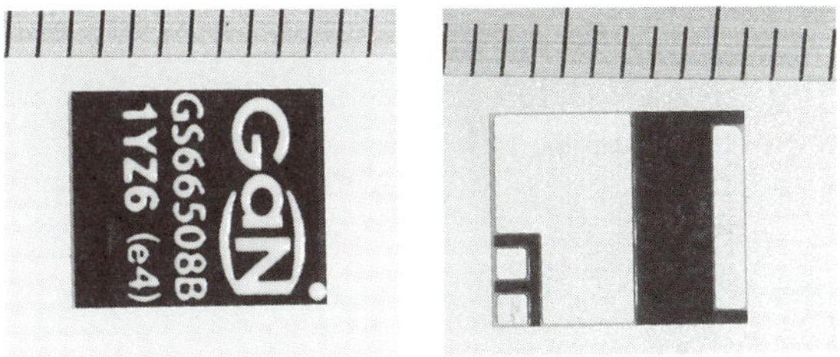

● SiCの外形は大きい

SiCのパワーMOSFETの外形の例を**写真1**，**写真2**，**写真3**に示します．TO-3PやTO-247の大型パッケージの製品が多いです．

実際に400V以上の電圧をスイッチングするとなると，国際的な安全規格(IEC 60950-1など)に適合させる必要があり，ソース-ドレイン端子間も安全規格で定められた距離が必要となるので，外形が大型化するのはやむをえません．この外形ならば，外部のヒートシンクで熱を放熱できます．

● GaNはインダクタンスを減らした結果変則形状に

GaNのパワーMOSFETの外形の例を**写真4**に示します．従来のSiのパワーMOSFETとは似ても似つかない形です．

これは，GaNのパワーMOSFETのスイッチング速度が非常に高いため，パッケージ内部の微少なインダクタンス成分も特性に影響を与えるので，いかにイン

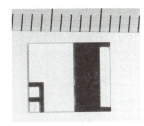

(a) 表面　　　　(b) 裏面

写真4 GaNパワーMOSFETの例(GS66508B, インフィニオン テクノロジーズ)
極力インダクタンス成分を減らすために変則的な形状になっている

第1部 パワー・トランジスタ&ダイオードの回路技術

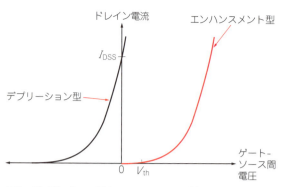

図3 デプリーション型とエンハンスメント型

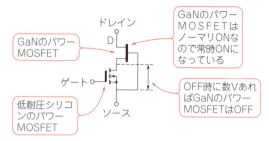

図4 GaNのノーマリONの特性を改善したトランスフォーム社（現ルネサス エレクトロニクス）のGaNパワーMOSFET

(a) 表面　　(b) 裏面

写真5 GaNパワーMOSFETの例［TP65H480G4JSG, トランスフォーム社(現ルネサス エレクトロニクス)］

ダクタンス成分を減らすか工夫した結果です．このため，GaNのパワーMOSFETの放熱は，工夫が必要です．

GaNトランジスタの課題と改善

高い電圧で使うSiCのパワーMOSFETに対して，600V以下の電圧で使うGaNについて解説します．

● 0VでOFFの「ノーマリOFF」と0VでONの「ノーマリON」

一般的なFETとして話をします．パワーMOSFETに限らず，接合型FET(Junction Field Effect Transistor)も含めたFETの動作は，図3のようにエンハンスメント(enhancement)型とデプリーション(depletion)型の2つに大別できます．

- エンハンスメント型：ノーマリOFF(ゲート電圧が0V時にFETのドレインに電流が流れない)
- デプリーション型：ノーマリON(ゲート電圧が0V時にFETのドレインに電流が流れる)

● パワーMOSFETは0Vで流れないノーマリOFFが使いやすい

パワーMOSFETは大きな電流を扱うための素子です．もし，デプリーション型のパワーMOSFETが使われていたとすると，機器の入力電圧が加わった直後はゲート電圧が0Vなので，いきなり大きな電流が流れる可能性があります．そのような理由で，デプリーション型のパワーMOSFETは，パワーを扱う回路エンジニアとしては非常に使いにくい素子です．対してエンハンスメント型のパワーMOSFETならば，ゲート電圧を0Vにしておけばいきなり大きな電流が流れることはなく，使いやすい素子といえます．

SiのパワーMOSFETが広く使われるようになったのは，エンハンスメント型で動作するからと思います．

● GaNのパワーMOSFETは現在のところノーマリONという課題

しかし，GaNでパワーMOSFETを作ると，やっかいな問題があります．ゲート電圧が0V時にパワーMOSFETがONしてしまう性質があるのです．つまり，GaNのパワーMOSFETは，そのままではノーマリONのデプリーション型になってしまうのです．

● シリコンのパワーMOSFETとカスコード接続する構成で実質ノーマリOFFに

もちろん，半導体メーカはノーマリOFFを実現するために日々改良改善中です．その事例を紹介します．図4はトランスフォーム社(現在はルネサス エレクトロニクス)の例です(写真5)．耐圧が低くオン抵抗が低いSiのパワーMOSFETとGaNによるパワーMOSFETをカスコード(cascode)に組み合わせることで，ノーマリOFFを実現しています．

図4で，ON時には内部のエンハンスメント型のSiのパワーMOSFETのソース-ゲート間電圧がスレッショルド電圧以上になると内部のSiのパワーMOSFETがONになり，そのため内部のGaNのパワーMOSFETのソース-ゲート間の電圧も0Vとなり，全体としてONします．特性はエンハンスメントになっています．

図4で，OFF時は内部のエンハンスメント型のSiのパワーMOSFETのソース-ゲート間電圧がスレッショルド電圧以下になり，内部SiのパワーMOSFET

第3章 新しいパワーMOSFET…SiCとGaN

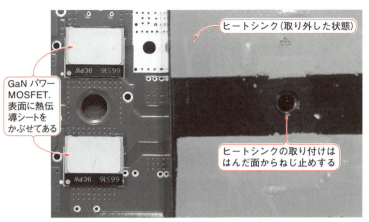

写真6 GaNパワーMOSFETのボディに直接ヒートシンクを付けて放熱する事例

写真7 基板の裏側からの放熱に向いたヒートシンクの例

はOFFになります．すると内部SiのパワーMOSFETのドレイン電圧＝内部GaNのパワーMOSFETのソース電圧は上昇します．このとき内部GaNのパワーMOSFETのゲート電圧は常に0Vなので，内部GaNのパワーMOSFETのゲート電圧はソース電圧に対してマイナスになっていることに注意してください．内部GaNのパワーMOSFETのソース-ゲート間電圧は，マイナス数Vあれば内部GaNのパワーMOSFETはOFFします．

ここで，内部SiのパワーMOSFETの耐圧は，内部GaNのパワーMOSFETがOFFするだけの電圧があれば十分です．つまり，内部のSiのパワーMOSFETは低耐圧でオン抵抗がとても低い素子が使えます．

ところで，図4のOFF時に内部SiのパワーMOSFETのドレイン電圧＝内部GaNのパワーMOSFETのソース電圧はどこで決まるのでしょうか．SiのパワーMOSFETのドレイン電圧が高くなると，低耐圧の素子が使えません．ここに実用化のいろいろなアイデアがあります．腕試しで考えてみましょう．

2大課題…「配線」と「放熱」

● GaNはスイッチングがとても高速

GaNのターンOFFはとても高速に動作します．そのため，筆者の実験では，同じDC-DCコンバータ回路でスイッチング周波数が70kHzと1.4MHzでは効率の変化は0.5％以下です．つまり，高速でスイッチング動作するので，スイッチング損失が非常に少ない素子です．

実際にどの程度高速なのかは素子によって異なりますが，少なくともターンOFFの速度は100V/nsから200V/ns以上*1あります．つまり，1nsでパワーMOSFETはほぼターンOFFします．

● 高速スイッチングは配線パターン設計が非常に大切

GaNはあまりに高速で動作するので，素子のパッケージやプリント基板のインダクタンス成分に非常に敏感です．インダクタンス成分はサージ電圧を発生させます．そのため，プリント基板の配線は極力短くなるように部品をレイアウトし，インダクタンス成分に注意して4層以上で作る必要があります．

● もう1つの課題「放熱」…フィンは直付けか基板の裏側で

さらに難しい問題が放熱です．写真4や写真5で示したような外形のGaNのパワーMOSFETは，従来のTO-220やTO-3Pのパッケージのような，放熱フィンにねじ止めして放熱する方法は使えません．そのため，GaNのパワーMOSFETのボディに直接放熱フィンを付けて放熱する方法（写真6）と，プリント基板にビアを多数作って基板の裏側に写真7のような放熱フィンを実装する方法があります．後者は，先のインダクタンス成分を少なくするパターン設計とトレードオフになる部分があるので，実際にやってみて問題があ

---

*1：実際の測定ではサージ電圧もあるが，おおむねその程度．

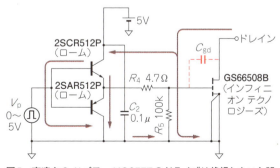

図5 高速なGaNパワーMOSFETのドライブは絶縁しないと誤動作を引き起こす

第1部 パワー・トランジスタ&ダイオードの回路技術

写真8 Si8271GB-IS
(Skyworks Solutions)

写真9 ACPL-P346
(ブロードコム)

写真10 1EDI60N12AF
(インフィニオン テクノロジーズ)

写真11 STGAP2SMTR
(STマイクロエレクトロニクス)

写真12 MAX22701EASA+
(アナログ・デバイセズ)

写真13 ADuM4121AEIZ
(アナログ・デバイセズ)

れば何度か試作，実験を繰り返すとよいでしょう．

GaNのパワーMOSFETに適した絶縁タイプの周辺部品

● GaNに適した「絶縁型」ゲート・ドライバの登場

GaNのパワーMOSFETの特徴は，超高速なスイッチング特性にあります．それはとても望ましいことです．しかし，スイッチングの際のドレイン電圧の急激な変化によって，ゲート-ドレイン間のキャパシタC_{gd}を通してゲート・ドライバの出力側から入力側へ図5の矢印のスパイク状の電流が流れて誤動作を引き起こします．この電流はわずかな容量結合で流れますので，現実は図5のように簡単ではありません．

その解決のために，入力側と出力側が絶縁されたタイプのゲート・ドライバがあればいいね…と，GaNのパワーMOSFETを使いだした筆者をはじめ多くのエンジニアは思うわけです．でも絶縁なら何でもよいわけでもなく，入力側と出力側間の結合キャパシタが極力小さいデバイスが必要です．それで，半導体メーカから絶縁型ゲート・ドライバがいろいろと発売されてきている状況になっていると思われます．論より証拠でいくつか例を紹介します．写真8～写真13にパッケージの外観を示します．

● GaN側に電力を供給する絶縁型DC-DCコンバータも必要

ゲート・ドライバがフォトカプラのように絶縁されているのはよいのですが，GaN側の回路を動かすには絶縁されたDC-DCコンバータが必要です．それら

写真14 PES1-S5-S15-M
(CUI)

写真15 R1S-3.312
(RECOM)

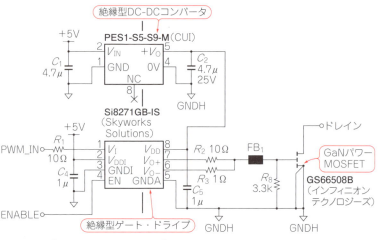
図6 GaNパワーMOSFETのドライブ回路

第3章 新しいパワーMOSFET…SiCとGaN

写真16 ADuM4121（アナログ・デバイセズ）の実装例

写真17 Si8271AB-IS（Skyworks Solutions）の実装例

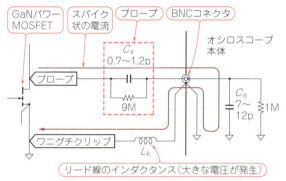

図7 GaNパワーMOSFETのターンOFF時のソース-ドレイン間をパッシブ・プローブで測定する

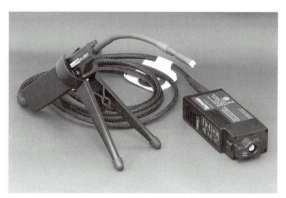

写真18 光絶縁プローブ（TIVP1，テクトロニクス）

を写真14，写真15に示します．

これらの絶縁型ゲート・ドライバと絶縁型DC-DCコンバータの組み合わせによる，GaNのパワーMOSFETのドライブ回路を図6に示します．図6で上記の各社の絶縁型ゲート・ドライバを使えば，まあ微妙な差はあるのですが問題なく動作します．つまり，絶縁型ゲート・ドライバによって特性にわずかな差があります．また，GaNのパワーMOSFETと絶縁型ゲート・ドライバの組み合わせによって，特性がまた微妙に変わってきます．とまあ，特性を追求すると技術が成熟していない現状では非常に面白いのです．

実装した事例を写真16と写真17に示します．

GaNのパワーMOSFETの測定上の注意

● ドレイン-ソース間電圧の測定にパッシブ・プローブは難しい

GaNのパワーMOSFETは超高速なスイッチング特性でした．実は，その特性を測定するときも大変です．ドレイン-ソース間電圧を測定するとき，普通のパッシブ・プローブ（passive probe）は使えないとは言いませんが，厳しい測定になるでしょう．図7は，パッシブ・プローブでGaNのドレイン-ソース間電圧を測定したときの等価的なイメージです．

例えば，GaNのパワーMOSFETのターンOFF時を考えます．ドレイン-ソース間電圧は100 V/ns以上で急速に立ち上がります．すると，プローブ内のキャパシタC_xやオシロスコープ本体内のキャパシタC_aを通して図7の矢印の電流が流れます．矢印の電流はスパイク状の波形です．この矢印の電流がプローブのクリップを接続するリード線にも流れます．リード線の長さは10 cm程度ありますから，そのぶんインダクタンス成分L_kをもちます．このインダクタンス成分が問題で，インダクタンスにスパイク状の電流が流れると大きなサージ電圧が発生して，オシロスコープも大きなサージ電圧があるように見えてしまいます．えっ，一体何を測定しているの，と感じる瞬間です．

● 高速の電圧は光絶縁プローブで

図7の矢印のスパイク状の電流が流れなければ，測定上の問題は発生しません．そこで，光ファイバで絶縁された光絶縁プローブ（写真18）の出番です．

さらにプロービングについても，GaNのパワーMOSFETの端子が直接最短でプリント基板に接続されるパッケージなので，端子が非常につまみにくい構造です．なので，あらかじめプリント基板にMMCX

第1部 パワー・トランジスタ&ダイオードの回路技術

写真19 光絶縁プローブと接続するMMCXコネクタ

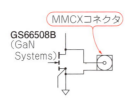

図8 GaNパワーMOSFETのソース-ドレイン間の電圧を測定するにはMMCXコネクタを実装する

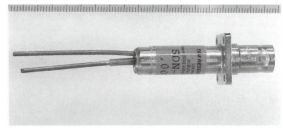

写真20 同軸型シャント抵抗（SDN-414, T&M Research Products）

（写真19）のコネクタを図8のように用意しておきます．光絶縁プローブはMMCXと接続できます．

● ドレイン電流は同軸シャント抵抗で測定

ドレイン電流についても，電流プローブでは電流の急激な立ち上がり/立ち下がりを測定するには少しその帯域幅が不足します．そこで，同軸の形状をしたシャント抵抗（写真20）をお勧めします．この抵抗は帯域400 MHzと広帯域です．

実装時には，あらかじめプリント基板にリード線が入る穴を2個開けておき，リード線をはんだ付けして使用します．測定が終わったら，太いジャンパで2つの穴を接続します．

GaNのパワーMOSFETの評価ボードを試す

● 超小型のGaNのパワーMOSFET

一般論だけではつまらないでしょうから，EPC社のGaNのパワーMOSFETの評価ボードを使って実験してみました．回路図を図9に，外形を写真21に示します．外形ではGaNのパワーMOSFETの大きさに注目してください．写真22に拡大しました．GaNのパワーMOSFETは約7 mm×2 mmの超小型で，普通のICと何ら変わらないサイズです．このサイズで20 Aの電流をスイッチングして出力するとは，信じられないほどの小ささです．

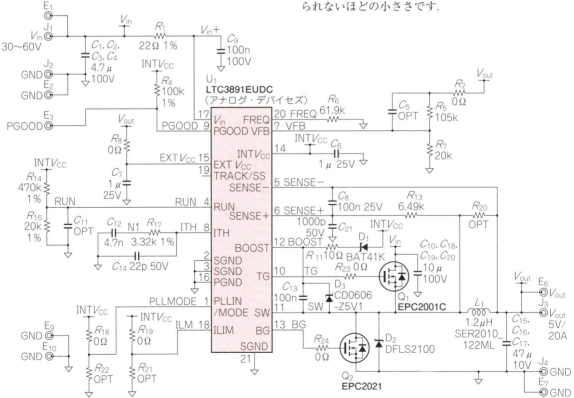

図9(2) EPC社のGaNパワーMOSFETの評価ボード回路
編注：本稿で示したデバイスおよび評価ボード（EPC9118）は2022年時点で入手・撮影・実験したものである．2024年9月現在の最新版はEPC9157で，データシートによるとより高効率の特性が出ている

第3章 新しいパワーMOSFET…SiCとGaN

写真21 実験した評価ボードEPC9118

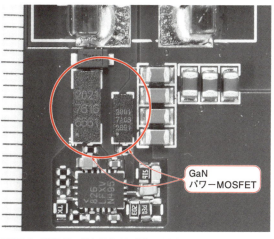

写真22 評価ボード上のGaNパワーMOSFET

写真23 評価ボードの実験のようす

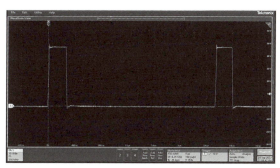

図10 入力電圧DC 48 V時のスイッチング波形(10 V/div, 400 ns/div)

● 評価ボードの特性

GaNのパワーMOSFETがとても小さいので，特性はどうなのか実験してみました．そのようすを写真23に示します．また，ソース-ドレイン間電圧を図10に，その効率カーブを図11に示します．

● 応用の今後…インダクタの高周波化が急務

GaNのパワーMOSFETは，現状でも1 MHz以上のスイッチング周波数でも自身のスイッチング損失が少ない素子です．使っていて気がついたことを述べておきます．

以前はGaNに限らずパワーMOSFETのスイッチング損失を小さくするため，いろいろと回路を工夫して高いスイッチング周波数を実現していました．しかし，GaNのパワーMOSFETの登場でそうした努力は過去のものとなりました．

それでは，今は何が問題か，それはずばりインダクタなどの磁性部品の高周波化です．1 MHz，2 MHz，5 MHzといった周波数で損失，具体的には鉄損(core loss)の少ない磁性材料を強く要望します．希望だけ言えば，高周波での鉄損を少なく，磁束飽和密度(saturation flux density)は現状と変わらず，そのた

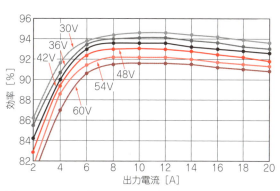

図11 DC 48 V入力/5 V, 20 A出力のバック・コンバータ評価ボードEPC9118の効率特性

めに透磁率(magnetic permeability)は犠牲にしてもかまわない…と考えています．

◆参考・引用*文献◆

(1) 山本 秀和；ワイドギャップ半導体パワーデバイス，コロナ社，2015年．
(2)* EPC；EPC9118：開発基板，https://epc-co.com/epc/jp/%E8%A3%BD%E5%93%81/%E8%A9%95%E4%BE%A1%E5%9F%BA%E6%9D%BF/epc9118

Appendix 1 出力容量と動作周波数で用途によって使い分ける

パワー半導体デバイスの使い分け方

白井 慎也 Shinya Shirai

● 情報機器/家電/電力輸送 etc…適用範囲が広い

いまのパワー・エレクトロニクスという概念の始まりは，1973年に米国のウィリアム・ニューウェル（William E. Newell）が電力工学（Power），電子工学（Electronics），制御工学（Control）の3分野から構成される総合的な分野だと説明したことによるとされています．このパワー・エレクトロニクス（パワエレ）機器の主要部品として挙げられるのがパワー半導体デバイスです．

現在，パワー半導体デバイスは，電力輸送や各種の産業用電力変換装置，電気自動車や電車の走行用モータを駆動するトラクション・インバータ，さらには情報機器や家庭用電子機器の電源といった電力変換器も含む広範な領域に適用されています．

いまでは半導体であらゆる電力用デバイスのニーズに対応できるようになっています．

● 用途によって使い分けられている

パワー半導体デバイスは，広い分野の電力変換に用いられています．分野ごとに要求される電力の大きさや動作周波数の範囲も非常に広く，すべての分野を1種類のデバイスでカバーすることは困難です．

パワー半導体デバイスの種類による出力容量と動作周波数の違いを図1に示します．

数百Vまでの比較的小電力の機器ではパワーMOSFET，数百Vから数kVまでの中電力用途ではIGBTや，IGBTを駆動回路や保護回路などともに1つのパッケージに納めたIPM（インテリジェント・パワー・モジュール）がよく使われています．

それ以上の大電力用途では，GTOサイリスタ，光信号によりトリガする光トリガ・サイリスタのような，サイリスタ系の素子が使用されています．

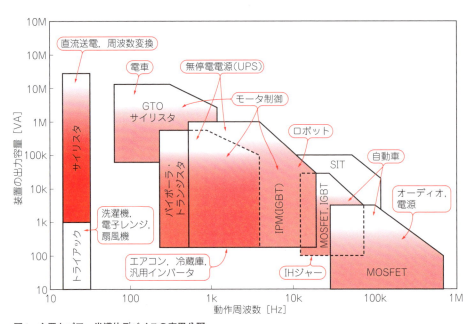

図1 主要なパワー半導体デバイスの応用分野
デバイスの進化に応じて入れ替わりがある．例えば，バイポーラ・トランジスタはパワー制御では次第に使われなくなってきている

第4章 パワーMOSFETと構造は似ているが得意/不得意が異なる

大電流スイッチング素子「IGBT」のしくみ

山田 順治 Junji Yamada

機械的なスイッチ
- 高速スイッチングができない
- 接点が劣化する
- 大電流の遮断が困難

半導体スイッチ（高速&高性能）
- 高速スイッチング（数k〜数十kHz）が可能
  ⇒出力の細かい制御が可能
- 接点がないため劣化しない
  ⇒長寿命
- 大電流の遮断が比較的容易

図1 半導体は高速にON/OFFの切り替えができる長寿命な高信頼性スイッチになる
機械的なスイッチと半導体スイッチの違い

図2 半導体スイッチを使えば機械スイッチでは不可能なスピードで高速にON/OFFの切り替えができる
このような無茶をしなくても半導体スイッチを使えばよい

　パワー半導体は，主に電力変換装置の中で電気の流れをON/OFFするスイッチング用途に使われます．スイッチング素子は，パワー半導体の中心的な役割を担っています．例えば，モータ制御用インバータの損失は5〜7割がスイッチング素子で発生します．
　本稿では，パワー半導体のスイッチング素子の中でも特によく使われるMOSFET（Metal Oxide Semiconductor Field Effect Transistor）とIGBT（Insulated Gate Bipolar Transistor）について，しくみと働きを解説します．
　MOSFETとIGBTは，どちらもシリコンを材料に使ったスイッチング素子で，構造もよく似ていますが，それぞれに得意，不得意があります．誤った設計をすると，スイッチング素子からの発熱量が大きくなります．その結果，大型冷却フィンが必要になってしまい，スリムで高出力なパワエレ設計ができません．スイッチング素子の構造とメカニズムを理解し，損失が発生する理由を把握しておくと，最適設計に役立ちます．

スイッチが速いほどスリムに作れる

● 半導体スイッチはON/OFFの切り替えを電気エネルギで行う
　半導体は状態によって電気抵抗の値が変化して，導体になったり絶縁体になったりする物質です．p型半導体とn型半導体を組み合わせることで，外部から電気エネルギーを加えてON/OFFを切り替えるスイッチのように使えます．特徴は次のとおりです．
- ON/OFFの切り替えが速い
- 高電圧，大電流に耐える
- 長寿命

特にON/OFFの切り替えスピードが速い点は，パワエレ回路のスリム化に貢献しています．

● 高速スイッチングで周辺部品を小型化できる
　図1に機械スイッチと半導体スイッチの違いを示します．半導体スイッチを使えば，高速かつ信頼性の高いスイッチングが可能で，図2のように機械スイッチでは不可能な動きも実現できます．
　機械スイッチによるON/OFFの切り替え速度は，

第1部 パワー・トランジスタ&ダイオードの回路技術

家庭用スイッチだと1秒間に数回，リレーでも1秒間に10回程度が限界です．スイッチの速度が遅いと，大容量のコンデンサやインダクタが必要になるので，スリム化が難しくなります．

一方，半導体スイッチであるIGBTは1秒間に数千回，MOSFETだと1秒間に数十万回のON/OFF切り替えが可能です．スイッチの速度が速いほど，コンデンサやインダクタを小さくできるので，スリム化につながります．

● 高電圧，大電流に耐える
半導体スイッチは，機械スイッチよりも大きなパワーを扱えます．

● 寿命も長い
機械スイッチの接点には，寿命があります．1秒間に10回のペースで連続してスイッチングしていると，1年以内に接点が摩耗して故障を起こす可能性があります．

一方，半導体スイッチには機械的な接点がありません．半導体チップを固定しているはんだやワイヤなどの寿命で発生する故障はありますが，毎秒数千回のペースでスイッチングし続けても，10年以上は普通に動きます．

パワエレ用スイッチング素子 パワー・トランジスタの基礎知識

● 理想と現実
▶「損失ゼロ」が理想

ON時，OFF時，ON/OFF切り替え時の損失がゼロであることが理想的なスイッチの条件と言えます．具体的には，次に示す特性をもつスイッチのことを指します．

- ON時に電圧0Vで電流を流せる
- OFF時に電流0Aで遮断できる
- ON/OFF切り替え時間が0

▶現実ではONでもOFFでも損失が発生する

図3に示すのは，半導体スイッチの特性です．半導体をスイッチとして使うと，内部の電気抵抗によりON時に電位差が発生します．OFF時であってもわずかに電流が流れます．その電圧と電流は図4のように

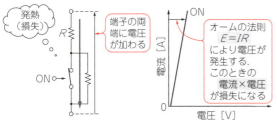

(a) ON時…電流の通り道にある抵抗成分が損失になる

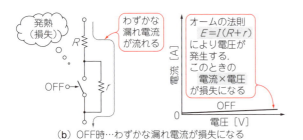

(b) OFF時…わずかな漏れ電流が損失になる

図3 優れた特性をもつ半導体スイッチだが理想のスイッチとはいえない
理想のスイッチならONでもOFFでも損失は発生しない．現実の半導体スイッチは，ON時にもOFF時にもわずかながら損失が発生する

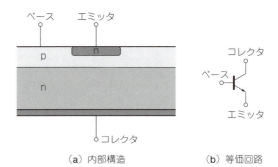

(a) 内部構造　　(b) 等価回路

図5 パワー半導体のスイッチング素子①：バイポーラ・トランジスタ
スイッチング速度が遅く，高周波動作には向かない．主役の座は後述のMOSFETやIGBTに譲っている

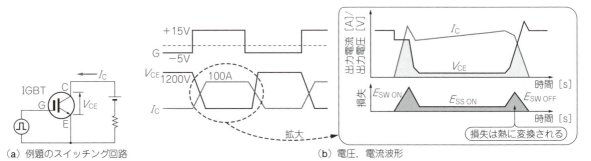

(a) 例題のスイッチング回路　　(b) 電圧，電流波形

図4 半導体スイッチの損失発生メカニズム
特にON/OFF切り替え時に大きな損失が発生する

第4章 大電流スイッチング素子「IGBT」のしくみ

損失として熱になります．スイッチする瞬間にも熱が発生します．

パワー半導体では，これらの損失をいかに小さくするかがポイントです．理想のスイッチに近づけるために，パワー半導体は日々メーカが改善しています．

● パワー・トランジスタの成り立ち

外部の電気信号（電流）によりスイッチング動作する半導体として最初に登場した素子は，サイリスタとバイポーラ・トランジスタでした．

図5に示すのは，パワー半導体に用いられるトランジスタの構造です．p型とn型の半導体を接合した構造で，ベース，コレクタ，エミッタの3つの端子をもっています．

スイッチとして使うときは，コレクタ-エミッタ間に電圧を加えます．その状態でベース-エミッタ間に電流を流すと，コレクタ-エミッタ間に電流が流れます．

サイリスタとバイポーラ・トランジスタは，パワー・エレクトロニクス分野で幅広く使われていますが，スイッチング速度が遅いので，高周波動作が困難などの問題があり，現在はパワー半導体としての主役の座を後述するMOSFETやIGBTに譲っています．

● 現在の主力スイッチング素子は2種類

パワー半導体の主力はMOSFETとIGBTです．構造はよく似ていますが，電気的な特性に違いがあるので，条件に沿って最適な素子を選ぶ必要があります．

▶ 600 V以下ならMOSFET

一般的にシリコンのMOSFETは，600 V以下の耐電圧で良好な特性をもちます．高周波スイッチング特性も良いので，AC200 V以下の家庭用電源で動く家電や，24 V以下の自動車用バッテリで動く車載装置に広く使われています．パソコンのACアダプタが良い例です．

▶ 600 V超ならIGBT

IGBTは，MOSFETよりも高周波スイッチング特性が劣りますが，高い耐電圧（600～6.5 kV）では良好な出力特性をもちます．AC400 V以上の工業用電源で動くインバータ装置や，DC1500 Vで動く電車の駆動モータの制御装置などに広く使われています．

---

column▶01 高速スイッチングが得意なMOSFETと，高電圧・大電流に強いIGBTの違いはキャリアにあり

山田 順治

パワー半導体のスイッチング素子は，電子とホールをキャリア（電流の運び手）として利用するバイポーラ系と，電子のみを利用するユニポーラ系の2つに分類されます（表A）．それぞれラテン語の数詞であるuni（ユニ），bi（バイ）を語源としています．polar（ポーラ）は極を意味します．

バイポーラ系は，電子とホールによる伝導度変調により，高電圧に耐えるデバイスでも低いオン抵抗を維持しますが，OFF時に電子とホールの再結合によるテール電流が流れるので，スイッチング損失が大きくなります．

一般的に高耐電圧，大電流，中低速の用途にはバイポーラ系の素子を用います．現在はIGBTが600～6.5 kVまで幅広くカバーしています．低電圧，小電流，高速の用途には，ユニポーラ系の素子を用います．

最近ではSiC製のMOSFETが開発されたことで，ユニポーラ系でありながら高耐電圧，大電流の用途にも使えるようになってきました．

表A　スイッチング素子は利用するキャリアの種類によってバイポーラ系とユニポーラ系に分類される

キャリア	種類	電圧	電流	オン電圧（オン抵抗）	pn接合	スイッチング速度	スイッチング損失
バイポーラ系	IGBT	◎	◎	○	あり	～20 kHz（高周波IGBTは60 kHz）	中
	トランジスタ	△	○	○	あり	～5 kHz	大
	サイリスタ	◎	◎	◎	あり	～1 kHz	大
ユニポーラ系	MOSFET	△	△	高電圧：◎　低電圧：×	なし	～数百 kHz	小
	SiC製MOSFET	◎	◎	○	なし	～数百 kHz	小

凡例：◎最良，○良，△劣る，×極めて劣る

第1部 パワー・トランジスタ&ダイオードの回路技術

600V以下の低電圧担当「MOSFET」

■ しくみと働き

● こんなデバイス

MOSFETは，ゲート，ドレイン，ソースの3つの端子を持つ半導体素子です．ドレインとソース-ゲート間に電圧を与え，ドレイン-ソース間に電圧を加えた状態でゲート-ソース間に正の電圧を加えるとONになり，ゲート-ソース間に電流が流れます．

バイポーラ・トランジスタは，ベースに流す電流によってコレクタ-エミッタ間に流れる電流を制御するので，高速動作には向きません．一方，MOSFETはゲートに加える電圧でドレイン-ソース間のON/OFF切り替えができるので，高速動作に向いています．

パワー半導体のMOSFETは，従来ディスクリート・タイプが多かったのですが，最近ではSi(Silicon)に代わってSiC(Silicon Carbide)を使ったMOSFETが登場したことで高耐電圧で大電流を扱えるようになり，モジュール・タイプの製品も登場しました．MOSFETは，ほかのパワー半導体素子よりも技術革新が進んでいて，スーパージャンクションなどの新しい構造も生まれています．

● 特徴

▶電圧でON/OFFを切り替える

バイポーラ・トランジスタのコレクタ-エミッタ間には，ベース電流I_Bのh_{FE}倍のI_C電流が流れます．コレクタ-エミッタ間に流れる電流I_Cを調整するためには，ベース電流I_Bを変化させる必要があります．

MOSFETのドレイン-ソース間に流れる電流I_Dは，ゲート-ソース間に加える電圧V_{DS}によってON/OFFの切り替えを行います．

▶高速スイッチング用途に向く

MOSFETは，電子のみがキャリアとして存在するので，完全にOFFするまでの時間が短く，高速スイッチングに向いています．

バイポーラ・トランジスタは電流駆動なので，ベース電流の供給をOFFしてからコレクタ電流の遮断を開始するまでに10μs程度の時間を要します．バイポーラ・トランジスタが高速スイッチングできない最大の理由はこの時間の長さです．一方，電圧駆動型のMOSFETやIGBTは0.2μs程度で済みます．

1kHzでスイッチングしているスイッチング電源の回路を変更して，スイッチング周波数を50kHzに変更すると，電圧変換に使うトランスのサイズを理想的には1/50にできます．

● ゲート構造の違いで2種類に分けられる

図6に示すのは，MOSFETの構造です．ゲート構造によって，プレーナ型とトレンチ型に分かれます．プレーナ(planer)には「平坦な」，トレンチ(trench)には「溝」という意味がそれぞれあります．ゲートの構造が平らなのか溝なのかで呼び方が変わります．

IGBTも，ゲート構造はMOSFETとほぼ同じで，プレーナ型とトレンチ型に分類されます．

▶プレーナ型

プレーナ型MOSFETは，シリコン基板の上にp層とn層を形成し，ゲートとゲート酸化膜を平らに配置します．

▶トレンチ型

トレンチ型は，シリコン基板の上に細くて深い溝を形成し，そこにゲートとゲート酸化膜を埋め込みます．

トレンチ型のゲートは溝の構造になっているので，チャネルを縦方向に形成でき，単位面積当たりにプレーナ型よりも多くの素子を配置できます．その結果，プレーナ型よりもオン抵抗を低くできるようになりました．

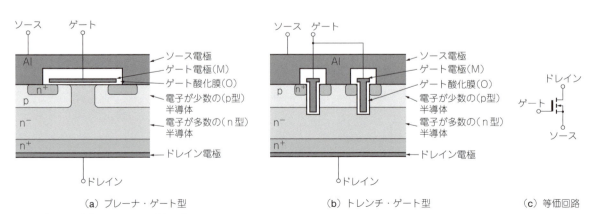

(a) プレーナ・ゲート型　　(b) トレンチ・ゲート型　　(c) 等価回路

図6 パワー半導体のスイッチング素子② : MOSFET
低オン抵抗でスイッチング速度が速いので，自動車のアクチュエータや家電製品などに幅広く用いられている．高電圧，大電流領域だとオン抵抗が高い

第4章 大電流スイッチング素子「IGBT」のしくみ

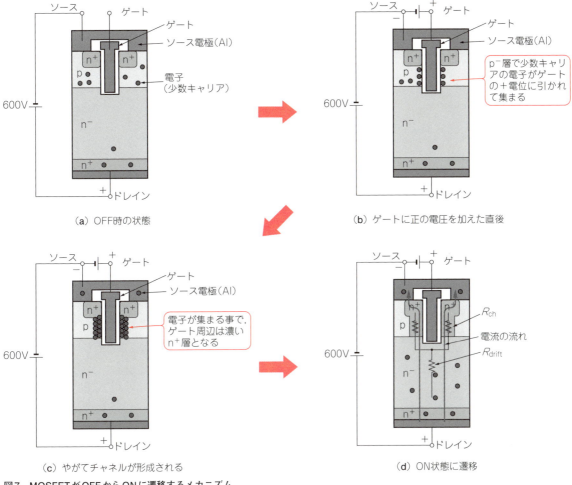

図7 MOSFETがOFFからONに遷移するメカニズム
ゲートに正の電圧を加えると，p⁻層の電子がゲートに引き寄せられてチャネルを形成し，電流の通り道ができる

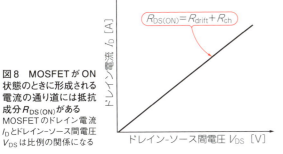

図8 MOSFETがON状態のときに形成される電流の通り道には抵抗成分$R_{DS(ON)}$がある
MOSFETのドレイン電流I_Dとドレイン-ソース間電圧V_{DS}は比例の関係になる

■ 電気的特性

MOSFETは，ドレイン-ソース間に正の電圧を加えた状態でゲート-ソース間に正の電圧を加えると，ONになり，ドレイン-ソース間に電流が流れます．ゲート-ソース間に電圧を加えなければOFFになり，ドレイン-ソース間に電流は流れません．

● ゲートに電圧を加えたとき(ON状態)
▶ OFFからONに遷移するまで

図7に示すのは，MOSFETをONしたときの内部状態です．ゲート-ソース間に電圧を加えると，p層に存在する電子（少数キャリア）が，ゲートのプラス電位に引かれて集まり，ゲート周辺のp層の領域がn型になります．このn型になった領域をチャネル（または反転層）と呼びます．

チャネルが形成されたことで，ソースからドレインへの電子の通り道ができ，電流を流せるようになります．

▶ 電流の通り道には抵抗成分がある

ON状態のときは，電流の通り道に2つの抵抗成分が存在します．チャネル部分の抵抗R_{ch}と，n⁻層のドリフト抵抗R_{drift}です．そのため，電流と電圧は図8のとおり比例の関係になります．ゲート電圧を高くすると，チャネル部分が広がり電子が通りやすくなるので，R_{ch}も低くなります．

チャネル抵抗R_{ch}とドリフト抵抗R_{drift}の合成値は，

第1部 パワー・トランジスタ&ダイオードの回路技術

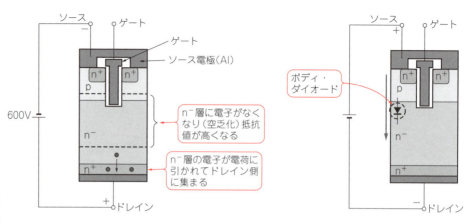

図9 MOSFETがOFFのときの内部状態
ドレイン-ソース間に負の電圧が加わると，内部のボディ・ダイオードがONして電流が流れる

（a）正の電圧が加わっているとき

（b）負の電圧が加わっているとき

ドレイン-ソース間オン抵抗$R_{DS(ON)}$として表します．これは，MOSFETの特性の示す1つの指標として用いられます．オン抵抗を小さくする方法を次に示します．

- 単位面積当たりのチャネル数を多くする
- n^-層の濃度を濃くする
- n^-層の厚さを薄くする

MOSFETはオン電圧や耐電圧のほかにも，さまざまな特性を考慮して最適設計しています．そのため多くの種類のMOSFETが市場にあります．

● ゲートの電圧を加えないとき（OFF状態）

図9に示すのは，MOSFETをOFFしたときの内部状態です．ゲート-ソース間に電圧が加わらないと，p層にチャネルが形成されないので，電子の通り道がありません．電子が移動できなくなるので，OFF状態になります．n^-層の電子はドレイン側に集まり，空乏層ができて抵抗値が上がるので，ドレイン-ソース間には電流が流れません．MOSFETはユニポーラ動作するデバイスなので，ON状態からOFF状態への

---

column>02 プレーナ・ゲート型MOSFETは低オン抵抗化と高集積化の両立が難しい

山田 順治

図Aに示すのは，JFET効果のイメージです．プレーナ型のMOSFETでは，ゲート下の平面部にチャネルが形成されます．そのため，n^-層の電流が流れる経路上に電子が集中する部分ができて，抵抗成分を増大させてしまいます．これをJFET効果と呼びます．

JFET効果による抵抗成分を下げる対策は，チャネルの間隔を広げることが一般的です．プレーナ型は，セルのサイズが小さくならないので，トレンチ型のように高集積化による電流密度の向上に限界があります．

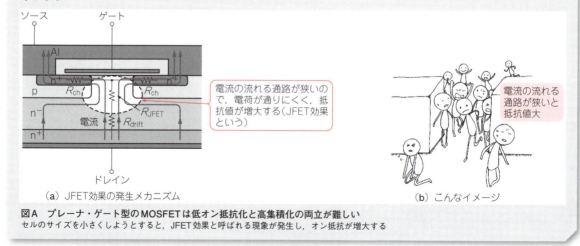

（a）JFET効果の発生メカニズム

（b）こんなイメージ

図A プレーナ・ゲート型MOSFETは低オン抵抗化と高集積化の両立が難しい
セルのサイズを小さくしようとすると，JFET効果と呼ばれる現象が発生し，オン抵抗が増大する

第4章 大電流スイッチング素子「IGBT」のしくみ

切り替えは非常に高速に行われます．デバイスにもよりますが，MOSFETはIGBTよりも数倍のスピードでOFF状態へ切り替わります．

● ドレイン-ソース間に負電圧を加えたとき

ゲートに電圧が加わっているかどうかにかかわらず，ドレイン-ソース間に負電圧が加わっているときは，電流が流れます．図10に負電圧時も含むドレイン電流I_Dとドレイン-ソース間電圧V_{DS}の関係を示します．パワーMOSFETには，その構造に，pn接合されている部分が存在します．そのpn接合でできたダイオードに電流が流れるからです．このダイオードは，ボディ・ダイオード，もしくは寄生ダイオードと呼びます．

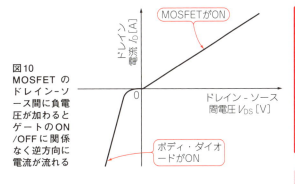

図10 MOSFETのドレイン-ソース間に負電圧が加わるとゲートのON/OFFに関係なく逆方向に電流が流れる

600V以上の高電圧担当「IGBT」

■ しくみと働き

● こんなデバイス

IGBTは，MOSFETの高速性とバイポーラ・トランジスタの大電流特性（低飽和電圧）を兼ね備えたスイッチング素子です．構造はMOSFETによく似ています．

大電流用途に適した素子で，パワー・エレクトロニクス機器には必要不可欠です．用途はインバータをはじめ，サーボ，エアコン，電気自動車，太陽光発電，医療用電源など多岐にわたります．

● MOSFETとの構造的な違いはコレクタ側のp層だけ

図11にIGBTの構造を示します．IGBTは，MOSFETと同じくゲート構造をもつ電圧駆動タイプの素子です．ゲート部分の構造にはMOSFETとの大きな差はありません．コレクタ側にp層が存在することが構造上の大きな違いです．

IGBTは，コレクタ側にp層があることで，内部にpnpトランジスタを形成します．これにより，MOSFETよりも大きな電流が流せます．

■ 電気的特性

IGBTはMOSFETと同じように，コレクタ-エミッタ間に正の電圧を加えた状態でゲート-エミッタ間に正の電圧を加えると，ONになり，コレクタ-エミッタ間に電流が流れます．ゲート-エミッタ間に電圧を加えなければOFFになり，コレクタ-エミッタ間に電流は流れません．

● ゲートに電圧を加えたとき（ON状態）

図12に示すのは，IGBTをONしたときの内部状態です．MOSFETと同じように，ゲート-エミッタ間に電圧を加えるとチャネルが形成され，コレクタからエミッタへの電子の通り道ができて，ON状態になります．

IGBTの1番の特徴は，コレクタ側に存在するp層から，n^-層にホールが注入されることです．ホールが注入されると，n^-層が電子とホールで満たされるので，MOSFETよりn層の電気抵抗が小さくなり，飽和電圧も低くなります（図13）．この動きを「伝導度変調」と呼びます．

IGBTはコレクタ側にp層があるので，n^+層との間にpn接合のダイオードが形成されます．このため，

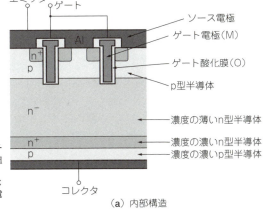

図11 パワー半導体のスイッチング素子③：IGBT（Insulated Gate Bipolar Twransistor）
ゲート構造はMOSFETとほぼ同じだが，バイポーラ動作するので高電圧，大電流用途に適している

(a) 内部構造 　　　　(b) 等価回路

43

第1部　パワー・トランジスタ&ダイオードの回路技術

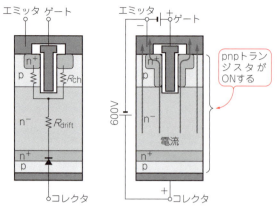

図12　IGBTがONのときの内部状態
(a) 電流の通り道には抵抗成分がある
(b) ON時の電流の経路

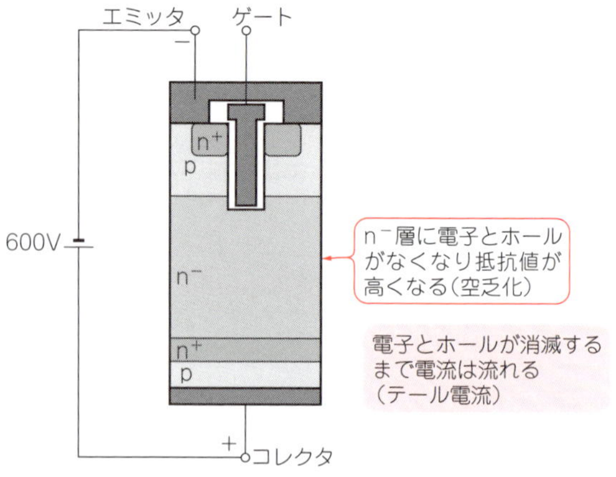

図14　IGBTがOFFのときの内部状態
電子とホールが消滅するまで電流が流れ続けるのでMOSFETのような高速切り替えはできない

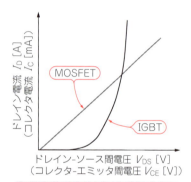

図13　IGBTは大電流領域だとMOSFETより抵抗成分が低くなり低飽和電圧になる
コレクタ側からホールが注入されることにより，MOSFETよりも大電流時の飽和電圧が低くなる

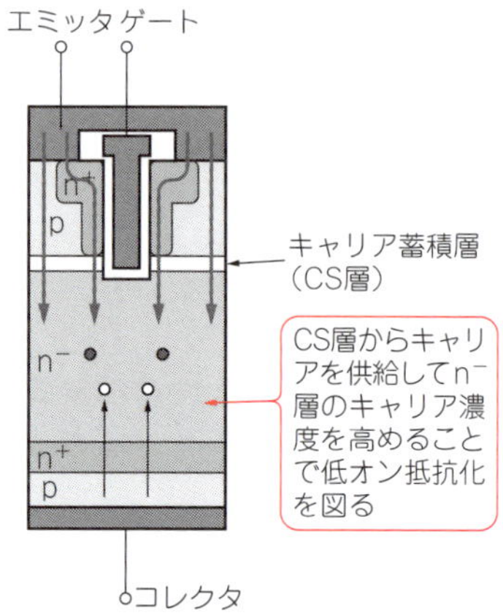

図15　進化版IGBT①：ON時の抵抗分を小さくして損失改善を図るCSTBT
キャリア蓄積部を設けてn⁻層の中のキャリア濃度を高め，ON時の抵抗成分を小さくした

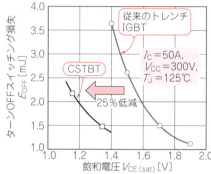

図16　CSTBTは低オン抵抗化により従来のIGBTよりも約25％の損失低減を実現！
従来IGBTとの飽和電圧の比較結果

IGBTを駆動させるためには，最低でもダイオードをONするだけの電圧が加わっている必要があります．

IGBTは，p層を追加したことで内部にサイリスタが形成されます．このサイリスタは，一度動作すると外部のゲートからOFFすることができず，過大な電流が流れて最終的には素子破壊に至ります．これをラッチアップ動作と呼びます．このラッチアップ動作を防ぐため，各IGBTメーカは，内部のサイリスタが動作しない工夫をしています．

● ゲートに電圧を加えないとき（OFF状態）
図14に示すのは，IGBTをOFFしたときの内部状態です．

IGBTはバイポーラ素子なので，電子とホールの2つのキャリアが存在します．OFF時にはバイポーラ・トランジスタと同じようにキャリアが消滅するまでテール電流が流れます．完全なOFF状態になるまで時間がかかるので，MOSFETのような高速動作はできません．テール電流をいかになくすかがIGBTのポイントです．キャリアを速く消滅させるために，シリコン結晶の中に電子線を打ち込むライフ・タイム・コントロールと呼ばれる特殊な手法が用いられることもあります．ウェハに電子線を照射する方法などが知られています．

● エミッタ-コレクタ間に負電圧を加えたとき
IGBTの構造には，MOSFETで形成されていたボディ・ダイオードがありません．そのため，エミッタ-コレクタ間に過大な逆電圧を加えると，低い耐電圧のpn接合部が壊れて，逆方向に大電流が流れ，IGBTが破壊される可能性があります．ディスクリートのIGBTで，コイルなどインダクタンスの大きな素子を駆動するときは，IGBTのエミッタ-コレクタ間に大きな逆電圧が加わらないように回路設計する必要があ

第4章 大電流スイッチング素子「IGBT」のしくみ

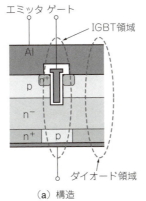

図17 進化版IGBT②：並列接続のフリーホイール・ダイオードの機能を1チップに組み込んだRC-IGBT
フリーホイール・ダイオードを個別に接続する必要がないので小型化がしやすい

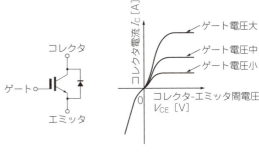

(a) 構造　(b) 等価回路　(c) 特性

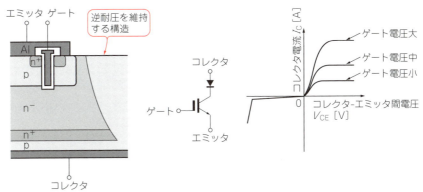

図18 進化版IGBT③：直列接続のダイオードの機能を1チップに組み込んだRB-IGBT
逆電圧による素子破壊を防ぐ

(a) 構造　(b) 等価回路　(c) 特性

ります．一般的には，IGBT OFF時に発生する起電力による素子破壊を防止するために逆方向にフリーホイール・ダイオードを追加します．

一般的なIGBTモジュールはフリーホイール・ダイオードが標準で接続されています．

■ 進化版IGBTチップ

① ON時の飽和電圧低減対策タイプ

ON状態のときの飽和電圧$V_{CE(sat)}$を改善したIGBTが，いくつかのメーカから提案されています．

その一例として，日本のメーカが開発したCSTBTを紹介します．CSTBTの構造を図15に，特性を図16に示します．

CSTBTは，トレンチ・ゲートの下のp層とn⁻層の間にCS(Carrier Stored)層と呼ばれるキャリア蓄積部を設けています．CS層がn⁻層の中のキャリア濃度を高めることで，n⁻層のドリフト抵抗R_{drift}を小さくしました．一般的なトレンチ構造のIGBTと比較して，同じターンOFFスイッチング損失の場合のコレクタ-エミッタ間飽和電圧$V_{CE(sat)}$が約25％改善されました．最新の各社のIGBTはn層の中のキャリア濃度を高め

る何らかの工夫がされています．

② フリーホイール・ダイオード内蔵タイプ

RC-IGBT(Reverse Conducting IGBT，逆導通IGBT)は，並列接続のフリーホイール・ダイオードの機能を1チップに組み込んだデバイスです．IGBTとフリーホイール・ダイオードを個別に接続するよりも，実装面積を小さくでき，チップ温度の変化が小さくなるメリットがあります．

特性は，IGBTとフリーホイール・ダイオードを個別に接続したときよりも劣ります．図17に，RC-IGBTの構造と等価回路，特性を示します．

③ 逆電圧保護ダイオード内蔵タイプ

RB-IGBT(Reverse Blocking IGBT，逆阻止型IGBT)は，直列接続のダイオードの機能を1チップに組み込んだデバイスです．逆電圧による素子破壊を防ぎます．RC-IGBTのような，エミッタ-コレクタ間に電流を流す機能はありません．図18に，RB-IGBTの構造と等価回路，特性を示します．

第5章 パワーMOSFETとIGBT, SiC MOSFETを比べる

実測比較！SiC MOSFETと従来パワー半導体の性能

山本 真義 Masayoshi Yamamoto

パワー半導体の実力を調べるために

パワー・エレクトロニクスでは，SiCやGaNなどの新しい素材を使ったパワー半導体が注目されています．しかし，それらの特性を比較するために，インバータやDC-DCコンバータを作るのは大変です．本稿で紹介するダブル・パルス回路により，パワー半導体の特性をチェックできます．

実験用には3つのパワー・トランジスタを使用しました(**写真1**).
- Si MOSFET IXFK20N120（リテルヒューズ）
- Si IGBT GT40QR21（東芝デバイス＆ストレージ）
- SiC MOSFET SCH2080KE（ローム）

測定するデバイスの主な特性を**表1**に示します．ドレイン-ソース間電圧（絶対最大定格）を1200 Vに合わせました．

スイッチング特性評価に便利なダブル・パルス回路

ダブル・パルス回路の等価回路を**図1**に示します．

この回路は，電気自動車に使われているインバータの1相分を取り出した形です．インバータ動作時と同じ条件でスイッチング特性を確認できます．

試験対象の半導体はQ_1, Q_2の2個を用意します．

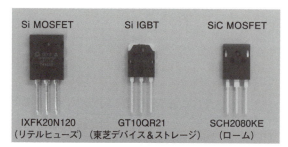

写真1　1200 V耐圧のパワー半導体のスイッチング特性を比べてみる
3つのデバイスをDigiKeyで同時に購入した．なお2024年9月現在，IXFK20N120とSCH2080KEは生産中止になっている

そのほか，直流電源，環流インダクタを用意します．

上側半導体スイッチQ_1は，スイッチとしては動かしません．ゲート-ソース間（ゲート-エミッタ間）を短絡してOFF状態に保ち，**図2(a)**のようにダイオードとしてのみ機能させます．スイッチとして機能させるのは下側のQ_2のみです．

したがって，ダブル・パルス回路の動作は，下側スイッチQ_2がON状態かOFF状態の2つしかありません．**図2(b)**のようにQ_2がON状態では，スイッチQ_2を介して環流インダクタに電流が流れ，電流は線形的に増加していきます．ここでQ_2をOFFすると**図2(c)**へ移行し，インダクタに蓄積されたエネルギーは上側Q_1, すなわちダイオードを介して環流します．

● 測定したい電流値でON/OFFがどちらも観測できる

ダブル・パルス回路は，下側スイッチのターンON特性とターンOFF特性，上側スイッチのダイオード

表1　比較する3種類のパワー半導体…パワー MOSFET/IGBT/SiC MOSFET（写真1）

No.	項　目	記号	Si MOSFET IXFK20N120	Si IGBT GT40QR21	SiC MOSFET SCH2080KE
1	ドレイン-ソース間電圧 [V]	V_{DSS}	1200	1200	1200
2	ゲート-ソース間電圧 [V]	V_{GSS}	±30	±25	-6〜22
3	ドレイン電流 [A]	I_D	20	40	40
4	ゲートしきい値電圧 [V]（最小）	$V_{GS(th)}$	2.5	4.5	1.6
5	逆回復時間 [ns]	t_{rr}	300	600	37
6	許容損失 [W]	P_D	780	230	262
7	入力容量 [pF]	C_{iss}	7400	1500	1850
8	出力容量 [pF]	C_{oss}	550	18	175
9	帰還容量 [pF]	C_{rss}	100	14	20

Si MOSFETでは耐圧を確保すると寄生容量が大きくなる

ゲートしきい値電圧が低い

第5章 実測比較! SiC MOSFETと従来パワー半導体の性能

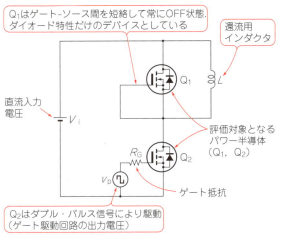

図1 スイッチング特性を調べるのに便利なダブル・パルス回路

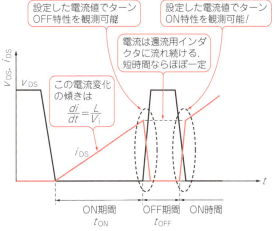

図3 ダブル・パルス回路は測りたい電流値でON/OFFのスイッチング特性を確認できる

特性を観測することで，インバータ1相分のスイッチング特性の全容を把握できます．

図3がダブル・パルス回路の動作原理です．通常ダブル・パルス回路は電流がゼロの状態から起動します．

▶ターンOFF特性を測る

Q_2をONすると，図2(b)のような回路となるので，電流は環流インダクタと直流入力電圧で決まる一定の傾きで増加していきます．

インダクタの電流がある値になったときに，スイッチQ_2をターンOFFします．このとき，Q_2のドレイン-ソース間電圧と電流を観測すれば，その電流値におけるターンOFF特性を観測できます．

▶ターンON特性を測る

Q_2をOFFした直後は，図2(b)のように，電流は同じ値を維持してインダクタとダイオードを環流しています．短い時間を設けて，Q_2を再度ターンONします．この瞬間に，Q_2のドレイン-ソース間電圧と電流を観測すればよいのです．

Q_2がOFF期間中に環流するだけでその電流値を維持していたので，最初にターンOFFした電流値とほぼ等しいことがわかります．これで，ある電流値に対して，ターンON特性が観測できます．

▶ダイオードのリカバリ特性を測る

このターンON時には，図4のようにダイオードのリカバリ現象によるリカバリ電流が一瞬だけ流れてダイオードにも損失を発生します．ターンON時にダイオードの電圧と電流を観測すれば，内蔵ダイオードのリカバリ損失も測れます．

▶測定時の電流値設定方法

図3に示したように，インダクタに流れる電流i_Lは線形的に増加していきます．ある時刻に対する電流値は，入力直流電圧とインダクタンス値から計算できます．逆に設定したい電流値は，ONしている時間で制御できます．最初のON時間t_{ON}をコントロールすることで，任意の電流値を設定できます．

スイッチング特性の測定

ダブル・パルス回路は，直流電源とファンクション・ジェネレータがあれば作成できます．ただし，き

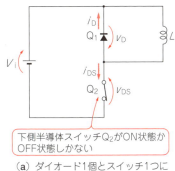

(a) ダイオード1個とスイッチ1つにシンプル化できる

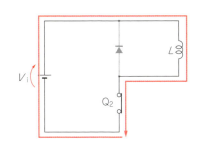

(b) スイッチがONするとインダクタ電流が増加する

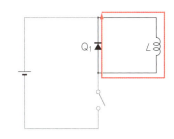

(c) スイッチがOFFするとインダクタ電流はダイオードを通って環流する

図2 ダブル・パルス回路の動作

第1部　パワー・トランジスタ&ダイオードの回路技術

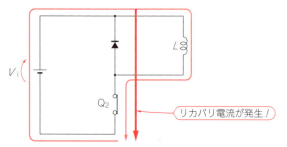

図4　ターンONする瞬間にダイオードからリカバリ電流が流れる

れいなスイッチング特性を観測するために，配線インダクタンスに配慮する必要があります．

● ダブル・パルス回路のパワー回路部

実験したダブル・パルス回路の詳細を図5に示します．ゲートに加える電圧は15V，ゲート抵抗は10Ωに統一して，相対評価を行いました．

入力の大容量コンデンサC_1(2200 μF)には，フィルム・コンデンサC_2(2.2 μF)も並列接続します．インダクタンスは飽和しないように空芯のインダクタを自作で巻いて100 μHとしました．

● 実験のようす

写真2にダブル・パルス回路の実験のようすを示します．写真2(a)がパワー回路部です．パワー半導体はコネクタ接続で他素子と入れ替えます．

ダブル・パルス回路では，入力側に接続されたコンデンサと2つの評価用パワー半導体で作る電流ループのインダクタンスを極力小さくしないと，スイッチング波形を綺麗に観測できません．今回はプリント基板でダブル・パルス回路を作成し，コンデンサとの接続

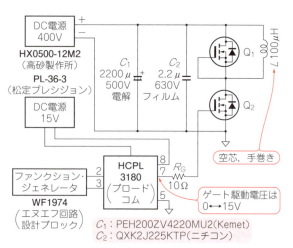

図5　実験に使ったダブル・パルス回路の詳細

もなるべく低インダクタンスとなるよう配慮しました．

ただ，電流プローブを挿入するための配線は必要です．今回はプリント基板を切断し，一部を導線とすることで，なるべくインダクタンスを小さくしました．電圧プローブの接続もスプリング・グラウンドを使って，計測時の寄生インダクタンスを減らします．

スイッチング波形の観測にはオシロスコープとしてDPO5054(テクトロニクス)を使用しました．電流プローブに時間遅れがあるので，オシロスコープのデスキュー機能により11nsほど補正しています．

実験結果と注目SiC MOSFETの実力

● 全体波形

図6に設定電流値15A時におけるダブル・パルス試験の全体波形を示します．上側の波形はゲート駆動電圧，下側はQ_2の電圧と電流の波形です．

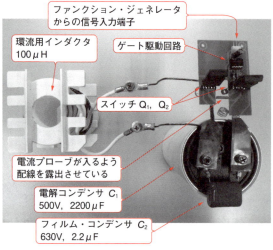

(a) パワー回路

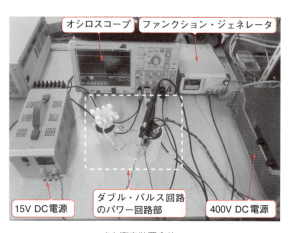

(b) 測定装置全体

写真2　実験に使ったダブル・パルス回路

第5章 実測比較！SiC MOSFETと従来パワー半導体の性能

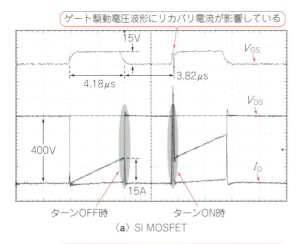

(a) Si MOSFET

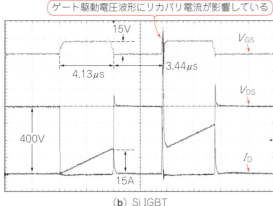

(b) Si IGBT

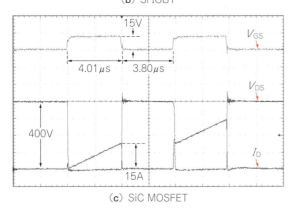

(c) SiC MOSFET

図6 ダブル・パルス回路で測定したときの全体波形（15A時）

Si MOSFET使用時の**図6(a)**より，設定通り15A時にターンOFF＆ターンONを実現しています．Q_1のダイオードによるリカバリ電流がスイッチQ_2に流れ込み，大きな電流サージとして観測されています．さらに，このリカバリ電流はMOSFETの帰還容量を介してゲート駆動回路に流れ込み，ゲート駆動電圧にも影響を及ぼしています．

Si IGBTの**図6(b)**では，上側ダイオードのリカバリ電流の影響がさらにひどくなります．

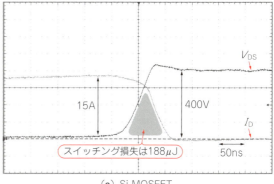

(a) Si MOSFET

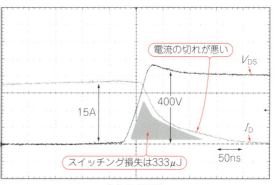

(b) Si IGBT

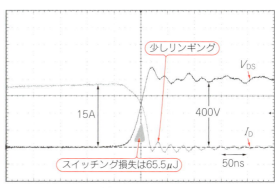

(c) SiC MOSFET

図7 ターンOFF波形（15A時）

SiC MOSFETでは，リカバリ電流はほとんど発生しません．ゲート駆動電圧も安定しています．これは今回使用したSCH2080KEには逆並列ダイオードとしてSiCのSBD（ショットキー・バリア・ダイオード）が内蔵されていることも大きな要因と考えられます．

● ターンOFF波形

ターンOFF時の電圧・電流波形を**図7**に示します．低インダクタンスに配慮したことで，きれいなスイッチング波形が取得できています．オシロスコープの積分機能を利用してスイッチング損失を計算しています．

図7(b)では，IGBTに特徴的な，電流の切れの悪さ

第1部 パワー・トランジスタ&ダイオードの回路技術

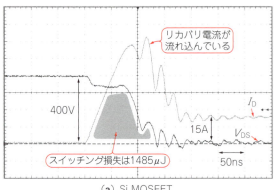

(a) Si MOSFET

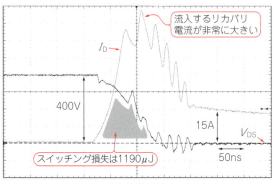

(b) Si IGBT

(c) SiC MOSFET

図8 ターンON波形(15A時)

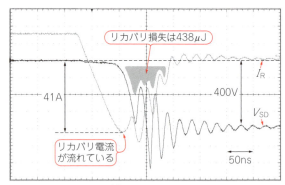

(a) Si MOSFET

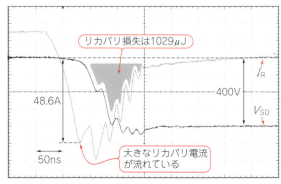

(b) Si IGBT

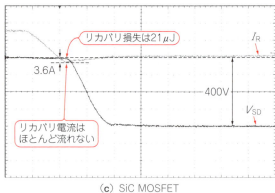

(c) SiC MOSFET

図9 リカバリ波形(15A時)

があり，スイッチング損失は大きめです．

SiC MOSFETのターンOFF波形は鋭く，スイッチング損失は小さくなっています．

● ターンON波形

ターンON時の電圧・電流波形を図8に示します．

Si MOSFETの図8(a)では，ダイオードとして働いているQ₁のリカバリ電流が下側スイッチQ₂に流入して，スイッチング損失を増大させています．

Si IGBTの図8(b)は，逆並列に接続されたダイオードの特性が悪く，非常に大きなリカバリ電流が流れています．しかしスイッチング損失はSi MOSFETよりも小さくなっています．

SiC MOSFETの図8(c)ではリカバリ電流の流入はわずかです．SiC SBDの性能の良さを実感できます．

● リカバリ波形

リカバリ波形を図9に示します．インバータ動作を想定した場合，リカバリ損失も合わせて評価します．

Si MOSFETの図9(a)では41A，Si IGBTの図9(b)も48Aと大きなリカバリ電流が流れています．

それに対してSiC MOSFETの図9(c)では，SiC SBDの実力により，リカバリ電流ピーク値は3.6A，リカバリ損失は21μJと比較にならない低損失です．

第5章 実測比較！SiC MOSFETと従来パワー半導体の性能

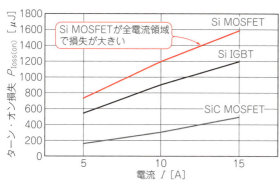

図10 ターンON損失の比較

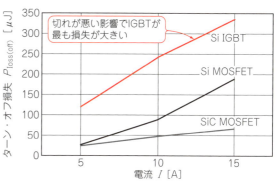

図11 ターンOFF損失の比較

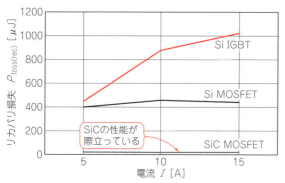

図12 リカバリ損失の比較

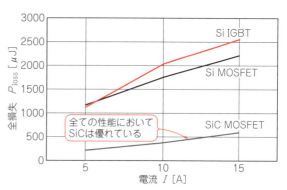

図13 スイッチング損失全体の比較
ターンON損失，ターンOFF損失，リカバリ損失の合計

● 損失の評価

　ターンON損失，ターンOFF損失，リカバリ損失を5A時，10A時，15A時のそれぞれ計測し，図10，図11，図12にまとめました．

　最後に，全ての損失を合算した結果を図13に示します．ターンON損失，ターンOFF損失，リカバリ損失の全てにおいてSiCは優れており，全電流領域で，性能を維持しています．損失はSi系と比較して1/4以下です．SiCが次世代型パワー半導体として大きく期待される片鱗を垣間見ることができた実験でした．

◆参考文献◆

(1) 馬場 清太郎；高効率パワー素子SiCとCoolMOSの実力を見る，トランジスタ技術，2004年12月号，CQ出版社．
(2) SCH2080KE 製品情報，ローム．
https://www.rohm.co.jp/products/sic-power-devices/sic-mosfet/sch2080ke-product
(3) GT40QR21 製品情報，東芝デバイス＆ストレージ．
https://toshiba.semicon-storage.com/jp/semiconductor/product/igbts-iegts/igbts/detail.GT40QR21.html
(4) 山本 真義；実験研究！超高速・超高効率パワー素子SiC MOSFET，トランジスタ技術，2013年4月号，pp.169-176，CQ出版社．

第6章 ダイオードのメカニズムと損失が発生する理由を把握する

数千V, 数百Aに耐える パワー・ダイオードのしくみ

山田 順治 Junji Yamada

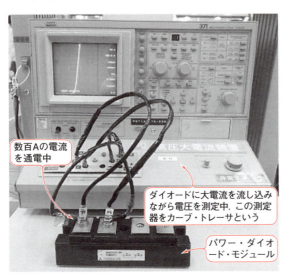

写真1 ダイオードは整流や還流の用途でパワエレの世界でも広く使われる
パワー・ダイオード・モジュールの特性を測定しているようす

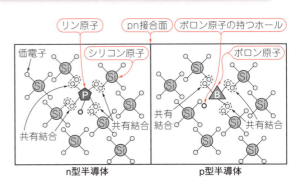

図1 ダイオードはp型半導体とn型半導体を接合しただけのシンプルな構造をもった素子

　一般的な半導体と同じように，パワー半導体にもダイオードやトランジスタ，サイリスタなど，さまざまな素子があります．ダイオードは，p型半導体とn型半導体を接合しただけの，最もシンプルな構造をもつ半導体素子です．

　一般的なダイオードは耐電圧がせいぜい数十Vしかありませんが，写真1のようなパワー・モジュールは数千Vもの高い電圧を加えることができ，数百Aもの大きな電流を流します．

　パワー・エレクトロニクス回路では，トランジスタだけではなく，ダイオードでも大きな損失が発生します．例えば，モータ制御用インバータの損失は，全体の3～5割が還流用のフリーホイール・ダイオードで発生します．発熱を抑えたスリムなパワー・エレクトロニクス回路を設計する際は，適切なダイオードを選定することが重要です．ダイオードのメカニズムを理解し，損失が発生する理由を把握しておくと，適切な部品選定に役立ちます．〈編集部〉

　パワー・エレクトロニクス回路の世界では，交流を直流に変換するときの整流や，モータなどで電流断絶時に発生する逆起電力を逃がす還流の目的で，ダイオードが広く使われています．パワエレの世界では数千V，数千Aの高エネルギーを扱うことがあるので，漏れ電流やリカバリ電流などによる損失が，一般の半導体よりもけた違いに大きいです．設計の際は，損失につながるさまざまなパラメータを考慮して，慎重に部品を選定することが重要です．

　ダイオードの整流メカニズムを理解し，損失が発生する理由を把握しておくと，適切な部品選定に役立ちます．本稿ではダイオードの整流メカニズムを解説します．

しくみと働き

● p型半導体とn型半導体をくっつけたもの

　図1に示すのは，ダイオードの基本構造です．p型半導体とn型半導体の接合面は，pn接合，またはpnジャンクションと呼ばれます．

　p型半導体とn型半導体を接合すると，pn接合面近くにあるn型半導体内のリン原子は，最外殻を安定させるために電子を放出します．電子を放出したリン原子は，正のリン・イオンになります．

　リン原子から放出された電子は，pn接合面を通過して，p型半導体内のボロン原子がもつホールと結合し

第6章 数千V，数百Aに耐えるパワー・ダイオードのしくみ

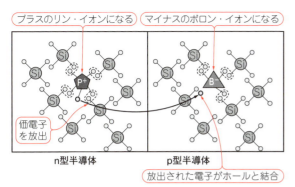

図2 p型半導体とn型半導体を接合すると互いの不純物が安定になろうとして電子が放出される
n型半導体中のリン(P)原子のもつ価電子が伝導電子となってp型半導体中のボロン(B)原子のもつホールに移動する．この移動で，どちらも8個の価電子をもつことになり安定する

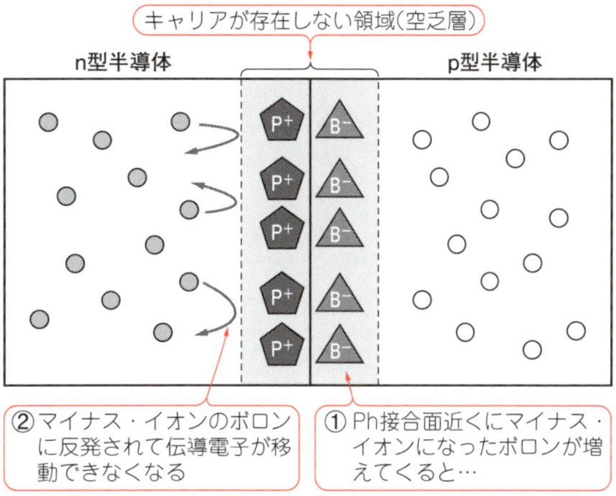

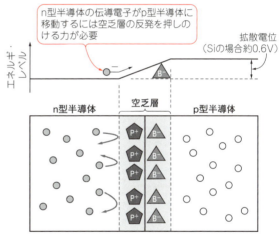

図3 pn接合面にはキャリアの存在しない「空乏層」と呼ばれる領域が生まれる
n型半導体からp型半導体への電子の移動が一定以上起こると，マイナス・イオンになったボロン原子に反発されて電子がp型半導体へ移動できなくなる

図4 外からエネルギーが与えられていない平衡状態だとダイオードは絶縁体と同じ特性になる

ます．電子と結合したボロン原子は，最外殻が安定し，負のボロン・イオンになります．このようすを図2に示します．

● **接合面にキャリアの存在しない領域が生まれる**

pn接合面の近くで一定量の電子の移動が起こると，p型半導体側に負電荷をもつボロン・イオンができます．反対側のn型半導体側には正電荷をもつリン・イオンができます．pn接合面の近くにある負のボロン・イオンが増えると，n型半導体から移動しようとする負の伝導電子と反発し合い，やがて電子の移動がなくなり，平衡状態になります．このようすを図3に示します．同様にn型半導体のpn接合面の近くでも中和が生じて，この部分はキャリアの存在しない領域になります．この部分を空乏層と呼びます．

空乏層は，キャリアが存在しないので電流を流しません．絶縁体と同じと言えます．ダイオードが逆方向の電流を阻止するときは，空乏層の働きを使っています．

● **平衡状態だと電子は移動しない**

ダイオードが平衡状態のときに，n型半導体の中にある伝導電子をp型半導体へ移動させて電流が流れるようにするためには，ボロン・イオンが作る負電荷の反発を押しのけるエネルギーが必要です．図4のように，n型半導体からは，p型半導体の電位のほうが高く見えます．この電位差を拡散電位と呼びます．電源整流用のダイオード・モジュールに使われているチップは，0.6V程度の拡散電位をもっています．

電気的な特性

ダイオードは，2つの電極をもっています．1つはn型半導体につながれた電極で，カソード(K)と呼ばれます．もう1つは，p型半導体につながれた電極で，アノード(A)と呼ばれます．2つの電極に加える電圧の方向によって，ダイオードの電気特性は大きく異なります．

● **アノード→カソードに電圧が加わると…**

図5に示すのは，カソードにマイナス，アノードにプラスの電位をバイアスしたときのダイオード内部のようすです．このような電圧の加え方を順方向バイアスと呼びます．

▶ **加える電圧が拡散電位よりも低いとき**

p型半導体側のアノードに加わるプラス電位を徐々に高くすると，n型半導体中の伝導電子は，プラス電位に引かれてp型半導体側に移動しようとします．

図5(a)のようにプラス電位が拡散電位よりも低いときは，空乏層中のボロン・イオンがもつ拡散電位に

53

第1部　パワー・トランジスタ&ダイオードの回路技術

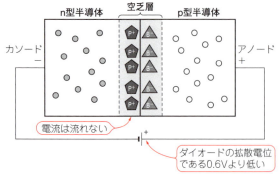

（a）加える電圧＜拡散電位のときは絶縁体のまま

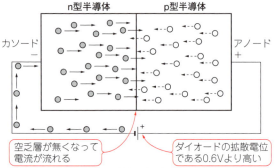

（b）加える電圧＞拡散電位のときは導体になる

図5 アノードにプラス，カソードにマイナスの電圧を加える順方向バイアス時のダイオード内部

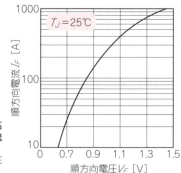

図6 加える電圧を高くするほど多くの電流を流せる
ダイオードの順方向電圧V_F-順方向電流I_F特性

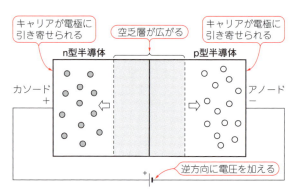

図7 カソードにプラス，アノードにマイナスの電圧を加える逆方向バイアス時のダイオード内部
キャリアが電極に引き寄せられ，空乏層が広がる

反発されて移動ができません．このときのダイオードは，空乏層が維持されているので，まだ絶縁体の特性を有しています．

▶**加える電圧が拡散電位よりも高いとき**

図5（b）のようにアノード電極側のプラス電位を拡散電位よりも高い状態にしたときは，n型半導体中の伝導電子がpn接合面を越えてp型半導体に移動します．空乏層はほとんどなくなります．p型半導体側に移動した伝導電子は，アノードに向かって流れます．このときダイオードは，絶縁体から導体に特性を変えます．図6のように，アノード側のプラス電位をもっと高くすると，n型半導体からp型半導体に移動する伝導電子の数がさらに増えて，流れる電流が増加します．

このとき，ダイオードを流れる電流と電気抵抗には面白い関係があります．後ほど実験1で調べてみます．

● **カソード→アノードに電圧が加わると…**

図7に示すのは，カソードにプラス，アノードにマイナスの電位をバイアスしたときのダイオード内部のようすです．このような電圧の加え方を逆方向バイアスと呼びます．

▶**基本的には絶縁体の働きをする**

n型半導体側のカソードに加わるプラス電位を徐々に高くすると，n型半導体中の伝導電子がプラス電位に引かれて集まります．p型半導体側のホールも，アノードのマイナス電位に引かれて集まります．電子とホールがそれぞれの電極に引き寄せられて，キャリアの存在しない空乏層エリアが広がります．カソードのプラス電位をさらに高くすると，電圧の大きさに応じて空乏層がさらに広がります．

ダイオードの空乏層は，絶縁体のように働いているので，カソードのプラス電位をもっと高くしても電流はほとんど流れません．このときのダイオードの抵抗値はどれくらいでしょうか．これも実験1で測定してみます．

▶**完全な絶縁状態にはならない…漏れ電流**

逆方向バイアスのとき，ダイオードに電流がまったく流れないわけではありません．p型，n型の半導体にはそれぞれ少数キャリアが存在しています．図8のように，n型半導体中にあるホールと，p型半導体中にある伝導電子から見ると，移動できる方向に電圧が加わっています．そのため，逆方向バイアスのときであっても，それぞれの少数キャリアの移動があるため，電流が流れます．これを漏れ電流と呼びます．

p型半導体中の伝導電子は，外部からエネルギーを与えられると増加します．これは熱エネルギーでも同様で，ダイオードの温度を上げると漏れ電流が増加し

第6章 数千V,数百Aに耐えるパワー・ダイオードのしくみ

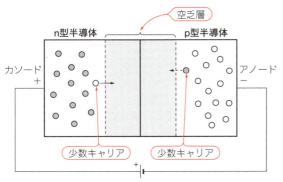

図8 逆方向バイアス時は漏れ電流が流れるので完全な絶縁体にはならない
n型半導体中の少数キャリアのホールは,マイナスのアノード電極に引き寄せられ,p型半導体中の少数キャリアの電子は,プラスのカソード電極に引き寄せられることで小さな電流(漏れ電流)が流れる

ます.温度と漏れ電流の関係は,実験2で調べてみます.

▶ 加える電圧が高すぎると絶縁が保持できない…アバランシェ降伏

逆方向バイアス状態にあるダイオードのカソードのプラス電位をさらに高くしていくと,やがて空乏層に加わる電界強度がシリコンの限界を超えるので,電圧が保持できなくなり,電流が流れます.これをアバランシェ降伏現象と呼びます.

アバランシェ降伏は,図9のように高電圧の逆方向バイアスによって,p型半導体中の伝導電子が高いエネルギーを得てカソードに向かい,高速で空乏層内の原子に衝突することで発生します.電子が衝突した空乏層内の原子は,その衝撃で電子を放出し,ホールを発生させます.放出された電子はさらにほかの原子と衝突して,電子とホールを発生させます.

この現象が連続することで,空乏層内に電子なだれ(アバランシェ)が発生し,電子がカソード電極に向かって移動するので電流が発生します.この電子なだれは空乏層内で局所的に発生して,電圧と電流の加わった状態を維持します.電子なだれが起こった場所には,電気的な損失が発生して,局所的に温度が上昇します.大きな電流が流れると,チップが焼損する恐れがあるので,一般的にはアバランシェ降伏が発生しない条件で使用します.

ダイオードで発生する降伏現象には,アバランシェ降伏のほかにツェナー降伏があります.パワー・モジュールではツェナー降伏を使う機会がないので,本稿では解説を省略します.

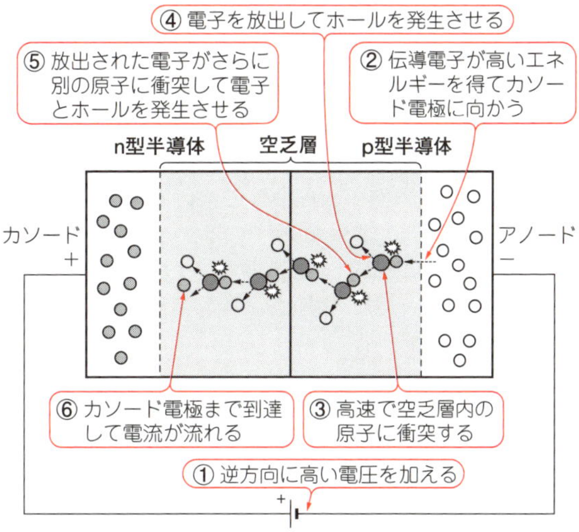

図9 逆方向バイアス時に加える電圧が高すぎると「アバランシェ降伏現象」が起きて電流が流れてしまう
①〜⑤の連続で空乏層内はキャリアで満たされることになる.やがて空乏層はなくなって導体の特性を示す

高エネルギーもμs以下で遮断! パワー半導体ならではの工夫

■ 高電圧に耐える構造

● 低濃度のn型半導体を挟んだ「pin構造」

パワー・モジュールに使うダイオードは,高い電圧を保持するために,特殊な構造をしています.

一般的なダイオードは,p型半導体とn型半導体を接合したpn構造で[図10(a)],逆方向バイアスの状態で絶縁を保持できる耐電圧はせいぜい数十Vです.

パワー・モジュールで使っているダイオードには,600〜6500Vの耐電圧が求められます.高い耐電圧を保持するため,pn構造のp型半導体とn型半導体の間

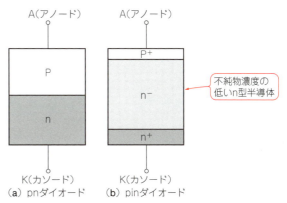

図10 パワー半導体のダイオードは高電圧に耐えるために独自の構造を採用している
pnダイオードに対して,パワー・モジュールに使用されるダイオードはpとnの間に不純物濃度の薄いn型半導体(n⁻層)をはさんだ構造になっている

第1部　パワー・トランジスタ＆ダイオードの回路技術

に，intrinsic層（またはi層やn⁻層）と呼ばれる薄い濃度のn型不純物半導体を挟んでいます［図10（b）］．これをpinダイオードと呼びます．

● **高電圧に耐えるメカニズム**

なぜpin構造のダイオードだと高い電圧を保持できるのでしょうか．図11に示すのは，逆方向バイアス時のダイオード内部です．逆方向電圧を高くすると空乏層距離が長くなり，電圧を保持します．

▶ **内部の力の働き**

このとき，次のような三角形を描くと，面積が耐電圧の大きさ，頂点がシリコンに加わる電界強度となる関係が成り立ちます．

- 底辺　　　：空乏層の距離
- 斜辺の傾き：半導体の不純物濃度に比例

逆方向バイアス時に加わる電圧を高くしていくと，図11（b）のように空乏層の距離が長くなりますが，斜辺の傾きは変わらないので，三角形の頂点が高くなります．電圧をさらに高くして，三角形の頂点（電界強度）がシリコンの絶縁破壊強度に達すると，アバランシェ降伏が起こります．

図11（c）のように，p型半導体とn型半導体の不純物濃度を薄くすれば，三角形の斜辺の傾きが小さくなるので，より高い電圧を保持できるようになります．p⁻，n⁻はそれぞれ不純物濃度の低い半導体を表現しています．

▶ **n⁻層を挟むことの効果**

図11（c）のように不純物濃度の低いp⁻層とn⁻層を接合すれば耐電圧の高いダイオードが作れることになります．ところが，p⁻層は生成するのが困難です．もし作れたとしても，順方向に電流が流れたときの電圧降下V_Fが大きくなるので，この構造は実際には使われません．

パワー・モジュールでは，図11（d）に示すpin構造のダイオードが最も使われます．図11（d）に逆方向バイアス時のpinダイオード内部の状態を示します．三角形の斜辺の傾きは，n⁻層により小さくなるので，電界分布が緩くなり，広い面積（高い耐電圧）を確保できます．

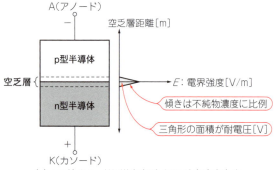

（a）pnダイオードに逆方向バイアスを加えたとき

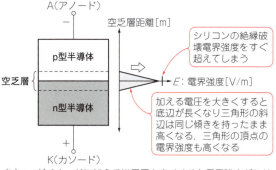

（b）pnダイオードに加える逆電圧を高くすると電界強度がシリコンの絶縁破壊強度に達してアバランシェ降伏が起こる

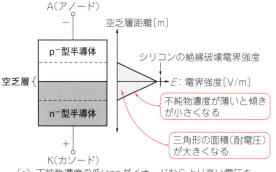

（c）不純物濃度の低いpnダイオードならより高い電圧を加えられるようになる

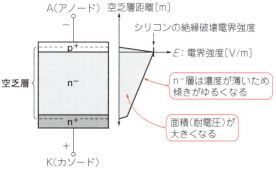

（d）実際には不純物濃度の低いn⁻層をはさんだpinダイオードが使われる

図11　pin構造のダイオードが高電圧に耐えるメカニズム
逆方向バイアス時の空乏層の広がりと電界の分布を模式的に示したイメージ．三角形の斜辺は，各層の不純物濃度に比例した傾きをもち，底辺は空乏層の長さで形作られる三角形の面積が加えられた電圧を示す．加える電圧が高いと三角形の面積が大きくなる．三角形の頂点は電界強度を示す

第6章 数千V,数百Aに耐えるパワー・ダイオードのしくみ

■ 高エネルギーを瞬時にロスなく遮断する

● 大電流を急に止めると「リカバリ電流」が跳ね返ってくる

ダイオードは,順方向バイアスで電流を流している状態から,急に逆方向バイアスに切り替えたときに,短時間に大きな逆方向電流が流れます.これをダイオードのリカバリ動作,このとき逆方向に流れる電流をリカバリ電流と呼びます.

▶ 大電流,高速遮断なほど大きくなる

図12に示すのは,一般的なダイオードのリカバリ特性です.リカバリ動作は,図13のように順方向バイアス時にn⁻層に溜まったキャリアが逆方向バイアスによって排出されるために起こります.

リカバリ特性は,順方向バイアス時に流れている電流と,逆方向バイアスに切り替えるスピードに影響されます.順方向電流が大きくて,切り替わる時間が速いときほど,リカバリ電流が大きくなります.

▶ 周波数が高いときほど損失が増える

リカバリ電流が流れている間は,ダイオードに電圧が加わっているので,電気的な損失が生じます.交流を直流に変換する整流回路の場合,周波数が高くなるほど相対的に損失が大きくなります.商用周波数50Hzの整流回路では問題ありませんが,パワー・モジュールに使われるダイオードは,より周波数の高い条件で使われることがあるので,リカバリ特性の改善が求められます.

● 貴金属の添加によりリカバリ特性を改善

▶ 効果:キャリアが減る

ダイオード・チップのリカバリ特性を改善する方法はいくつかあります.その1つとして金や白金の貴金属を拡散する方法が使われます.微量の貴金属を加えることで,シリコン結晶に故意に欠陥を作り,電子とホールをn⁻層内で再結合させることで電荷を消滅させます.これにより,排出されるキャリアの量を減らせます.

▶ 順方向電圧V_Fとはトレードオフの関係

この欠陥は,順方向に電流が流れているときもキャリアを減少させるので,順方向電流I_F-順方向電圧V_F特性が悪くなる,つまり順方向バイアス時の損失が大きくなる傾向があります.順方向電圧V_Fとリカバリ時間t_{RR}は,図14のようにトレードオフの関係にあります.

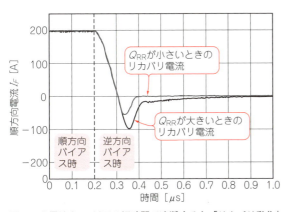

図12 大電流をμs以下の短時間で遮断すると「リカバリ動作」によって電流がちょっと跳ね返ってくる
一般的なダイオードのリカバリ電流の波形

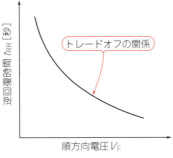

図14 リカバリ特性を改善するほどダイオードON時の電気抵抗が大きくなる
ダイオードの順方向電圧V_Fとスイッチング時間t_{RR}は,トレードオフの関係にある.V_Fが小さいとt_{RR}(Q_{RR})が大きく,V_Fが大きいとt_{RR}(Q_{RR})が小さくなる傾向を示す.使用する条件によりパラメータを調整する

(a) 順方向バイアス時

(b) 順方向バイアス→逆方向バイアス時

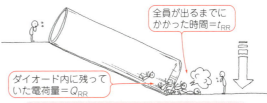

(c) 逆方向バイアス時

図13 リカバリ動作で跳ね返ってくる電流の正体…ダイオード内に残された電荷たち

第1部　パワー・トランジスタ&ダイオードの回路技術

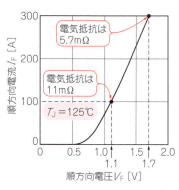

図15 順方向バイアス時に数百Aの大電流を流しても電気抵抗はわずか数mΩしかない
カーブ・トレーサにより測定したダイオードのV_F-I_F特性

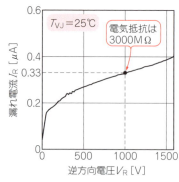

図16 逆方向バイアス時に1000V超の電圧を加えても3000MΩもの高い抵抗値を示す
カーブ・トレーサにより測定したダイオードのV_R-I_R特性

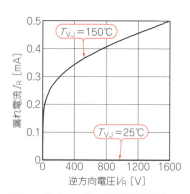

図17 ダイオードが高温状態だと漏れ電流が大幅に増加する
ダイオードの温度と漏れ電流の関係

■ 用途に応じて最適な部品を選ぶ

逆方向バイアス時に，高い電圧が保持できて，漏れ電流が小さいダイオードを作るためには，n⁻層の不純物濃度を薄くして，n⁻層を厚くします．

順方向バイアス時に，大電流が流せて，順方向の電圧降下が低いダイオードを作るためには，n⁻層の不純物濃度を濃くして，n⁻層の厚さを薄くします．

つまり，順方向バイアス時と逆方向バイアス時の特性改善には，まったく逆の構造が要求されます．リカバリ特性も改善しようとすると，n⁻層の不純物濃度と貴金属拡散濃度なども考慮する必要があります．

簡単な構造のダイオードですが，使用される目的に応じて最適なバランス設計がなされた部品を選びましょう．

工夫の効果を実験で確認

実際にパワー・モジュールの特性を測定して，パワー半導体ならではの工夫の効果を確認してみます．

冒頭に掲載した**写真1**は，ダイオード・モジュールの順方向電流I_F-順方向電圧降下V_F特性を測定しているときのようすです．大電流を通電させながら電圧を測定できる装置（カーブ・トレーサと呼ぶ）を使っています．測定時は数百Aの大電流を流すので，十分な電流が流せるハーネスを使います．**図15**に測定結果を示します．

● 実験1：順方向／逆方向バイアス時の特性
▶ **数百Aの大電流，数千Vの電圧に耐える**

順方向バイアス時と逆方向バイアス時のダイオードの電気抵抗を算出してみます．**図15**は定格電流100Aの整流ダイオードのI_F-V_F特性です．I_F = 100AのときのV_Fは1.1Vなので，オームの法則より順方向電気抵抗は11mΩと求まります．

逆方向バイアス時のV_R-I_R特性を**図16**に示します．V_R = 1000Vのときの漏れ電流I_Rは0.33μAなので，電気抵抗は3000MΩと求まります．

パワー・モジュールのダイオードでは，11mΩから3000MΩまで，10^6の電気抵抗変化が瞬時に起こっています．

▶ **電流が大きいほど電気抵抗が小さくなる**

図15をよく見ると，ダイオードは順方向に流れる電流が大きくなるほど電気抵抗が小さくなる面白い特性をもっていることに気が付きます．例えば，I_F = 300Aのとき，V_Fは1.7Vなので，電気抵抗は5.7mΩになっています．I_F = 100Aのときの電気抵抗11mΩの約半分です．

順方向電流I_Fが大きいときは，n⁻層を多くのキャリアが移動しています．キャリアの数が増えたことにより，n⁻層の電気抵抗がさらに導体に近づき，電気抵抗が小さくなります．

● 実験2：温度と漏れ電流の関係

逆方向バイアス時の漏れ電流は，p型半導体の少数キャリアである伝導電子の移動によって流れます．ダイオードを高温状態にし，少数キャリアを増やして，漏れ電流の増加を測定してみます．

実測した結果を**図17**に示します．室温では測定が困難なほど微小ですが，150℃だと0.2m～0.5mA流れています．この結果より，温度エネルギーによりp型半導体の少数キャリアである伝導電子が増加していることが確認できます．

◀参考文献▶
(1) 由宇 義珍；はじめてのパワーデバイス，森北出版，2006年4月．
(2) 内富 直隆；半導体が一番わかる（しくみ図解），技術評論社，2014年6月．

第7章 よく使う数十W以下のスイッチング電源作りを例に

スイッチング電源に使えるダイオードの選び方

梅前 尚 Hisashi Umezaki

スイッチング電源にはMOSFETなどのパワー・トランジスタが使われており，数十kから数百kHzという高周波で大電流をON/OFFスイッチングしています(図1)．

MOSFETがONのときはⒶ，OFFのときはⒷというように電流の流れる経路が高速に切り換わります．ダイオードD_1は，Tr_1がOFFのときは順方向(グラウンド→D_1→L_1)に電流を流し，Tr_1がONしたらⒶの電流がカソードからアノード(グラウンド)に向かって流れ込まないように完全に遮断することが要求されます．この動作によって，MOSFETのスイッチングによって生じる交流電流を直流電流に変換できます．これを整流と呼びます．

この電流経路が数百kHzという高い周波数で切り換わると，ダイオードの応答がついていくことができなくなって，Ⓒ(Tr_1→D_1→グラウンド)の経路で電流が流れるようになり，大きなロスが生じます．

本章では，よく使う数十W以下のスイッチング電源の設計を例に，効率の高いスイッチング電源を作るための整流用ダイオードの選び方と，ダイオードをMOSFETに置き換えて低電圧大電流を効率良く整流する同期整流回路の作り方を紹介します．
〈編集部〉

特性から使えるダイオードを絞り込む

● 使えないダイオード
▶ 大電流を流せない小信号用ダイオード

1S4148に代表される小信号ダイオードは，スイッチング周期に対して数nsと十分短い逆回復時間をもちますが，定格電流が100m～1Aと，スイッチング電源に搭載するにはパワー不足です．

▶ スイッチングの応答についていけない一般整流ダイオード

図1に示すようなスイッチング電源に使う整流素子(ダイオード)は，全動作周波数で整流作用を失ってはいけません．100 kHzで発振しているスイッチング電源では，1周期の時間は10 μsです．このときのデューティ比が50％だった場合は，ON時間もOFF時間も半分の5 μsです．

一般整流用の安価なダイオードは，順方向に導通している状態から逆バイアスが加わって電流を遮断するまでの時間(逆回復時間t_{rr})は4 μ～十数μsです(表1)．これでは，スイッチング電源の整流素子として使えません．MOSFETが100 kHzでスイッチングする電源

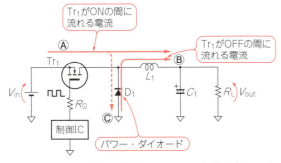

図1 スイッチング電源に使われるMOSFETなどのパワー・トランジスタは数十k～数百kHzの高周波で大電流をON/OFFスイッチングしている

表1 DC-DCコンバータによく使われる整流用ダイオードの特性

略号	正式名称	電圧範囲 [V]	順方向電圧 V_F [V]	逆回復時間 t_{rr}
—	一般整流ダイオード	100～1000	0.6～2	4～12 μs
FRD	ファスト・リカバリ・ダイオード	100～1000	0.9～3	20～200 ns
SBD	ショットキー・バリア・ダイオード	20～200	0.4～1	—

FRDは電圧範囲が広く，高電圧を扱う回路にも使える

一般整流ダイオードのt_{rr}(逆回復時間)はけた違いに遅く，スイッチング電源には使えない

SBDのV_Fはほかと比べて低く，導通損を小さくできる

SBDは原理的にt_{rr}が存在しないのでスイッチング損失はほとんどない(ただし配線のインダクタンスや周辺部品の影響でゼロにはならない)

第1部 パワー・トランジスタ&ダイオードの回路技術

では，順方向に流れる電流がゼロになる前に，Tr_1がONして次の導通期間に入るので，ダイオードには常に電流が流れ続けてしまいます．

一般整流用のダイオードで整流できるのは，商用周波数などの数十〜1 kHzです．

● 使えるのはFRDとSBD

表1に，電源に利用されているダイオードのいろいろとその逆回復時間を示します．スイッチング電源の整流素子として使えるのは次の2種類です．

- ファスト・リカバリ・ダイオード（以下，FRD）
- ショットキー・バリア・ダイオード（以下，SBD）

実験①：入力電圧が30VくらいのDC-DCコンバータに向くダイオードはFRD or SBD？

■ 基礎知識

● SBDはスイッチング・ロスが小さい

ダイオードの損失には，次の2種類があります．

- スイッチング・ロス：導通している状態から遮断状態に移行する間に発生する損失
- 導通ロス：導通時の順方向電圧と順方向電流による損失

スイッチング・ロスは，逆回復時間（t_{rr}）の期間に流れ続ける電流とダイオードに印加される電圧によって生じる損失です．t_{rr}の短いものほど小さくなります．

pn接合をもたないSBDには理論上逆回復時間がないので，表1に示すSBDのt_{rr}の欄には値が記載されていません．

● SBDは耐圧が低いので実用は30Vぐらいまで

SBDの泣きどころはFRDほど高い耐電圧のデバイスを作れない点です．MOSFETがスイッチングすることで，大きな電流が急激に変化します．それらが配線パターンや素子のリード線に寄生するインダクタンス成分に流れると，大きなサージ電圧が発生します．

これが原因で，ダイオードには想定以上の高電圧が加わります．回路方式にもよりますが，SBDが使える電圧範囲は，せいぜい20〜30 Vです．

SBDの両端にサージ吸収回路を設けて高電圧の発生を抑える手法もありますが，ここで吸収されたサージ電圧は，抵抗などで熱として消費することになり，あらたな損失を生みます．

● FRDは200〜1000 Vくらいで使えてそこそこ速い

FRDの耐電圧は200〜1000 Vで，SBDと比べて高くなっています．SBDが使えない回路電圧のところにはFRDを使います．

● SBDは導通損が小さい

導通損は，順方向に電流が流れているときにダイオードのアノード-カソード間に生じる電圧降下（V_F）が原因です．次に示す損失P_D[W]が生じます．

$$P_D = I_F V_F$$

ただし，I_F：導通電流[V], V_F：順方向電圧降下[V]

これを減らすには，できるだけV_Fの小さな素子を選びます．図2に示すようにSBDのV_FはFRDの半分以下なので，ここでもSBDの優位さが見られます．

作る電源の電圧が30 V以下ならSBDを使うのが順当です．

■ 実験の準備…電池の充電用 DC-DCコンバータを作る

図3は，ニッケル水素蓄電池を充電できる降圧型DC-DCコンバータの回路です．制御ICは，LTC1735（アナログ・デバイセズ）で，1.6 Vの低電圧で最大2.5 Aまで出力できます．入力電圧は4.5〜28 Vで，鉛蓄電池などの電圧変動の大きな電源でも安定した出力電圧が得られます．

整流ダイオードD_1には，SBDであるCBD20150VCT（パンジット，150 V，20 A）を使います．DC-DCコンバータのスイッチング周波数は約200 kHzに設定しています．

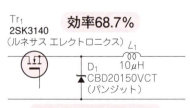

(a) ショットキー・バリア・ダイオード

(b) ファスト・リカバリ・ダイオード

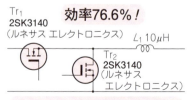

(c) 同期整流

図2 DC-DCコンバータの整流回路の変換効率を比べる（参考値）
実験に使用したダイオードおよびMOSFETは，2024年9月現在，生産を終了もしくは製造中止を発表している（ただし市場在庫はある）

第7章 スイッチング電源に使えるダイオードの選び方

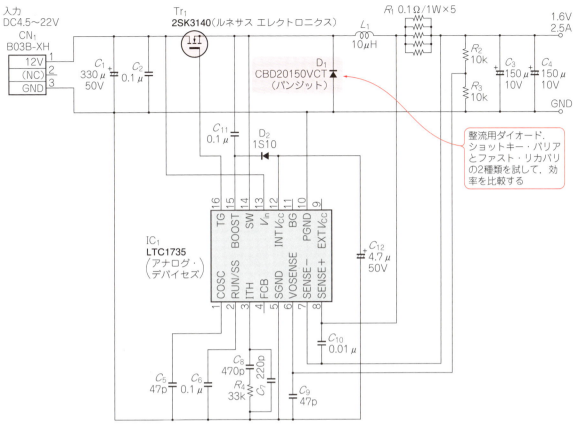

図3 入力電圧が30 V前後のDC-DCコンバータでショットキー・バリア・ダイオードとファスト・リカバリ・ダイオードの効率への影響を調べる（ニッケル水素蓄電池の充電に使える降圧型DC-DCコンバータ．入力電圧4.5～28 V，出力1.6 V）

■ 実験結果

● SBDを使うと効率68.7 %

実験基板に直流安定化電源を使って12 Vを入力すると，次の結果が得られます．

- 入力電力：4.576 W（V_{in} = 12 V）
- 出力電力：3.146 W（V_{out} = 1.573 V，I_{out} = 2 A）
- 効率：68.7 %
- 内部損失：1.430 W

DC-DCコンバータとしては効率があまり良くありません．出力電圧が低く回路電流が大きいこと，ユニバーサル基板に比較的ゆったりと部品配置したことで配線長が長くなったことなどが理由です（**写真1**）．

● FRDを使うと効率62.6 %

D_1をFRDである 10DL2CZ47A（東芝デバイス＆ストレージ，200 V，10 A）に換えて，損失の変化を見てみます．

データシート記載のI_F-V_Fのグラフでは，I_F = 2 Aのときの10DL2CZ47Aの順方向電圧は，T_J = 25 ℃の

写真1 実験用に作ったのはニッケル水素蓄電池を充電できる降圧型DC-DCコンバータ

条件で約0.88 Vです［**図4(b)**］．

SBDのCBD20150VCTではデータシートのグラフによると，I_F = 2 A，T_J = 25 ℃のときにV_F ≒ 0.53 Vとなっているので，導通損だけでも約1.7倍になると予想できます［**図4(a)**］．さらにリカバリ時間によるダイオードがターンOFFするときのスイッチング・ロスが加わるので，確実にSBDより損失は増えそうです．

61

第1部 パワー・トランジスタ&ダイオードの回路技術

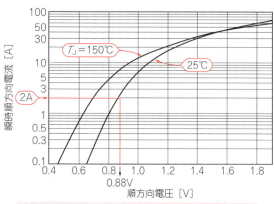

(a) 10DL2CZ47A

I_F-V_F特性は，ダイオードに電流を流したときにアノード-カソード間に生じる順方向電圧降下の代表値をグラフにしたもの（1セルあたり）．素子温度(T_J)=25℃，I_F=2Aであれば0.88Vとなっている

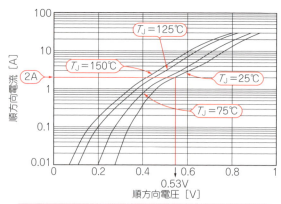

(b) CBD20150VCT

FRDと比較すると，同じ条件（I_F=2A，T_J=25℃）のとき，V_Fは0.53Vと約40%も順方向電圧降下が減少している（ダイオード1個あたり）

図4 実験に使ったショットキー・バリア・ダイオードとファスト・リカバリ・ダイオードの順方向電圧(V_F)-順方向電流(I_F)特性

先ほどと同じ条件で電源を動かしてみます．すると次のような結果が得られました．

- 入力電力：5.057 W（V_{in} = 12 V）
- 出力電力：3.168 W（V_{out} = 1.584 V，I_{out} = 2 A）
- 効率：62.6 %（−4 %）
- 内部損失：1.889 W（+ 0.45 W）

ダイオード以外に変更した部品はないので，この差はSBDとFRDの違いによるものです．

> **実験②：ダイオードをMOSFETに置き換えてON/OFF制御すると効率はどのくらい上がる?**

■ 基礎知識

● ダイオードではなくMOSFETを使った超高効率DC-DCコンバータ

SBDを使うと整流素子の損失を低減できます．それでも，3Wの出力を得るためにDC-DCコンバータ内部で1.4 Wも消費しています．

さらに効率を高める整流方式が同期整流です．電源

電圧が1.0 V前後のディジタル回路と組み合わせる超低電圧・大電流のDC-DCコンバータはこの同期整流方式を採用しています．

● 同期整流方式の原理

ダイオードは，1方向にだけ電流を流し，逆方向の電流は流さない特性をもちます．電流を流したいときにONし，逆方向に電流が流れそうなときにOFFするようにトランジスタ（NチャネルMOSFET）を制御すれば，ダイオードの代わりに使えます．特に最近のMOSFETはオン抵抗がとても小さく応答も速いので，かなり損失を小さくできます．

低耐圧のMOSFETは，オン抵抗が数mΩととても小さいので，大電流を流しても電圧降下がわずかです．例えば，オン抵抗が8 mΩのMOSFETを使って2 Aの電流を流したとき，MOSFETの電圧降下は16 mV（= 2 A×8 mΩ）となり，SBDよりも1けた損失が小さくなります．

▶ 2つのMOSFETを上手にON/OFF制御する

同期整流側のMOSFETと主スイッチのMOSFETが，どんなときも同時にONしないように制御する必要があります．両MOSFETのONとOFFが切り替わるときに，どちらもOFFする期間をもうけます．この期間をデッド・タイム，またはディレイ・タイムと呼びます．LTC1735では，100 nsのデッド・タイムが設けられています．同期整流用のMOSFETだけでは，ターンONのタイミングがわずかに遅れます．

MOSFETのドレイン-ソース間には，製造上作り込まれるダイオード（ボディ・ダイオード）があります．逆回復時間（t_{rr}）は50 n～100 nsほどです．これでは，デッド・タイム期間の大半で逆電流が流れるので，デ

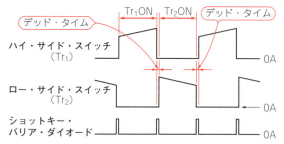

図5 出力電圧が1.0 V前後でも高効率なDC-DCコンバータが作れる整流回路（同期整流回路）のMOSFET 2個とSBDに流れる電流

第7章 スイッチング電源に使えるダイオードの選び方

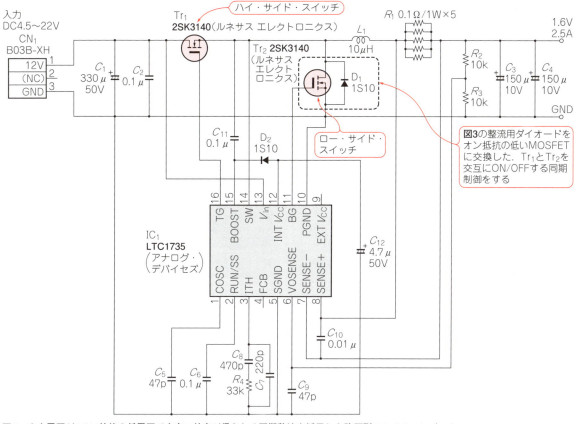

図6 出力電圧が1.0V前後の低電圧でも高い効率が得られる同期整流を採用した降圧型DC-DCコンバータ
還流ダイオード(D_1)を同期整流スイッチに置き換えたもの．SBDを使ったものより8％も効率が上がる

ッド・タイム期間の電流を流すにはやや時間が長くなります．

対策として，MOSFETのドレイン-ソース間にSBDを並列に接続して，デッド・タイム期間に途切れる順方向電流を補完します．このSBDは，同期整流用MOSFETがONするまでのわずかな時間だけ通電するので，小容量タイプでOKです．同期整流用MOSFETがONすると，こちらのほうがけた違いにインピーダンスが低くなるので，SBDには電流が流れなくなります（図5）．

■ 実験の準備

● 100V，1AのSBDを使う

先ほどの実験ボード（図3，写真1）を改造して，同期整流方式の高効率ぶりを測定します（図6）．
LTC1735は，もともと同期整流機能を備えた制御ICです．ダイオードの実験では使わなかったBG端子（11番ピン）には，同期整流用のMOSFETを駆動する

信号が出力されています．

同期整流用MOSFETには，2SK3140（ルネサス エレクトロニクス）を使いました．データシートによると，ゲート電圧が4Vのときのオン抵抗は標準値8mΩ，30A流したときの最大値でも12mΩです．デッド・タイム補完用のSBDは，100V，1Aの1S10です．

■ 実験結果…SBDより8％も効率が改善

入力電力は4.212W（V_{in} = 12.034 V, I_{in} = 0.35 A），出力電力は3.226W（V_{out} = 1.613 V, I_{out} = 2 A）でした．効率は76.6％で，SBDを使ったときよりも8％も改善しています．損失も0.986Wと1W以下で，SBDより0.45Wも損失が減りました．

◆参考文献◆
(1) CQ出版エレクトロニクス・セミナー 実習：電源回路入門テキスト，CQ出版社．
(2) LTC1735データシート，アナログ・デバイセズ．

第8章 マイコン直結で200V級出力！高密度モジュールDIPIPM回路の研究

インバータ機器向けパワー・モジュールに見る パワエレ・パターン設計の勘どころ

市村 徹 Toru Ichimura

インバータは，新幹線や電気自動車のみならず，エアコンや洗濯機，冷蔵庫など身近な電化製品でも用いられているDC-AC交換装置(回路)です[注1].

エアコンを例にすると，運転開始時はモータを高速で回し，設定温度付近になったら低速にして，省エネに貢献してくれます．

インバータ回路や基板パターンの設計にはポイントがあります．そこを怠ると全く動作しなかったり，壊れてしまったりします．

本稿では，定格電圧100V，200Vのモータ駆動を想定し，インテリジェント・パワー・モジュール(IPM)を使ったインバータ回路とパターン設計の勘どころを解説します．

交流を出力する インバータ回路設計のポイント

● インバータ回路の特徴

インバータ回路は，直流(DC)を交流(AC)に変換するものです．単相交流を出力する場合にはフル・ブリッジ回路，3相交流を出力する場合には3相ブリッジ回路を用意します(図1)．

インバータ回路では，出力交流周波数に対して半導体スイッチを何倍もの周波数で高速ON/OFFして交流出力を得ています．入出力の電圧・電流波形を図2に示します．この波形からわかることは，次の2点です．

(1) 入力電圧は直流だが，入力電流は急峻な変化(di/dt)をもつ
(2) 出力電流は正弦波状になっているが，出力電圧は急峻な変化(dv/dt)をもつ

di/dt，dv/dtは，基板もしくは搭載部品の寄生インダクタンスや寄生容量を介して伝搬したり，放射ノイ

注1：インバータ(Inverter)：パワエレの世界では，AC-DC変換のことをコンバータ(順変換)，DC-AC変換のことをインバータ(逆変換)と称します．

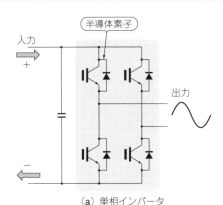

図1 インバータ回路

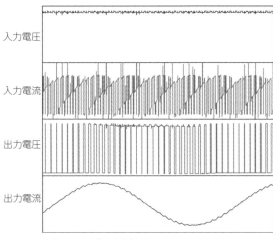

図2 インバータの入力/出力波形

第8章 インバータ機器向けパワー・モジュールに見るパワエレ・パターン設計の勘どころ

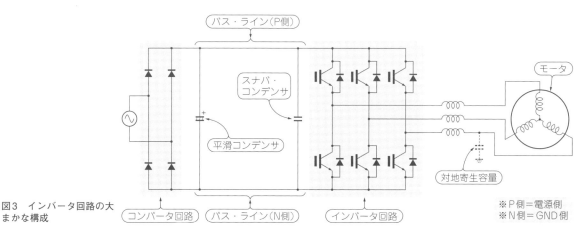

図3 インバータ回路の大まかな構成

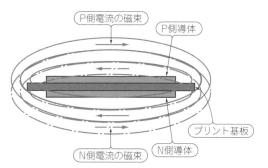

図4 磁束相殺効果の大きい対向配線

ズになったり，インバータ回路の誤動作を招くことにつながります．

インバータ回路は，直流の入力電圧を交流の出力電流に電力変換しますが，設計する際には高いdi/dtをもつ入力電流と，高いdv/dtをもつ出力電圧を適切に処理する必要があります．

● 回路設計の注意点

図3にインバータ回路の構成を示します．入力インピーダンスをできるだけ小さくするために，平滑コンデンサからインバータ回路まで接続するP側とN側のバス・ライン（母線配線）は隣接させる必要があります．

さらに図4に示すように，通電電流によって発生する磁束を相殺してインダクタンスを低減したり，インバータ回路の入力部直近にスナバ・コンデンサを接続したりして，di/dtの影響を最小限にとどめる工夫が必要です．

出力にはモータが接続されていて，回路としては既にインピーダンスが高いのですが，インバータとモータ間配線やモータ筐体と対地間寄生容量Cを通じて電流（$i = C \cdot dv/dt$）が流れることから，インバータ出力近傍にLを入れ，dv/dtを低減させることもあります．

マイコン直結OK！ 小型パワー・モジュールDIPIPM

● 特徴

DIPIPM（三菱電機）は，主に家電など小容量のインバータ機器向けに開発されたインテリジェント・パワー・モジュール（IPM）です．3相ブリッジ構成で，IGBT[注2]とFWD[注3]が逆並列に接続された半導体スイッチ，破壊から保護する回路を1パッケージにまとめたものです（写真1，図5）．

上アーム[注4]IGBT駆動信号伝達用の信号レベル・シフト回路が内蔵されているため，マイコンと直結で

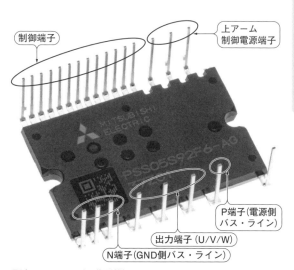

写真1 DIPIPM（三菱電機）
家電など小容量のインバータ機器向けに開発されたトランス・ファーモールド外形のインテリジェント・パワー・モジュール（IPM）

注2：IGBT（Insulated Gate Bipolar Transistor）：パワー半導体の1つで，耐圧600～6500 V，1～3600 Aまで実用化されており，家電から産業機器まで幅広く使われている．MOSFETより低めの20 kHz以下のスイッチング周波数で用いられる．

注3：FWD（Free Wheeling Diode）：IGBTと逆並列に接続され，インバータ動作時の還流電流を流す機能をつかさどるダイオード．IGBTと同程度の耐圧と高速遮断性能が求められる．

注4：上アーム：P端子と出力端子の間のスイッチ．

第1部　パワー・トランジスタ&ダイオードの回路技術

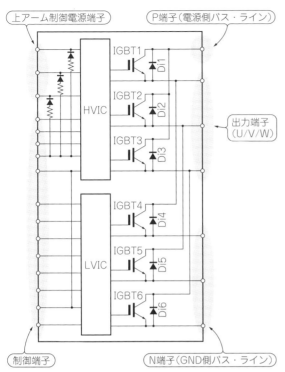

図5[(1)]　DIPIPMの内部ブロック

き，インバータ回路をコンパクトに作れます．

エアコンや洗濯機，冷蔵庫などの家電や，工場で使われる産業用ロボットなどインバータ回路の多くに使用されています．

インバータ回路の プリント基板グラウンドはどうするか

● べたパターンは万能薬…ともいい切れない

プリント基板上にはさまざまな信号が行き交います．信号の電力は電源から供給され，GNDに流れて閉回路を形成します．それぞれの信号に独立した電源配線とGND配線を用意することは非現実的です．基準電位であるGNDを回路全体に敷き詰めて，べたアースを形成することで信号電位を安定化させる手法が広く用いられています．

べたアースは，回路内で扱う電圧や電流が近い場合には大変有効な方法です．ただし，インバータ回路ではパワー部と制御部で扱う電圧・電流が大幅に異なり，しかも近接して存在するので，一緒のべたパターンを敷くと安定性が高まるどころか誤動作や破壊を引き起こします．

● べたパターンは制御部のみに使用

具体的に数値で計算してみます．パワー部で扱う電圧が300V，電流が10AとしIGBTのスイッチング時間が100nsとします．1.6mm厚のプリント基板に1cm角の対向面積が存在するとき，対向部の寄生容量Cは，次のように求められます．

$$C = \varepsilon_0 \cdot \varepsilon_r \cdot \frac{S}{d}$$
$$= 8.854 \times 10^{-12} \times 4.7 \times \frac{0.0001}{0.0016}$$
$$= 2.6 \text{ pF}$$

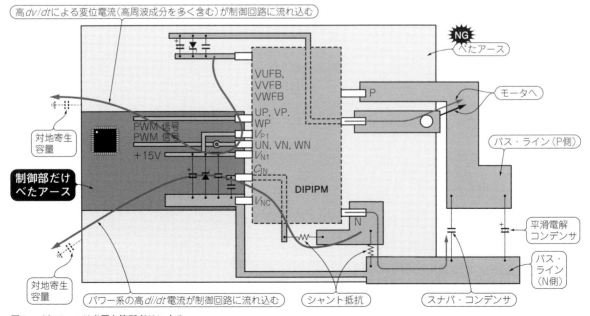

図6　べたアースは必要な箇所だけにする

第8章 インバータ機器向けパワー・モジュールに見るパワエレ・パターン設計の勘どころ

ε_0：真空中の誘電率 = 8.854×10^{-12} F/m
ε_r：ガラス・エポキシ基板の比誘電率 = 4.7
S：対向電極面積 = 1 cm² = 0.0001 m²
d：電極間隔 = 1.6 mm = 0.0016 m

この C に流れる変位電流 i は，次のとおりです．

$$i = C \cdot \frac{dv}{dt}$$
$$= 2.6 \times 10^{-12} \times \frac{300}{100 \times 10^{-9}}$$
$$= 7.8 \text{ mA} \cdots\cdots\cdots\cdots\cdots\cdots (1)$$

式(1)のとおり，パワー部で扱う電圧と電流は寄生容量によって制御回路に容易に侵入します．その大きさは，制御回路で扱う信号電流と同じか，むしろ大きな値というのがわかります．

このため，パワー部と制御部が容量結合しないようにすることが大切です．べたパターンがパワー部と制御部にまたがって敷かれた場合，両者を結合させることになります．べたパターンは制御部のみに使用するようにしましょう．特にGNDはシールドの目的で基板全体を覆うように描かれることも多々あります．パワー部と制御部を同時に覆うようなべたGNDは，外部からのノイズには強くなるかもしれません．しかし同一基板上のパワー部から制御部にノイズが伝搬します(図6)．

インバータ回路のパワー部で扱う電圧は，数百～数千Vに対し，制御部は15 V以下で，1 V以下のしきい値電圧もあります．電流についても，パワー部では数十～数千Aに対し制御部は数十μ～数mAと，何桁も違うのです．

べたがダメなら…1点アース！

● 1点アースの効果

べたアースを使ってはいけないといわれても，GNDは必要です．パワー部回路と制御部回路が電気的に絶縁されていれば分離させることもできますが，

IGBTのゲートはエミッタ電位を基準としており，電気的に絶縁させることはできません．パワー部とIGBT駆動回路はGND電位を一致させなければなりません．

インバータ制御用マイコンをIGBT駆動回路と非絶縁で組み合わせることも一般的で，電気回路を丸ごと非絶縁で同一GND電位を基準とした回路で組まれている機器もあります．

このときにパワー部と制御部のGND電位を一致させ，かつそれぞれの回路間の干渉を最小限に抑えるために用いられるのが1点アースです．1点アースによってパワー部から制御部に侵入するノイズを最小限に抑えつつ，安定した制御を行うことが可能になります．

1点アースとはその名のとおり特定の点を基準電位であるGNDとし，インバータ回路動作を安定させることが目的です．電気的絶縁を取っていないマイコンとDIPIPMとでそれぞれ別の箇所で1点アースとしても，インバータ回路全体の安定性にはつながりません(図7)．

● パワー配線に生じる起電力

計算してみましょう．電流が10 Aとし，IGBTのスイッチング時間は100 ns，マイコンのGNDとなっている箇所からN_1までパワー配線が5 cmあるとします．プリント基板の配線インダクタンスLによる起電力vは，極性を無視すると次のとおりです．

$$v = L \cdot \frac{di}{dt}$$

プリント基板の配線長1 cmあたり10 nHと簡略化して計算すると，

$$v = 50 \times 10^{-9} \times \frac{10}{100 \times 10^{-9}}$$
$$= 5 \text{ V} \cdots\cdots\cdots\cdots\cdots\cdots (2)$$

となります．

インバータ回路のパターン設計でGNDの取り方は大変重要です．ここまで説明してきたことを踏まえて

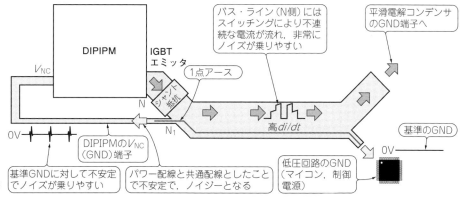

図7　グラウンド配線の基本は1点アース

第1部　パワー・トランジスタ＆ダイオードの回路技術

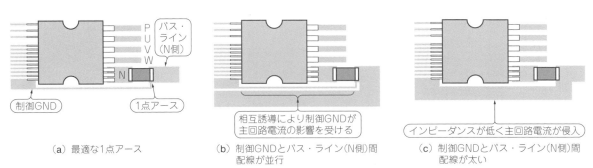

図8　1点アースの本質はGNDのデカップリング

GNDを設計しましょう．

図7ではマイコンのGNDを基準のGNDとしていましたが，これではIGBTのエミッタ電位とゲート駆動の基準電位のGNDが離れてしまい，インバータ動作の根幹をつかさどるIGBTを安定して駆動することができません．図7にN_1と書いている点を1点アースとします．

インバータ回路にとってGNDは何よりも重要です．ディジタル系のパターンでは信号線を引いて残ったスペースにGNDを埋め込む手法が使われることもありますが，インバータ回路ではGND配線を優先します．極力理想的なGND配線を心がけてください．

● パワー系と制御系GNDのデカップリング

ここでもう少し注意が必要です．1カ所で制御GNDとバス・ライン（N側）を分離しても，1点アースになっていないこともあります．電流はインピーダンスに反比例して流れるので，図8(c)ではバス・ライン（N側）に流したい電流の多くが制御GNDに流れ込んでしまいます．

図8(b)のように1点アースは取ったものの制御GNDとバス・ライン（N側）が並行に配線されると，相互誘導によって制御GNDにノイズが重畳してしまいます．

相互インダクタンスMによって励起される起電力は，

$$v = M \cdot \frac{di}{dt}$$

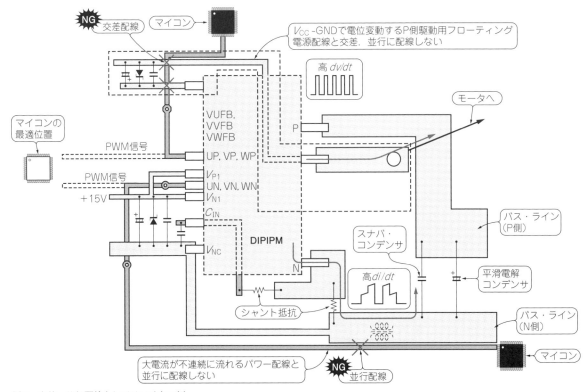

図9　交差・並行配線をしてはいけない例

第8章 インバータ機器向けパワー・モジュールに見るパワエレ・パターン設計の勘どころ

です．0.5 mm幅のパターンが0.5 mmの間を開けて20 mm並行に配線されているときの相互インダクタンスは，簡易計算でおよそ10 nHとなるので，

$$v = 10 \times 10^{-9} \times \frac{10}{100 \times 10^{-9}}$$
$$= 1 \text{ V} \cdots\cdots\cdots\cdots\cdots\cdots\cdots (3)$$

となります．

図8(a)に示すように，バス・ライン(N側)はできるだけ低インピーダンスとし，1点アースから制御GNDまでの配線はパワーGNDのインピーダンスに対して十分高くなる程度に細くし，並行配線も避けましょう．

信号パターンの設計

● 配線はパワーと信号の相互誘導に注意

GNDが配線できたら次は，信号線を配線していきます．図9のように制御用GND配線のみならず，GND電位は同一だからと，パワー部の大電流パターンと信号配線が並行に配線されてしまうと，相互誘導を受けて信号配線にノイズが重畳してしまいます．これではインバータの誤動作を招くことになります．

どうしても高di/dt配線と並行配線する場合には，極力短くすること，絶縁の必要はなくても線間距離を離すことが求められます．また交差させる必要があるときに斜めに交差させると，並行成分が相互インダクタンスになるので，配線が直角で交わるようにして相互誘導作用を引き起こさないようにします．

インバータ出力配線や上アームIGBT駆動電源回路の高dv/dtパターンと交差・対向することも極力避けなければなりません．

● 特にマイコンとDIPIPMの配置は大事！

さらに部品配置，インバータ基板に信号や電力を与えるためのコネクタ配置を考慮する必要があります．図9であれば，DIPIPMの左横にマイコンや制御回路用電源をもってくることで，安定動作に直結する1点アースで悩むことも，信号配線とパワー部との交差や並行配線処理に時間を取られることもありません．何より基板上の専有面積を削減できます．

使う部品は適材適所！

● 抵抗器の選定

本稿の冒頭で説明したとおり，インバータは直流入力電圧，交流出力電流と，不連続な電流の入力電流，同じく不連続な電圧波形となっている出力電圧を扱います．回路に使う部品は，高dv/dt，高di/dtに適した部品を選定する必要があります．

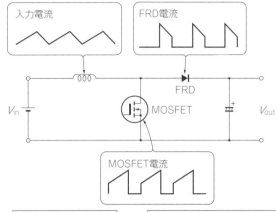

図10 インバータ回路には実績のある部品を使うこと
シャント抵抗のインダクタンスが大きく影響

例として，電流値を検出する抵抗器を考えます．挿入型金属板抵抗器の抵抗体は金属板でできており，温度特性(TCR)と精度が良く，電流値を電圧として検出できます．測定精度だけでなく抵抗器表面がセメントでできており耐熱性も高く，リード線のキンクで抵抗器本体をプリント基板から浮かせられるので，抵抗器の発熱がプリント基板に伝わらないようにできます．大電流でも安心して使えるため，以前から幅広く使われています．

イメージを単純化するため，図10に昇圧型スイッチング電源回路における各部電流を示します．

ここでも少し計算してみましょう．計算条件は次のとおりとします．

- スイッチング周波数 = 20 kHz
- スイッチングDuty(注5) = 50 %
- 通電平均電流 = 10 A
- 電流リプル = 5 A
- MOSFETのスイッチング時間 = 100 ns
- 電流検出用抵抗器の抵抗値 = 100 mΩ
- 挿入型金属板抵抗器のESL(注6) = 40 nH
- 面実装型抵抗器のESL = 5 nH

注5：Duty(Duty cycle)：広くデューティと呼ばれている．スイッチング周期Tと通電時間tの関数は，Duty = t/T．

注6：ESL(等価直列インダクタンス)：抵抗器の寄生インダクタンスが抵抗成分と直列のインピーダンス成分と見なされることからESLと表記される．

第1部　パワー・トランジスタ＆ダイオードの回路技術

入力電流を挿入型金属板抵抗器で検出しようとしたときのESLによる誤差電圧は，次のとおりです．

$$v = 40 \times 10^{-9} \times \frac{5}{25 \times 10^{-6}}$$
$$= 8\,\mathrm{mV} \quad \cdots\cdots\cdots\cdots\cdots\cdots\cdots (4)$$

通電電流検知電圧は$10\,\mathrm{A} \times 100\,\mathrm{m\Omega} = 1\,\mathrm{V}$なので検出誤差は0.8％です．この程度の誤差であれば，挿入型金属板抵抗器が電流検出用シャント抵抗として使えるでしょう．

では，MOSFET電流を検出しようとしたときの誤差電圧はどうでしょうか．通電電流の傾きのdi/dtは入力電流と同じですが，スイッチング時には大きなdi/dtがかかります．平均$10\,\mathrm{A}$でリプルが$5\,\mathrm{A}$なのでピークは，

$$10 + 5/2 = 12.5\,\mathrm{A}$$

です．このMOSFET電流に適用したときの誤差電圧は，

$$v = 40 \times 10^{-9} \times \frac{12.5}{100 \times 10^{-9}}$$
$$= 5\,\mathrm{V} \quad \cdots\cdots\cdots\cdots\cdots\cdots\cdots (5)$$

になります．これだけ電圧が生じると，リンギングが発生し電流を検出するタイミングで誤差が大きくなります．電圧を受けるデバイスの耐圧にも注意が必要です．

● 部品選定で気を付けること

このような概略計算でわかるとおり，この抵抗器はMOSFETやFRD[注7]に流れる高di/dtを含んだ電流検出は苦手です．この場合，ESLがより小さい面実装型抵抗器を検討するべきでしょう．

最近では省エネ要求が高まり，少しでもパワー半導体の損失を下げるためdv/dt，di/dtが高めに設定されることがあります．民生・産業用途でもIGBTではなくSiC[注8]やGaN[注9]などの次世代パワー半導体で

作られたMOSFETが用いられることもあり，この場合ではスイッチング時のdv/dt，di/dtはSi-IGBTに対して高く設定されるでしょう．このようにパワー半導体を新しいシリーズに変えたり，次世代素子に切り替えたりするタイミングで，不具合が顕在化することがあります．

抵抗器やコンデンサ，コイルなどの受動部品は，使う場所や用途，パワー半導体の特性に合わせて選定する必要があります．

結局，回路設計は面白い！

● 半導体の進化と回路設計

DIPIPMを使うと，回路設計は極めて単純化され，メーカの推奨回路から変更や追加することなく実用に耐える回路になります．

一方プリント基板パターンは，パワー半導体が進化するにつれてdv/dt，di/dtが高くなり，小型化の要求によってプリント基板は小さく，あるいは高機能化により基板上に搭載する部品が多くなることによって，パワー部と制御部の距離は狭まるばかりで，設計は年々難しくなる一方です．

しかし，設計はインバータ回路に用いられる抵抗，コイル，コンデンサ，パワー半導体などの個性・特性，プリント基板の寄生容量やインダクタンスなどを理解し，原理原則（物理法則）にのっとり，設計していく知的ゲームです．どこかに答えを見つけていくことができるはずです．

思いどおりにモータを可変速制御できるインバータ回路の需要は高く，DIPIPMの適用範囲は今でも広がっています．

注7：FRD（Fast Recovery Diode）：逆回復時間が短く，高耐圧のダイオード．

注8：SiC（Silicon Carbide，炭化ケイ素）：シリコン（Silicon）に代わる次世代パワー半導体として開発が進められており，既に量産も始まっている．半導体の特性としてIGBTではなく，高速スイッチングが得意なMOSFETが用いられる．そのためインバータの高キャリア周波数化にも期待が寄せられている．

注9：GaN（Gallium Nitride，窒化ガリウム）：SiCと並んで次世代パワー半導体として注目されている化合物半導体．

◆◆参考文献◆◆
(1) 三菱電機：超小型DIPIPM PSS15S92F6.
　https://www.mitsubishielectric.co.jp/semiconductors/powerdevices/products/ipm-dipipm/super_mini_dipipm/pss15s92f6.html
(2) KOA：テクニカルノート，電流検出抵抗器の寄生インダクタンス影響
　https://www.koaglobal.com/design_support_tools/tech_notes

第9章 数百Vより上のパワー半導体の世界もおさえる

まだ現役！サイリスタ&トライアック

白井 慎也 Shinya Shirai

1950年代初頭に概念が提案されたサイリスタは，その後の研究開発により，トライアックやGTOサイリスタ，光トリガ・サイリスタなど，さまざまな派生型の素子が誕生しました（**写真1**）．近年では，IGBTやMOSFETといった高速スイッチングが可能な素子に置き換えられつつあります．数百Vより上ではまだまだ現役なので，本稿でおさえておきます．

元祖パワー半導体！高電圧スイッチのサイリスタ

● いわゆるサイリスタ（逆阻止3端子サイリスタ）

サイリスタ型のパワー半導体の中で，最も代表的な素子が逆阻止3端子サイリスタです．一般的には，逆阻止3端子サイリスタのことを単にサイリスタと呼びます．SCR（Silicon Controlled Rectifier）とも呼ばれますが，これはGeneral Electric社が1957年に発売したときの商品名です．

サイリスタの基本構造を**図1**(a)に示します．サイリスタはp型半導体とn型半導体が交互に接合されたpnpn構造となっており，ゲート（G），カソード（K），アノード（A）の3つの電極が設けられています．この構造は**図1**(c)に示すようなpnpトランジスタとnpnトランジスタが接続された構造とみることができます．

● サイリスタの動作

サイリスタのターンON時の動作は次の通りです．まず，ゲート-カソード間に短パルスのトリガ電圧を加えます．これにより，npnトランジスタTR_2にゲート電流が流れ，TR_2がONになります．TR_1のベースはTR_2のコレクタに接続されているので，TR_1のベース電流が流れ，TR_1がONになります．TR_1がONになることで，TR_2にベース電流が流れるので，ゲート端子から電流を供給し続けなくてもON状態を維持します．

いったんONしたサイリスタをOFFするには，サイリスタのアノードとカソードの間に逆方向電圧を加えるか，主電流を保持電流以下に抑える必要があります．

交流電源であれば，半周期ごとに順バイアスと逆バイアスが繰り返されるので，自然に逆バイアス状態に移行し，ターンOFFします．

直流電源では，負荷に流れる電流をサイリスタと別経路に流し，サイリスタに流れる電流を強制的に減らす，転流回路を用意します．この転流回路もサイリスタで作られました．

● 構造

サイリスタの構造は，単純化すると**図1**ですが，実際にはさまざまな構造的工夫が施されています．その中でも代表的なのが，カソード短絡構造です．

サイリスタに時間変化の急峻な電圧（dv/dtの大きな電圧）が加わった場合，逆バイアスされた空乏容量

写真1 サイリスタとトライアックの外観
左がサイリスタ，右がトライアック．これらの素子がこのパッケージに限るわけではなく，あくまで一例である

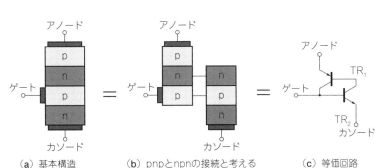

（a）基本構造　　（b）pnpとnpnの接続と考える　　（c）等価回路
図1 サイリスタの構造と等価回路

第1部 パワー・トランジスタ&ダイオードの回路技術

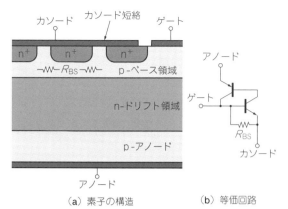

図2 実際のサイリスタに使われている性能向上の工夫…カソード短絡構造

に大きな変位電流が流れます．この変位電流はゲート駆動電流のように振る舞うため，サイリスタの誤点弧を引き起こすことがあり，最悪の場合はサイリスタの破壊につながります．

そこで，図2(a)に示すように，カソード側n⁺層の一部を除去してpベース層と短絡させることで，変位電流をバイパスさせてdv/dt耐量を高めるのがカソード短絡構造です．

図2(b)に示すように，サイリスタ内npnトランジスタのベース-エミッタ間を低抵抗により短絡するような構造です．npnトランジスタの電流増幅率を小さくする手法とも言えます．これにより順方向ブロッキング時のリーク電流により発生するゲート電流の影響も小さくなり，耐圧の向上にもつながりました．

● サイリスタの駆動に使われていたPUT

pnpn構造のうち，アノードに近い側のn型半導体からゲート端子を引き出したものはPUT(Programmable Unijunction Transistor)と呼ばれます．サイリスタはターンONの際，ゲート-カソード間に正のトリガ電圧を印加することでゲートに正の電流を流すのに対して，PUTではゲート-アノード間に負のトリガ電圧を印加し，ゲートから電流を引き抜くことでターンONさせて使います．

PUTは，UJT(Unijunction Transistor)と同等の動作で，かつUJTよりも低オン抵抗で大きなピーク電流が得られることから，大容量サイリスタのトリガ回路に使用されます．したがってPUTはごく小容量(1A程度)の製品がほとんどです．

双方向でON/OFFできるサイリスタ トライアック

● 構造

交流を扱うときに使われるサイリスタ系のデバイスがトライアック(TRIAC：Triode for Alternating Current)です．

トライアックは，図3に示すように，2個のpnpn接合(サイリスタ構造)を逆並列に組み合わせたものに，ゲートのpn接合を付加した複合接合構造をもちます．ゲートから数えると5層構造なのでFLS(Five Layer Switch)と呼ばれたり，交流を扱えるサイリスタ素子なのでACサイリスタと呼ばれたりします．

● トライアックの動作

トライアックには，MT1を基準として，以下の4つの動作モードがあります．

モード1…MT2に正電圧，ゲートに正電圧
モード2…MT2に正電圧，ゲートに負電圧
モード3…MT2に負電圧，ゲートに正電圧
モード4…MT2に負電圧，ゲートに負電圧

▶モード1［図3(a)］

このモードでは，以下のステップで領域2のサイリスタがONになります．

① ゲート電流I_Gがゲート電極→p_2層→MT1(カソード短絡部)と流れるとき，p_2層横方向抵抗による電圧降下が発生します．
② ①で生じた電圧降下はJ_3接合を順バイアスするため，電子の注入が生じます．なお，J_6接合は逆バイアスとなるため，動作には寄与しません．
③ n_2から注入された電子は，p_2層を通ってn_1層に注入されます．その結果，J_1接合が順バイアスされ，J_1接合を通って正孔がn_1層に注入され，ON状態に入ります．この動作機構は通常のサイリスタと同様です．

▶モード2［図3(b)］

このモードでは，以下のステップで領域2のサイリスタがONになります．

① ゲート電流I_GがMT1(カソード短絡部)→p_2層→ゲート電極と流れるとき，p_2層横方向抵抗による電圧降下が発生します．
② ①で生じた電圧降下はJ_6接合を順バイアスするため，電子の注入が生じます．なお，J_3接合は逆バイアスとなるため，動作には寄与しません．
③ ②で注入された電子により，J_1接合が順バイアスされ正孔が注入されます．
④ ③で正孔が注入されると，p_1層の横方向抵抗による電圧降下が生じてJ_1接合が順バイアスされ，ON状態となります．

▶モード3［図3(c)］

このモードでは，以下のステップで領域1のサイリスタがONになります．

① ゲート電流I_Gがゲート電極→p_2層→MT1(カソード短絡部)と流れるとき，p_2層横方向抵抗によ

第9章 まだ現役！サイリスタ&トライアック

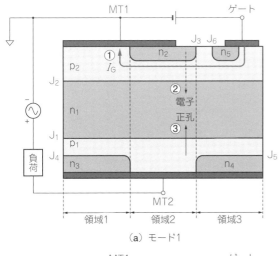

(a) モード1

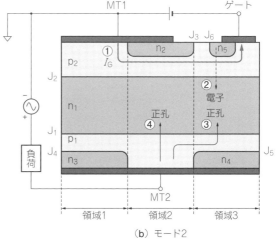

(b) モード2

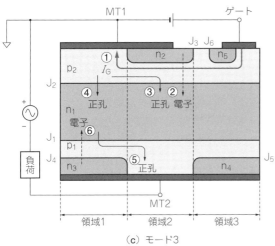

(c) モード3

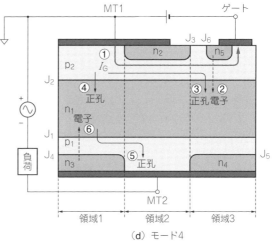

(d) モード4

図3　トライアックの構造と動作

る電圧降下が発生します．
② ①で生じた電圧降下はJ₃接合を順バイアスするため，電子の注入が生じます．なお，J₆接合は逆バイアスとなるため，動作には寄与しません．
③ ②で注入された電子により，J₂接合の正バイアスがより大きくなり，正孔が注入されます．
④ ③で正孔が注入されると，p₂層の横方向抵抗による電圧降下が生じてJ₂接合の正バイアスが大きくなります．これによりJ₂接合で正孔がさらに注入されます．
⑤ ④で生じた正孔電流はp₁層の横方向抵抗による電圧降下を引き起こします．
⑥ ⑤で生じた電圧降下によりJ₄接合が順バイアスされ，電子の注入が始まり，ON状態に入ります．

▶モード4 ［図3(d)］
このモードでは，以下のステップで領域1のサイリスタがONになります．

① ゲート電流 I_G がMT1（カソード短絡部）→ p₂層→ゲート電極と流れるとき，p₂層横方向抵抗による電圧降下が発生します．
② ①で生じた電圧降下はJ₆接合を順バイアスするため，電子の注入が生じます．なお，J₃接合は逆バイアスとなるため，動作には寄与しません．
③ ②で注入された電子により，J₂接合が順バイアスされ正孔が注入されます．
④ ③で正孔が注入されると，p₂層の横方向抵抗による電圧降下が生じてJ₂接合の正バイアスが大きくなります．これによりJ₂接合で正孔がさらに注入されます．
⑤ ④で生じた正孔電流はp₁層の横方向抵抗による電圧降下を引き起こします．
⑥ ⑤で生じた電圧降下によりJ₄接合が順バイアスされ，電子の注入が始まり，ON状態に入ります．

第1部　パワー・トランジスタ&ダイオードの回路技術

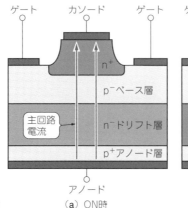

図4　GTOサイリスタの動作　　（a）ON時　　　　　　　　　　（b）ターンOFF時

● トライアックの用途

　トライアックは両方向の電流を1素子で制御できるので，交流の制御に適しています．最も基本的なトライアックの応用である位相制御の場合，遅延回路とパルス発生素子（ダイアックなど）だけの簡単な制御回路で電力を可変するシステムを構成できます．

　しかし，トライアックはサイリスタを並列接続したような構造となっているため，片側のサイリスタがターンOFFする際に，nドリフト層の蓄積電荷がもう片方のサイリスタに拡散することで正孔電流が生じ，これにより誤ターンONしやすいという特性があります．

　したがって，トライアックのdv/dt耐量はあまり良くなく，耐圧は最大でも1000V～1500V程度，電流容量は100A～200A程度が上限です．白熱電球の調光器，こたつのコントローラなど，数百Wまでの比較的小容量の電力制御に用いられています．

OFFしやすいサイリスタ…GTO

● 構造と動作

　GTOサイリスタ（Gate Turn-off Thyristor）は，自己消弧機能をもつ点が特徴です．GTOサイリスタの動作を理解するため，まずは普通のサイリスタの動作をトランジスタ等価回路を用いておさらいします．

　ゲートにトリガ電圧が印加されてnpnトランジスタがONすると，pnpトランジスタのベース電流が流れてONします．すると，npnトランジスタにはpnpトランジスタからベース電流が供給され続け，pnpトランジスタにはnpnトランジスタを通ってベース電流が流れ続けます．これがサイリスタの自己保持機能の原理です．GTOサイリスタも基本構造はサイリスタと同様で，ON時には図4(a)に示すように主回路電流が流れ続けます．

　しかしGTOサイリスタを構成する各トランジスタは，通常のサイリスタとは異なり，npnトランジスタの電流ゲインは大きく，pnpトランジスタの電流ゲインは小さくなるような工夫がなされています．

　この構造的工夫により，ゲートに負の電流を流すことでnpnトランジスタとpnpトランジスタ間の正帰還を強制的に断ち切ることができる機能，すなわち自己消弧機能を備えています．

　ターンOFF時のGTOサイリスタの動作を図4(b)に示します．ゲートに負の電流を流して主回路電流を引き抜くことで主回路電流をOFFできます．

　なお，アノード電流をI_A，ターンOFF時に必要な逆ゲート電流の最小値をI_{GR}とすると，GTOサイリスタのターンOFF電流ゲインβは以下の式で表されます．

$$\beta = I_A/I_{GR} \cdots\cdots\cdots\cdots\cdots\cdots\cdots\cdots\cdots (1)$$

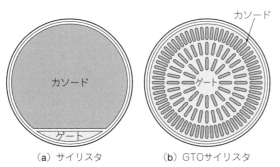

図5　一般的なサイリスタとGTOサイリスタの上面構造の比較イメージ
（a）サイリスタ　　（b）GTOサイリスタ

写真2　GTOサイリスタ
4500V，4000AのFG4000GX-90DA（三菱電機），デバイス部φ85，電極はφ120（最大）

第9章 まだ現役！サイリスタ&トライアック

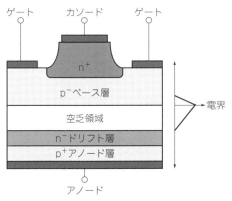
（a）基本的な対称形

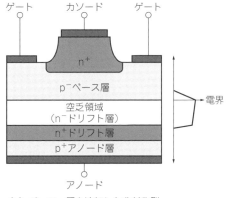
（b）バッファ層を追加した非対称型

図6　OFF時のGTOサイリスタの構造

普通のサイリスタとGTOサイリスタの上面構造の比較を図5に示します．普通のサイリスタではゲート電極はウェハ端部に形成されていましたが，GTOではカソードを細かく分割し，その周りをゲートで囲むようなパターンとなっています．ゲートを逆バイアスしたときにキャリアを引き抜きやすくなっています．

● 用途

GTOサイリスタは，数kVで数kAといった大電力を制御可能なので，鉄道関連の制御回路などに広く利用されました(写真2)．式(1)で示したターンOFF電流ゲインβは一般的に5程度なので，仮にアノード電流I_Aが1000Aのとき，逆ゲート電流I_{GR}は200Aもの大電流が必要です．しかし，このゲート電流はパルス状でよいため，大電力は不要です．

● ターンOFF特性を改善するための工夫

図4(a)に示した構造は，最も基本的な，対称形GTOサイリスタの構造です．OFF時には図6(a)のように空乏層が広がることで耐圧を保持します．npnトランジスタの電流ゲインを大きくするための工夫として，通常のサイリスタで用いられていたカソード短絡構造は撤廃されており，npnトランジスタのベース-エミッタ間の短絡はありません．

pnpトランジスタの電流ゲインを小さくするための工夫として，図6(b)に示すように，p^+アノードに接するようにnバッファ層を追加することもあります．このnバッファ層のドーピング濃度は，nドリフト層よりも高く設定されます．こうした構造を非対称形GTOサイリスタと呼び，pnpトランジスタのエミッタ注入効率が下がり，電流ゲインが小さくなることで，ターンOFF特性が改善されます．

このnバッファ層の追加により，耐圧を維持しながらnドリフト層の厚みを対称型サイリスタよりも薄くできるほか，ON時電圧降下も小さくできます．ただし，逆方向耐圧は極端に低くなり，数十V程度となります．

● 逆導電形GTOサイリスタ

ほかにも，pnpトランジスタの電流ゲインを小さくするための工夫として，図7に示すようなアノード短絡構造もとられます．こうした構造をもつ場合は逆導電形GTOサイリスタと呼ばれます．アノード短絡構造はカソード短絡構造と同様の発想であり，サイリスタのトランジスタ等価回路上でいうとpnpトランジスタのベース-エミッタ間に低抵抗による短絡を設けることになるため，pnpトランジスタの電流ゲインを小さくすることが可能となります．

ターンOFF時にゲート電極からの過剰キャリアの引き抜きに加え，アノード・ショート部からも過剰キャリアの引き抜きが行われるため，高速スイッチングが可能となります．用途としては，電圧形インバータなど，逆耐圧が必要とされず，かつ高速のスイッチングが要求される応用に適しています．

● 逆導通形GTOサイリスタ

逆導電形GTOサイリスタと同一ウェハ内にpnダイオード領域を並列に設けたものは，逆導通形GTOサイリスタと呼ばれます．電圧形インバータなどで，

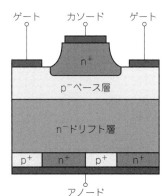

図7
逆導電形GTOサイリスタ

第1部 パワー・トランジスタ&ダイオードの回路技術

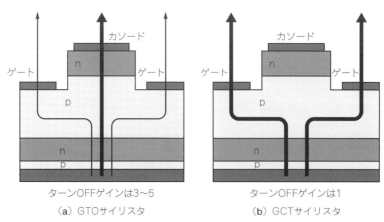

図8 GTOサイリスタとGCTサイリスタのターンOFF動作比較
(a) GTOサイリスタ ターンOFFゲインは3〜5
(b) GCTサイリスタ ターンOFFゲインは1

GTOサイリスタと還流ダイオードを並列に組み合わせるような場合には，逆導通形GTOサイリスタを使用することで，外付けの還流ダイオードが不要となります．

● ゲート転流形ターンOFF（GCT）サイリスタ
▶GTOサイリスタの課題

GTOサイリスタは，高耐圧，大電流が流せて，自己消弧機能を有するという特徴から，大容量のパワー・エレクトロニクス機器に幅広く適用されました．しかし，GTOサイリスタは，ゲートに逆電流を流してからターンOFF動作を開始するまでの蓄積時間に数十μsを要するため，スイッチング周波数が制限されるほか，直列接続や並列接続の応用が困難です．

また，ターンOFF時に素子の両端に印加される電圧の上昇率dv/dtを抑えるスナバ回路が必要であり，機器の小型化・低損失化を阻害する要因となります．

このような問題を解決するため，ゲート転流形ターンOFFサイリスタ（Gate Commutated Turn-off Thyristor, GCTサイリスタ）が開発されました．
▶主回路電流をゲートに流して転流させる

GCTサイリスタは基本的なウェハ構造がGTOサイリスタと同一なので，高耐圧でも低オン電圧であり，かつ大電流化が容易という特徴をもちます．

その一方，ターンOFF時の動作はGTOサイリスタと異なり，主電流の全てをゲート回路へと転流させるので，ターンOFF時の電流ゲインは1となります．このターンOFF時の動作原理から，GCTサイリスタと呼ばれています．
▶GTOサイリスタとGCTサイリスタの動作の違い

GTOサイリスタとGCTサイリスタの動作の比較を図8に示します．GTOサイリスタは，ターンOFF時に数十A/μs程度の勾配のゲート電流で主電流の一部をゲート回路へ分流させ，5倍程度のターンOFFゲインでターンOFFします．ウェハ内の主電流が流れているカソード領域を徐々に絞り込んでターンOFFするため，最終的にゲート領域から遠いセグメントに電流が集中します．したがって，主電流が大きくなると，ターンOFF時に局所的な温度上昇が生じ，素子が破壊に至る恐れがありました．

これに対しGCTサイリスタでは，ターンOFF時に数千A/μsという非常に高速なゲート逆電流を用いて主電流の全てを瞬時にゲート回路へ転流させターンOFFします．ウェハ内のカソード領域には電流が流れません．GTOサイリスタで問題となっていた局所的な電流の集中が解消され，電流制御能力が改善されました．

これにより，GCTサイリスタはGTOサイリスタが必要としたスナバ回路の省略が可能となりました．さらに，蓄積時間がGTOサイリスタよりも1桁短くなり，多数の素子を用いた直並列接続が容易となりました．
▶ゲート回路のインダクタンスを減らす工夫が必要

GTOサイリスタでは，パッケージの側面に設けられた1カ所のゲート端子から伸びるゲート・リード線を介してゲート・ドライブ回路と接続されます．そのため，GTOサイリスタを含むゲート・ドライブ回路のインダクタンスを低減することが困難であり，ゲート逆電流の電流変化率（di_{GQ}/dt）は数十A/μs程度に制限されていました．

これに対して，GCTサイリスタではウェハ上のゲート領域は再外周部に配置されており，パッケージの外周部にリング状のゲート電極を設け，かつゲート・ドライバ回路とは積層基板を介して接続されます．これにより，素子を含めたゲート・ドライバ回路のインダクタンスをGTOサイリスタの1/100程度まで低減しており，数千A/μsという非常に高速なゲート・ドライブを実現しています．

第2部

パワー・トランス&コイル
…しくみと特性

第2部　パワー・トランス＆コイル…しくみと特性

第10章　電源回路の性能を左右するキーパーツ

スイッチング電源用トランスの基礎

梅前 尚 Hisashi Umezaki

トランスの仕事は変換と絶縁

● スイッチング・トランスの役割

　電源用のトランスが担う役割は電圧変換と絶縁の2つに要約できます．そもそもトランスという呼びかたは，transformer（変換器）を略したもので，機能そのものが名前の由来となっています．
　トランスの構成要素は図1のように，1次側コイル，2次側コイル，コアの3つが基本です．1次側コイルに流れる電流が変化すると磁束が発生し，この磁束が2次側コイルを通過することで，2つのコイルの巻き数比に比例した電圧が2次側コイルに発生します．
　このように，トランスは直接つながっていない1次側から2次側に電気エネルギーを伝達します．
　コアは磁束を通りやすくするもので，1次側コイルでより多くの磁束を発生させて効率良く2次側コイルに通すために用いられます．

● トランスの原理をおさらいする

　導体（電線）に電流を流すと，導体のまわりに電流の大きさに比例した磁界が発生します．磁界は磁気が影響を及ぼす空間を意味しますが，この磁界のようすを直感的にわかりやすく表したものが磁力線です．
　1本の電線に電流を流して生じる磁界はごく小さなものですが，これをコイル状に巻くと巻き数に比例して磁力線の数を増やすことができます．
　1次側コイルから2次側コイルにエネルギーが伝わるのは電磁誘導によるものです．磁界の中に置かれた

コイルに生じる起電力は，次式で表されます．

$$\varepsilon = \frac{d\Phi}{dt} \qquad\qquad\qquad\qquad (1)$$

ε：起電力 [V]
Φ：N 回巻いたコイルに鎖交する磁束 [Wb]

　2次側コイルに鎖交する磁束は変化していなければなりません．トランスではコイルは固定されているのでコイルを動かして磁界を変化させることはできないため，1次側コイルに流す電流を交流にしたり，電流を入り切りするなどして，発生する磁界の向きや強さを変化させて2次側コイルに電圧を発生させます．
　また，単位時間あたりに変化する磁束が多いほど，より大きな起電力を得られます．1次側巻き線で作られた磁束をできるだけ漏れないようにして，2次側巻き線を通るようにすればよいことになります．これを実現するのがコアの役割です．
　ただ導体を巻いただけのコイルでも磁束は発生しますが，より磁束を通しやすい材料をコイルの中に置くことで，発生する磁束を格段に増やすことができます．この磁束の通りやすさを透磁率と呼びます．トランスで一般に使われるコア材料には，コアを入れない場合に比べて数百倍〜数千倍高い透磁率をもつものが使用されています．
　このコアを，1次側コイルを環状に取り囲む形状にして磁束の通り道を作り，さらにそのコアを中心にして2次側コイルを巻くと，1次側コイルで発生した磁束のほとんどは透磁率の高いコアを通り，その磁束は

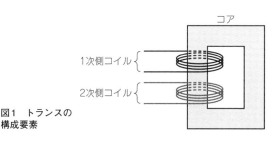

図1　トランスの構成要素

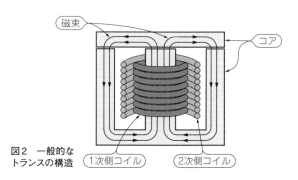

図2　一般的なトランスの構造

第10章 スイッチング電源用トランスの基礎

写真1 低周波トランス
（100 V→12 V/3 A）

写真2 スイッチング・トランス（12 V/3.2 A出力，動作周波数100 kHz）

2次側コイルを貫くことになるので，多くの磁束を2次側コイルに鎖交させることができます（**図2**）．

スイッチング電源用のトランス

● 低周波トランスとスイッチング・トランスの違い

スイッチング電源になじみのない多くの方が抱くトランスのイメージは**写真1**のような形状でしょう．

コイルには隣り合う巻き線がショートしないようにポリウレタンなどの絶縁材料で表面がコーティングされたエナメル銅線を用い，コアにはケイ素鋼板と呼ばれる板状のトランス用の特殊鋼板を何枚も積み重ねたものが使われているのが特徴です．

このタイプのものは，1次側コイルはコンセントから得られる交流50/60 Hzの商用電源に直接接続され，2つのコイルの巻き数比に応じて電圧が変換（変圧）された交流が出力されます．取り扱う周波数が低いので，低周波トランスあるいは商用トランスと呼ばれます．

一方，スイッチング電源では**写真2**のように低周波トランスに比べて小さなものが使われます．高周波トランス，スイッチング・トランスといった呼びかたで低周波トランスと区別しています．

コイルは低周波トランスと同じエナメル銅線が使われますが，コア材質はフェライトと呼ばれる酸化鉄を主体とした素材を焼き固めたものが使用されます．

低周波トランスとの最も大きな違いは1次側コイルに加える電圧の周波数です．スイッチング電源では，コンセントから得られる交流電源をそのまま整流/平滑して直流に変換したものを数十k～数MHz程度の高周波でスイッチングし，この高周波電圧を1次側コイルに入力します（**図3**）．

周波数が高くなると，1サイクルごとの時間（周期）は短くなります．前述の式(1)より，1サイクルの時間（dt）が小さくなれば，2次側コイルに鎖交する磁束の変化量（$d\Phi$）が同じように小さくなっても起電力は変わらないことになります．

コアの断面積に対する磁束の数を磁束密度といい，単位はテスラ（T = Wb/m^2）で表しますが，周波数を高くすることで1サイクルあたりの総磁束は少なくなるので，磁束密度はそのままに断面積の小さなコアを使えるようになり，トランスを小さくすることができます．また，コイルのインダクタンスを小さくすることもできるので，コイルの巻き数を少なくすることができ，こちらもトランスの小型化につながります．

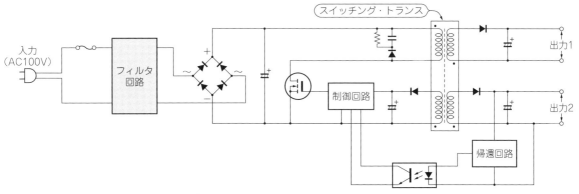

図3 スイッチング電源におけるスイッチング・トランスの位置付け

第2部　パワー・トランス&コイル…しくみと特性

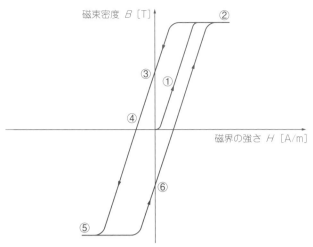

① 初期状態から磁界を強くしていくと徐々に磁束が増える(磁束密度が大きくなる)
② 磁界が大きくなりすぎると，やがて磁束密度は一定の値で飽和する
③ 次に磁界を弱くしていくと，すぐに磁束は減少せず磁界の変化に対して遅れて変化する．このため磁界をゼロにしても磁束密度が残留した状態になる
④ さらに逆方向に磁界を強めていくと，ようやく磁束密度がゼロになる
⑤ 逆向きの磁界でも②と同様に一定値で磁束密度が飽和する
⑥ 再び磁界の向きを逆に強めていくと，磁束密度は遅れて変化する

実使用状態では②→③→④→⑤→⑥→②を繰り返す．この曲線で囲まれた面積がヒステリシス損に比例する

図4　コアの磁化曲線(B-H曲線)とヒステリシス損

写真3　ACアダプタの外観(左：低周波トランス・タイプ，右：スイッチング・タイプ)

● 高周波化のメリット/デメリット

　高周波化によってトランス・サイズを小さくすることができますが，周辺の回路部品も高い周波数でも小型化できるものがあります．その代表格はコンデンサで，周期の短い高周波では充放電の時間が短くなるので容量を小さくすることができ，平滑コンデンサを格段に小さくすることができます．

　写真3は，低周波トランスを使ったACアダプタと，スイッチング方式のACアダプタを比較したものです．低周波トランスを使用したものは出力定格が10 V/0.85 A(8.5 W)，スイッチング方式は12 V/1.0 A(12 W)定格です．スイッチング方式のほうが約4割出力容量は大きいにもかかわらず容積は半分以下になっています．また，重量も1/3程度と小型軽量化されています．

　スイッチング・タイプのメリットは出力容量だけでなく，入力電圧範囲が広くとれる，効率が良い，待機電力(無負荷や微小負荷運転時の電源回路/トランスでの消費電力)が小さいといったところにもあります．

　そんなスイッチング方式にも低周波方式に比べて弱点もあります．

　それは，回路全体が複雑になり部品数が多くなってしまうこと，そして高速でスイッチ動作を繰り返すのでノイズを発生することなどが挙げられます．

　しかし現在では，スイッチング電源用のコントロールICが数多く販売されており，簡単なスイッチング電源であれば比較的少ない部品点数で簡単に設計できるようになっています．各種モバイル機器の充電器や機器内蔵の電源ユニットは，近年スイッチング方式が主流となっており，低周波タイプのものを見かけることがほとんどなくなりました．

変換時の損失は小さいほどいい

　トランスの主たる機能の1つは電圧の変換です．所定の電圧を得るのはもちろんですが，省エネルギーが求められる昨今，できるだけ高効率であることが必須となっています．電源そのものが低周波タイプからスイッチング方式に置き換わってきたのもその流れですが，さらに電源回路での損失が少ないものが志向されています．

● トランスの損失

　トランスには以下のような損失要因があります．
▶その1：銅損
　コイルを作る銅線でのエネルギー・ロスが銅損です．銅線のもつ抵抗値Rとコイルに流れる電流Iとで，
$$P = I^2R$$
の電力損失を生じます．銅は抵抗値の小さな(電気を通しやすい)素材で，断面積が1 mm^{2}で長さが1 mの銅線では0.0155 mΩです．ただし，これは室温での値

第10章 スイッチング電源用トランスの基礎

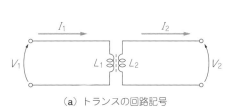

(a) トランスの回路記号

(b) トランスの等価回路

図5 トランスの回路記号と等価回路

で，温度が高くなると抵抗が大きくなる性質があります．電流が流れて温度が上昇すると抵抗値が増え，さらに発熱が大きくなるという傾向があります．

▶その2：鉄損

コアでの損失を鉄損と呼びます．主に渦電流損とヒステリシス損の2つを合わせたものです．

渦電流損とは，磁界によって電気導体であるコアの内部に発生する渦状の電流が原因で発生する損失で，周波数の2乗に比例して大きくなります．

ヒステリシス損は，コア内部で磁束が向きを変えるときに生じる損失のことです．もともとコアの材料は磁気を帯びていませんが，磁界の中に置かれるとコア素材の内部に小さな磁石（これを磁区と呼ぶ）が生じ，この磁区が磁界の極性にあわせて向きをそろえようとします．磁界の極性が反転すると直前まで逆向きだった磁区の方向が反転する際に磁気エネルギーが使われ，磁界が生じる磁束は少し減ってしまいます．このエネルギー損失がヒステリシス損で，磁化曲線またはB-Hカーブと呼ばれる図4の特性図で表されます．

▶その3：漏れ磁束

1次側コイルが発生する磁束のすべてがコアを通して2次側コイルを貫くのが理想ですが，実際のトランスでは2次側コイルに鎖交しない磁束が存在します．

この磁束が漏れ磁束で，2次側コイルにエネルギーが伝わらないインダクタンスとなるので，等価回路で見ると図5のようにトランスの1次側コイルに直列に挿入されたインダクタとして表すことができます．漏れ磁束はエネルギーの伝達ロスになるだけでなく，トランスから放射された磁束が周辺の回路や部品にノイズとなって侵入するため，できるだけ少なくなるようにさまざまな工夫がなされています．

このように，基本的には嫌われ者の漏れ磁束ですが，MOSFETやトランジスタなどのスイッチ素子の損失を低減するための回路テクニックとして使用されるLLC電源などは，漏れ磁束をインダクタとして積極的に利用しています．

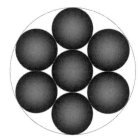

(a) 単芯銅線
導体断面積は大きいが，中心部はほとんど電流が流れない

(b) リッツ線（7本撚り）
導体断面積は約22％減少するが，高周波電流が流れる外周長は2.33倍に増えるので，高周波インピーダンスは減少する

図6 導体内の電流密度イメージ（色の濃い部分ほど電流がより多く流れる）

● コイルでの損失を減らす工夫

コイルでの損失は，銅がもつ固有の物性（電気抵抗率）によるものなので，コイルの長さを短くするか断面積を大きくすることが，対策の基本となります．コイルの長さは，トランスのサイズと必要な巻き数で一意的に決まってしまうため，実質は導体の断面積を大きくする，すなわちより太い銅線を使うということになります．

スイッチング・トランスで銅線の太さを決める目安として，電流密度という指標が一般に用いられています．これは単位断面積当たりの電流値のことで，だいたい3～5 A/mm²が実用範囲です．

ただし，高周波電流を扱うスイッチング電源では電流密度以外にも注意しなければならない表皮効果と呼ばれる現象があります．これは，周波数が高くなると，電流は銅線の断面積全体を流れるのではなく，銅線表面に集中して流れ，中心付近にはほとんど流れないという厄介な現象です（図6）．

表皮効果の対策は，単線ではなく極細の銅線を多数よりあわせたリッツ線に置き換えます．リッツ線の仕上がり外径（よりあわせた銅線束の直径）を置き換え前の単線とそろえて計算すると，リッツ線を構成する極細銅線（これを素線という）同士にできる隙間のぶんだけ導体断面積は減少するので電流密度が高くなり損失

81

第2部　パワー・トランス&コイル…しくみと特性

写真4　整列巻きのようす
巻き乱れがないように密着してコイルを巻いている

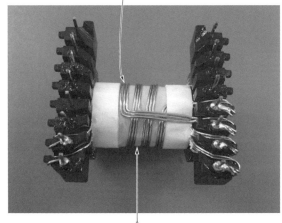

写真5　並列巻きとスペース巻きを併用したコイル

は増えるはずですが，リッツ線のほうが損失が少なくなるというケースは数多く見受けられます．

● コイルの巻きかたもいろいろ

　スイッチング・トランスにコイルを巻く際は，使用するコアの形状とサイズに適合するボビンに巻き付けるのが一般的な作業方法です．

　スイッチング・トランスにおける基本の巻きかたは「整列巻き」です．これは**写真4**のように銅線をきれいに並べる巻きかたです．このように整列した状態に銅線を巻くことで，最小限のスペースで巻き線を作ることができます．サイズの小さなスイッチング・トランスでは必須の巻きかたです．

　ところで，整列巻きの効用は省スペースだけではなく，性能にも大きくかかわっています．トランスでは漏れ電流が損失の1つの要素となっていました．コイルが部分的に重なって巻かれたり意図しない隙間が空いたりしたような不規則な状態だと，磁束が漏れ出しやすくなります．コイルを整列巻きにすることで，1次側コイルと2次側コイルそれぞれの向き合いかたが均質となり，磁束の漏れを少なくすることにつながります．これは，1次側コイルと2次側コイルの磁気的な結合を良くすることにほかなりません．

　また，コイルの結合のしかたによって，2次側コイルの発生する電圧が入力電圧の変化によって変動したり，負荷の大きさによって変動が大きくなったりすることがあり，電源の特性にも巻きかたは影響します．

　スイッチング・トランスは高周波で駆動することでインダクタンスが小さくでき，コイル巻き数は少ないのが普通です．5V出力を取り出す巻き線なら，通常は数回巻けばよいはずです．このとき，1次側コイルは何十ターンも巻いているのに対して2次側は数ターンというようにアンバランスな状況となり，2次側コイルを整列巻きにしてもボビンの幅いっぱいに巻くことができず，大きな空間ができてしまい，1次側コイ

ルと対向する面積が小さくなってしまいます．

　こういった場合には，並列巻きやスペース巻きといったテクニックが使われます．

　並列巻きは，低電圧大電流の出力巻き線に特に有効な手法です．コイルを並列接続する形にして，2～3本を同時に巻くのが一般的です．

　スペース巻きは，意図的に均一な隙間を空けて銅線を巻く手法で，均等巻きとも呼ばれます．整列巻きにすると偏ってしまうような場合，スペース巻きを採用することで均一な結合が期待できます．**写真5**は並列巻きとスペース巻きを併用した巻き線の例です．

　コイルをできるだけ均質に巻く理由には，作業性が良くなるという点も挙げられます．最初に巻いたコイルがボビンの幅方向の途中で終わっていたり，整列巻きが不完全でコイル同士が密着していない状態だったりすると，その上に重ねる次のコイルをでこぼこしたところに巻かなければならず巻き乱れが起きやすくなり，結果的に性能を劣化させる恐れがあります．

● コイルを巻く順序にも工夫がある

　コアを軸にコイルを巻けば，どのような順序でも同じ特性が得られるように思われます．事実，だいたい同程度の性能は出るのですが，さらに効率の良い動作が期待でき，巻きやすいといった作業性にも配慮すると，より良いスイッチング・トランスとなります．

　1次-2次間の結合を良くする方法として広く使われているのが，サンドイッチ巻きという手法です．これは，巻き数が多く1層では巻けない1次側コイルを分割し，1次側コイルで2次側コイルを挟み込む形とする方法です．作業の順序は「1次側コイルを半分巻く→2次側コイルを巻く→1次側コイルの残り半分を巻く」となります．2つの1次側コイルを直列に接続す

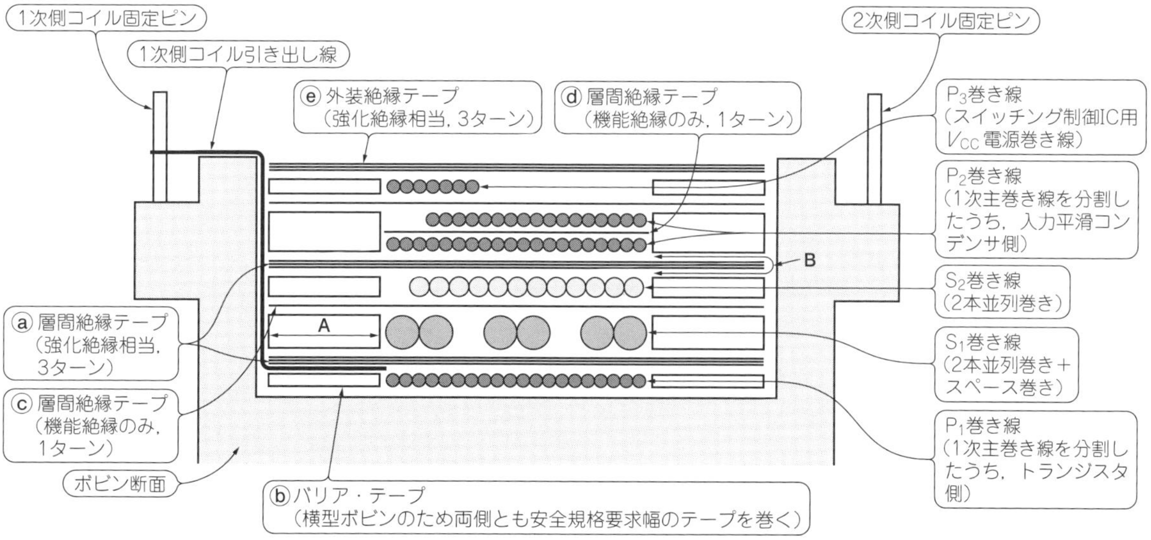

第10章 スイッチング電源用トランスの基礎

図7 トランスの断面図

表1 対策検討した電源の仕様

仕様		出力名称	出力1(＋12V)	出力2(＋11V)	出力3(＋14V)
		GND	2次側(GND-A)	2次側(GND-B)	1次側(GND-C)
		定格入力電圧範囲	DC 100 V ～ 400 V		
出力		定格出力電圧	12 V	11 V	14 V
		総合変動	± 3 %	± 20 %	± 10 %
		定格出力電流	0.8 A	0.01 A	0.1 A
		出力電力	9.6 W	0.1 W	1.4 W
絶縁		耐電圧	入力・出力3-出力1，2間：AC 2 kV 1分間 出力1-出力2間：AC 500 V 1分間		
		絶縁抵抗	入力-出力，出力-出力：DC 500 V 10 MΩ以上		
		1次-2次間距離	6 mm以上		

れば必要な巻き数は確保でき，2次側コイルと対向する1次側巻き線も多くなるので，漏れ磁束を少なくする効果も期待できます．

1次側コイルが2分割のサンドイッチ巻きを採用したトランスの断面図を**図7**に示します．

トランスで電源の性能は大きく変わる

トランスの違いによってスイッチング電源の特性がどのような影響を受けるのか，実例を見てみましょう．検討したのは3つの出力をもつ総出力が約11 Wの機器組み込み電源です．仕様は**表1**のとおりです．

すでに開発済みのこの電源を別の新規開発製品に流用することになったのですが，従来製品では実使用電力が5 W程度だったものが新製品では8 W強と消費電力が増えており，各出力の容量に余裕がなく電圧変動が増大することが予想されました．そこで，コイルを変更して新製品にも対応できるようにします．

● コイルの変更

改良前のトランス断面図を**図8(a)**に示します．電圧変動が大きくなりそうなのは，2次側コイルでφ0.2 mmの3層絶縁電線で巻かれた出力2(11 V)です．

まず，最も負荷電流が大きくなる出力1コイルが，十分な電流を流せるように線径を太くします．このままだと銅線が太くなったぶんだけコイルの高さが増えるため，コアが取り付けられなくなってしまうので，電流密度に余裕のある1次側コイルの銅線を細くして同程度の仕上がり高さとなるようにしました．

このようにして事前に対策を施したトランスの仕様は**図8(b)**になります．

懸念された出力電圧の変動は，従来品では10.460 Vだったものが10.797 Vと，規格値の11.0 V±20 %に対して余裕のある値になっていることが確認できました．

定格出力運転時の電源の効率は88.6 %から90.2 %と改善しています．これは，通電電流の大きな出力1(12 V)の電流密度が下がったことで，銅損が減少したことがおもな理由と考えられます．

第2部 パワー・トランス&コイル…しくみと特性

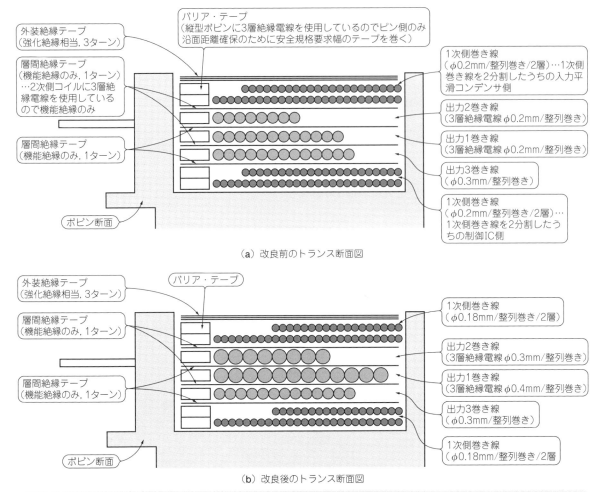

（a）改良前のトランス断面図

（b）改良後のトランス断面図

出力1の巻き線を太くして電流密度を下げ，巻き幅を増やして結合を改善した．さらに出力2コイルもサイズアップして幅を広くする．あわせて1次側コイルの銅線を細くして高さを従来と同等に抑えた

図8 出力電圧変動の大きいトランスの改良

表2 DC 140 V入力時の出力電圧
出力1(12 V)負荷変動時の電圧変動が小さくなっている

項目		出力1(12 V)	出力2(11 V)	出力3(14 V)
改良前	定格出力時	12.068 V	10.460 V	14.058 V
改良前	出力1軽負荷時	12.066 V	8.953 V (− 1.507 V)	12.924 V (− 1.134 V)
改良後	定格出力時	12.066 V	10.797 V	14.025 V
改良後	出力1軽負荷時	12.065 V	9.631 V (− 1.166 V)	13.202 V (− 0.823 V)

● 銅線太さを変えるとばらつきも少なくなった

　さらに詳しく負荷電流を変えたときの出力特性も見てみると，出力1の負荷を変えたときのほかの出力の電圧値が変わっていることがわかりました（**表2**）．従来品では出力2の電圧変化ΔVが− 1.507 V（8.953 V）だったものが，− 1.166 V（9.631 V）と電圧低下量が減少しています．

　この電源は，**図9**にあるように出力1の電圧をモニタして定電圧制御し，それ以外の出力は出力1との巻き数比に比例した電圧が得られる構成となっています．

したがって，常に同じ比率の出力電圧ではなく，各コイルに流れる電流の大きさなどによって出力電圧は変動します．

　表2の実測データを見ると，各出力が定格出力で運転しているときには出力2の電圧が改良前と比べて高くなっています．出力2の負荷電流は10 mAとわずかなので，銅損の改善効果はほとんどないと考えられます．断面図を確認してみると，出力2は太い銅線に変更したことで定電圧制御している出力1や1次側コイルと対向している幅が長くなっており，磁気的結合が

第10章 スイッチング電源用トランスの基礎

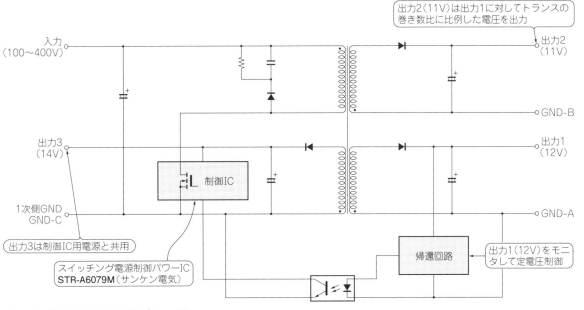

図9　サンプルにする電源回路のブロック図

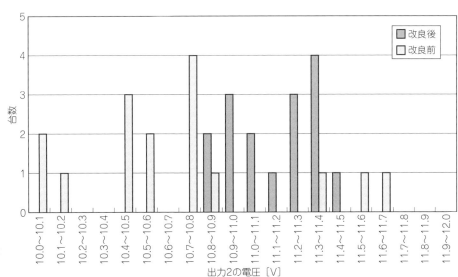

図10　トランス改良前後の出力2の電圧のばらつき比較

改善されたことで出力が安定したものと考えられます．

また，改良品の性能を検証するためにトランスを複数個製作して定格出力時の電圧のばらつきを確認したところ，出力電圧の上下限変動幅が半分程度まで縮小していました（**図10**）．この原因は，銅線を太くしたことによってボビンの幅に対する銅線幅の遊びが少なくなり，コイルの位置が安定したことによって作業ばらつきが少なくなったためと考えられます．

この事例では，スイッチング・トランスの各コイルの巻き数やコアは変更せずに銅線の種類だけを変えたのですが，出力電圧の値や変動幅，ばらつき具合に影響を及ぼし，さらにスイッチング電源自体の性能にも変化が現れました．今回は，電源効率が向上する方向の変化があり，出力電圧のばらつきも抑えられたので問題はありませんが，逆に諸性能が悪化する場合も当然考えられます．

◆参考文献◆
(1) 梅前 尚；電源回路設計Q＆A 90，トランジスタ技術，2009年6月号，CQ出版社．
(2) 梅前 尚；実験キットで学ぶワイヤレス給電の基礎，グリーン・エレクトロニクス，No.19，CQ出版社．
(3) 梅前 尚；トランスの製作工程，トランジスタ技術，2009年6月号，CQ出版社．

第11章 トランス/コイルの最適設計に重要な指標をシミュレーションで確認する

高効率化のための基本パラメータ① 磁束密度

眞保 聡司 Satoshi Shinbo

トランスやコイル（インダクタ）に使われる磁性コアの磁気飽和や損失は，コアの磁束密度の状態を見て判断します．よって磁束密度は，トランス/コイルの最適設計には非常に重要な量です．本章では，各種形状における磁束密度をシミュレータを使って計算します．

ソレノイド・コイルの場合

コイルのなかで一番簡単な構造で，空芯の巻き枠に筒状にワイヤを巻いたものをソレノイド・コイル（solenoid coil）と呼びます（空芯コイルとも呼ばれている）．理想形状である無限長ソレノイドの場合，筒の内側の磁束密度は一様という特徴があります．一方，長さが有限の有限長ソレノイドの場合は，端部からの漏れ磁束の影響があり，端部に行くほど磁束密度が一様ではなくなります．いずれの形状のソレノイドも寸法が決まれば磁界の強さは厳密に計算できます．

● 計算式

有限長ソレノイド・コイルの磁束密度を計算します．写真1は，磁界印加用コイルとして作成した有限長ソレノイド・コイルです．このコイルの磁束密度を理論式から計算してみます．

中心線上の磁束密度を計算する理論式は図1の式で示されます．この内容の詳細な解法は多数の文献があるので，興味がある人は参照してください．図1中の式(1)より，このコイルの寸法では，125ターンに0.3290 Aを流すと1mTの中心磁界が得られることになります．

● シミュレーション

図2にソレノイド・コイルの3D解析モデルを示します．モデルは実形状そのままを入力するのではなく，簡略化して入力することができます．

例えば細いワイヤをそのまま解析すると，シミュレータはワイヤ内に細かく領域を切って有限要素解析を行います．そのためメッシュ数がワイヤの部分で膨大になってしまい，計算時間が非常に増えてしまいます．それでも高速大容量メモリのマシンを使えば解けなくはないですが，普通のPCレベルだと解析時間が非常にもったいないです．

磁気シミュレーションでストレスなく速く結果を得る場合のコツとしては，得たい解析結果にあまり影響しない部分はなるべく単純化して入力する必要があります．解析時間が短いと，そのぶん解析回数が増やせるので有利となります．

今回のようなインダクタンスと磁束密度を求めるだけの場合は，ワイヤは巻き線エリア指定で十分なので，

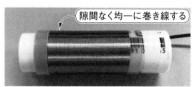

写真1 解析するソレノイド・コイルの外観
スティック糊のケースを巻き軸として125ターン巻いて作成した．中空なので，磁界を加えたいものを設置することができる

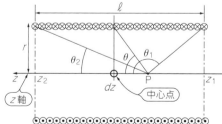

z軸上のP点の磁束密度

$$B = \frac{\mu_0 Ni}{2\ell}(\cos\theta_2 - \cos\theta_1)$$

中心点での磁束密度

$$B_{max} = \frac{\mu_0 Ni}{\sqrt{4r^2 + \ell^2}}$$

ℓ：コイル長さ，r：コイル半径，
N：コイル巻き数，i：電流，
μ_0：真空透磁率（$\mu_0 = 4\pi \times 10^{-7}$）

$r = 12.7$mm，$\ell = 45$mm，$N = 125$ターンで中心点での磁束密度を1mTにするには，

$$i = \frac{\sqrt{4r^2 + \ell^2}B}{\mu_0 N} = 0.3290 \quad \cdots\cdots(1)$$

図1 ソレノイド・コイル内部の磁束密度の計算
ソレノイド・コイルの内部の磁束密度は，理論式で厳密に計算が可能である

第11章 高効率化のための基本パラメータ①磁束密度

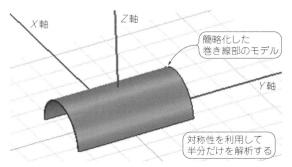

図2 ソレノイド・コイルの3D解析モデル
巻き線形状をそのまま入れるのではなく，このように筒のような形状でも計算可能．得たい情報に対して必要ではない部分は省略することで，計算結果が早く得られる

ソレノイド・コイルは単なる円筒としてモデル化できます．また，モデルは全体を入れる必要は必ずしもなく，形状に対称性がある場合は一部だけ入力すれば計算可能です．シミュレータにMaxwell(ANSYS)を使った場合では，例えば円柱のような形状は1/8の部分で解析できます．分割すると同じメモリ・サイズでもメッシュを細かく切れるので，精度向上と計算時間短縮ができます．このことから，分割できる場合はなるべく分割して解析します．

▶解析結果

シミュレーションの結果は，グラフィカルなコンタ図（コンタ・プロット）やベクトル図（ベクトル・プロット）で表示できます．また，数値やグラフでも取り出すことができます．図3では，磁束密度をコンタ（等値）図とベクトル図でプロットしました．3D解析の結果は，得たい内容によって表示方法を工夫します．というのも，内部データは3次元でもっていますが，画面は2次元的なので全部表示するとわけがわからなくなります．よって，表面のみや切断面で表示させることが多いです．

図3(a)のコンタ・プロットでは，磁束密度の大きさはわかりますが方向がわかりません．方向を含めて表示するには図3(b)のベクトル・プロットを使います．何を見たいかによって，これらを使い分けて表示させます．今回は磁束密度を例としてプロットしましたが，それだけではなく，磁界の強さHなど，さまざまな電磁界的な「場」の情報を計算表示できます．

● 計算結果の確認

図3(a)のコンタ・プロットでは，色から大体の磁束密度は読み取れますが，実際の数値はわかりません．数値で読み取るにはレポート機能を使います．

モデル内に線分を引くと，その上の磁束密度を数値で読み取ることができます．この機能を使い，ソレノイドの中心に線を引いて線上の磁束密度を読み取ります．図4(a)は，そうして得た磁束密度の数値データをグラフ化したものです．ピーク値は1mTとなっており，設定どおりであることがわかります．

次に，図1の式(1)から，同様にソレノイドの中心での磁束密度を求めて図4(b)のようにグラフ化しました．両者を比較すると，ほぼ同じ結果であることがわかります．同一モデルを別手法で解析しているだけなので，結果が同じになるのは当然と思いますが，あえて既知のものを計算させて比較することで，シミュレーションの正しさの確認ができます．

トロイダル・コアの場合

トロイダル・コアを使ったコイルも実際の製品でよく見る形状ですが，ソレノイドのように巻き軸を回してコイルを製作することができないので巻き線に手間がかかり，安価に大量に作ることが意外と大変なコイルでもあります．

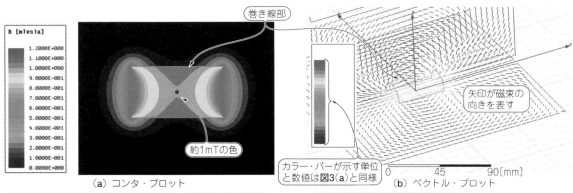

(a) コンタ・プロット

図2で，X-Y面上の磁束密度を表示．等高線表示とも言われる．磁束密度の大きさを色で階層表示している．この表示は磁束の強弱と位置はよくわかるが，磁束の方向はわからない

(b) ベクトル・プロット

図2で，X-Y面とY-Z面上の磁束密度を表示磁束の方向が矢印で表示される．大きさは色でわかる．表示間隔は荒いので，大きさと位置はあまりよくわからない

図3 ソレノイド・コイルの磁束密度シミュレーション結果
計算終了後，磁束密度を2種類の方法で表示させている．コンタ・プロットとベクトル・プロットを使い分けて必要な解析結果を得る

第2部　パワー・トランス&コイル…しくみと特性

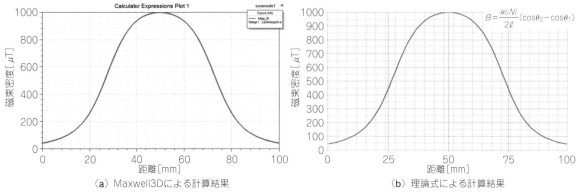

(a) Maxwell3Dによる計算結果　　　(b) 理論式による計算結果

図4　ソレノイド・コイルの中心線上の磁束密度
コイル中心線上の磁束密度を，シミュレーションと理論式の2種類の方法で計算しグラフ化したもの．中心点で1mTになるように設定している．いずれも距離で50mmの所がソレノイド中心になるように設定した．両者はほぼ合致することが確認できる

この形状もソレノイド同様に基本的な形状なので，種々の文献で詳説されています．コア内部の磁束密度の計算法についても，ソレノイドと同様に簡単に入手できるので，詳しくはそれらを参照してください．

● 計算式

図5に今回解析するコアの形状寸法を示します．TDKのコアのカタログから，形状はT28×13×16を選択しました．手計算で磁束密度を導出するのに使うパラメータは，断面積 A と磁路長 ℓ_m です．いずれもカタログに値が記載されています．

図5の式(2)にトロイダル・コアの磁束密度を求める式を示します．これより，例えば100mTにする場合は，$\mu=2500$ のコアで巻き数1ターンとすると，$I=2.2$ A流せばよいと求まります．

● シミュレーション

シミュレーション・モデルを作成します．ドーナツ状の形状を描くだけなので簡単ですが，今回もワイヤはモデルの単純化のために，図6(a)のように殻のような形状の巻き線エリアで指定します．

ここで，形状パラメータについて少し解説します．形状パラメータはそのコアを使ったコイル/トランスの設計計算に必要なパラメータですが，製造メーカごとに導出方法が異なると不便ですので，国際標準が規定されています．IEC 60205を参照すると，形状ごとに詳細な計算方法が示されています．コア・パラメータが公開されていない製品も一般的な形状であれば，式にあてはめることで導出可能です．

ところで，サンプルとして選定したT28×13×16の値もこの国際標準に基づいて計算されているはずですが，確認すると若干異なっています．どうも断面中心から若干ずれたところで磁路長を規定しているためのようです．

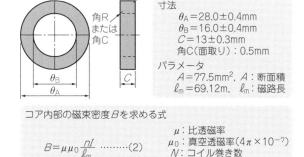

図5　トロイダル・コアの形状と磁束密度の式
トロイダル形状も基本形状なので，ソレノイド同様に磁束密度などは数式で厳密に計算できる

▶解析結果

図6(b)に磁束密度の解析結果を示します．それによると分布は一様ではなく，内側のほうの磁束密度が高くなっていることがわかります．これは，磁路長が内側のほうに行くにつれて短いためです．磁束は通りやすいほうを多く通ります．磁路長は断面の中心を代表値として計算しているので，中心付近は100mTになっています．そこからずれた位置では磁路長に反比例して変化しています．

数式で計算してもこのような結果になることは明らかなのですが，シミュレータで解析して図で表示すると一目瞭然です．

上記の解析では，巻き線を全体に均一に巻きましたが，巻き線を一部分だけ巻いたらどうなるかを図7に示します．扇状円で囲まれたところが巻き線部分です．この状態での解析結果を見ると，巻き線部分の真下とそれ以外で磁束密度に差があります．また，コアの比透磁率が低いほどその差は顕著になります．

トロイダル・コイルは漏れ磁束が少ないと言います

第11章 高効率化のための基本パラメータ①磁束密度

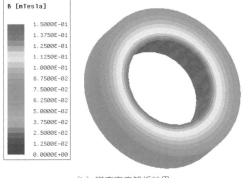

図6 トロイダル・コイルのモデルと磁束密度解析結果
トロイダル形状も基本形状なので，ソレノイド同様に磁束密度などは数式で厳密に計算できる

（a）3Dシミュレーション・モデル
トロイダル形状で均等な1ターンの巻き線を入力すると，このような殻のようなモデルになる

（b）磁束密度解析結果
中心で100mTになるように電流を流した．均一ではなく，内側へ行くほど磁束密度が高い．理由は磁路長が内側ほど短いため

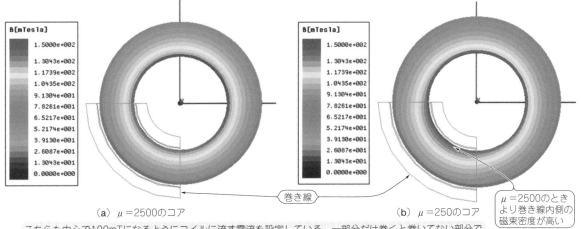

（a）μ=2500のコア　　（b）μ=250のコア

μ=2500のときより巻き線内側の磁束密度が高い

こちらも中心で100mTになるようにコイルに流す電流を設定している．一部分だけ巻くと巻いてない部分では磁束の一部がコアの外を通る．いわゆる漏れ磁束である．このため巻き線の真下よりも巻いてない部分のBが小さくなる．透磁率μが小さいほど空間の比透磁率1との差が少なくなるので，外部に漏れる割合が増える

図7 トロイダル・コイルの偏巻き線時の磁束密度解析結果
トロイダル・コアの巻き線をコア全体に巻かず，一部分のみ巻いたときに磁束密度分布がどうなるかシミュレーションした

が，偏って巻くと空いた部分から漏れます．高周波用のダスト・コアなどは一般に透磁率が低いので，特に気を使って均一に巻くべきということがわかります．

EERコアの場合

最後に，実際のトランスに用いられる実形状のコアを解析します．トロイダル形状は磁束が漏れにくい点で理想的な形状ですが，巻き線には特殊な巻き線機が必要であり，量産面ではやや不利です．よって巻き線がしやすいEEコアやEERコア，それに準ずるコア形状が好んで使われています．これらの形状は，ボビンに巻き線してあとからコアを組み込むということができるので，量産性が高いです．しかし，トロイダル・コアと比べ，場所によって断面積が変化したり，磁路が90°曲がったりと一定ではありません．

このようなトランスの設計であっても，前項で説明したコア・パラメータやデータシートのグラフを使って設計しますが，磁路長や断面積といった値は規定された手順で計算された平均値的なものとなっています．このような実用形状製品の磁束密度分布の詳細は，磁気シミュレーションしないとわかりません．

● EER28形状
図8に，今回解析したEER28形状の寸法と形状パラメータを示します．EER形状もトロイダル・コアのときと同様に，形状パラメータは国際規格IEC 60205にて計算法が定義されています．

今回例題として選んだEER28形状について，カタログ値と寸法から計算した値を比較してみましたが，結果が若干異なっていました．その理由を確認したのですが，寸法パラメータ導出のベースとなる寸法値に，

第2部　パワー・トランス&コイル…しくみと特性

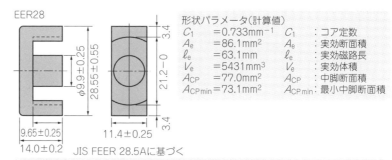

図8　EERコアの形状と磁束密度の式
トランスの実用形状の1つであるEERコアの磁束密度の計算式．実用形状の場合は形状パラメータから計算するのが普通．形状パラメータはIEC規格で形状ごとにその計算方法が規定されている

磁束密度 B を下式から導出する．これは図5中の式(2)とまったく同じ式である．同様に100mTとなる電流値を求める．これより，$\mu=2500$のコアで，$n=1$のとき2.01Aと導出される

$$B = \mu\mu_0 \frac{nI}{l_m}$$

μ：比透磁率
μ_0：真空透磁率 $(4\pi \times 10^{-7})$
N：コイル巻き数
I：コイル電流

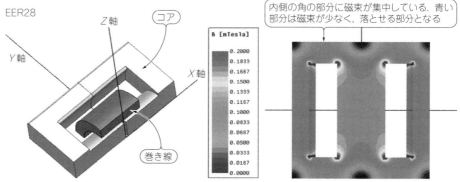

図9　EERコア・トランスの3Dモデルと磁束密度解析結果
トランスの実用形状の1つであるEERコアの磁束密度の計算式．実用形状の場合は形状パラメータから計算するのが普通．形状パラメータはIEC規格で形状ごとにその計算方法が規定されている

(a) 3Dシミュレーション・モデル(1/4)　　(b) 磁束密度解析結果(X-Y断面より)
1/4の解析結果から断面全体が表示されるように，折り返して加工している

センタ値を用いないことがあるそうなのです．それ以上詳しいことはわかりませんでした．カタログ値と形状からの計算値の差はあまり大きくはないのですが，本稿では形状からの計算値を用います．

● 3Dモデルとシミュレーション結果

図9(a)はEER28を使ったコイルの3Dモデルです．このモデルのワイヤに電流を印加して，コアの磁束密度を計算します．

図9(b)のように，解析後に断面の磁束密度を表示すると，設計どおり両脚や中脚の中心付近では100mTくらいになっていることがわかります．ただし，見てわかるとおり，場所によって磁束密度に高低差があり，特に内側の角の部分が高いことがわかります．一方で，外角の部分などはあまり高くありません．

このように磁束は最短ルートの流れやすい所を通ろうとするので，各部分の断面積を一定にそろえても，磁束密度分布にムラが生じます．コア形状設計の際には，シミュレーションを行って磁束密度分布を確認しながら，なるべく均一になるように形状を調整します．

今回のEERコアは2分割されたコアを組み合わせて磁路を形成しますが，コアを分割した場合，必ずすり合わせ面にエア・ギャップが発生します．数μmのギャップですが，ほかの部分に大きなギャップがないと影響があります．今回のシミュレーションでは，計算値と合わせるため完全に0として計算しています．実際の設計では，すり合わせがある場合はそのギャップも考慮します．ギャップの影響は図5の式(2)で比透磁率が小さくなることと同じことになります．

第12章 試作の前に高精度に設計検証

高効率化のための基本パラメータ② インダクタンス

眞保 聡司 Satoshi Shinbo

磁気シミュレーションを使って，トランスやコイルの形状から，インダクタンスを導出することができます．インダクタンスは電気回路では基本的なパラメータの1つであり，結果を回路シミュレータにも入力できます．また，実際に巻き線を行ったりコアを製作したりする前にインダクタンスが求められるので，試作前のトランス/コイルの検証や，実製品における設計検証に使うことができます．

今回使っているシミュレータのMaxwell（ANSYS）の場合は「Parameters」の中にある「Matrix」を設定すると，自動的に設定した巻き線数ぶんのインダクタンス・マトリクスを計算することができます．このインダクタンス・マトリクスは，自己インダクタンスと相互インダクタンスを行列で表したものです（交流解析では抵抗ぶんを含んだ複素数で結果が得られる）．

得られた値は，解析分割数や巻き線状態を基に，実際の巻き線数に換算して使用します．

なお経験上，この解析で得られるインダクタンスは，実際に試作したトランス/コイルのインダクタンスとよく合います．

ソレノイド・コイルの場合

まずは，前章で解析したソレノイド・コイルのインダクタンスを計算します．

● 計算式

理論式による計算では，有限長ソレノイドのインダクタンスLは，有名な長岡係数を用いて計算します．

$$L = \frac{K\mu_0 \pi r^2 N^2}{\ell} \quad \cdots\cdots\cdots\cdots (1)$$

K：長岡係数，μ_0：真空透磁率
ℓ：コイル長さ，r：コイル半径
N：コイル巻き数

長岡係数は楕円積分を含む複雑な計算が必要で，手計算では容易には求まりません．昔はコイルの半径と長さから長岡係数を計算した計算表から値を得ていました．今は幸いパソコンで計算することができます．自分で計算しなくても長岡係数を計算してくれるウェブ・ページもあります．ここで半径r=12.7 mm，コイル長さℓ=45 mm，巻き数N=125ターンとすると，長

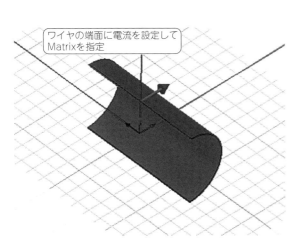

（a）ソレノイド・コイルの解析モデル

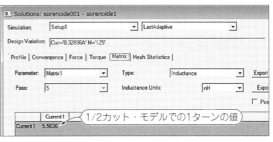

（b）（a）のMatrix計算結果

Maxwellの場合は，解析時にMatrixを設定すると，自動的に計算してくれる．表示されている5.5636 nHは1ターンで1/2カット・モデルでの値なので，換算して使用する．換算ミスを防ぐため，どのような条件で解析したかを理解していることが重要となる

図1 インダクタンス計算の設定と確認
シミュレータには，場の状態だけではなく巻き線のインダクタンスも自動的に計算する機能がある

第2部 パワー・トランス&コイル…しくみと特性

写真1 測定に利用した評価ボードの外観
実験検討にはICメーカがICの評価用に配布している評価ボードが便利である．以前はICメーカから直接入手するしかなかったが，近ごろは通販サイトから誰でも購入できるメーカが多くなった．今回はロームが販売している評価ボードを利用する．回路は標準的なフライバック・コンバータである

岡係数は$K = 0.799$となります．

式(1)より，Lを計算すると$176.6\,\mu H$になります．

● シミュレーション

シミュレータによる計算です．図1(a)(前章の図2)のモデルを使って磁場解析を行い，最後にMatrixを計算するように指定すると，図1(b)のように直接インダクタンスが計算されます．巻き線が複数ある場合は，相互インダクタンスも計算され，そこから結合係数も求まります．

なお，作図の際に1ターンで作成しているので，計算結果も1ターンで計算されています．実際のコイルは125ターンなので，$125^2 = 15625$を掛けて換算します．

シミュレーションによって直接得られた値は$0.0055636\,\mu H$ですが，この値は1/2カット・モデルで1ターンでの値なので，$2 \times N^2$を掛けます．$N = 125$ターンなので，下記のように計算できます．

$L = (2 \times 0.0055636) \times 125^2$
$\quad = 173.86\,\mu H$

この値がシミュレーションを用いて計算したインダクタンス値となります．

● 実測値

このソレノイド・コイル(前章の写真1)を実際に製作して測定してみました．インピーダンス・アナライザで実物を測定したところ，測定値は$174.65\,\mu H$となりました．いずれの計算値も近い値が得られています．

空芯の有限長ソレノイドはシンプルな構造であることもあり，手計算でも比較的よく合うのでしょう．

フライバック電源用トランスの場合

ここまでは巻き線が1つのコイルを解析してきましたが，ここからは複数の巻き線で構成されたトランスの解析を行います．シミュレーションとしては巻き線が複数になるだけで，特に大きな違いはありません．

具体的にはMatrix計算時に，これまでの各コイル個々の自己インダクタンスのほかに，コイル間にまたがる相互インダクタンスが計算されます．これにより巻き線相互の影響が計算されます．

● フライバック電源用トランスの解析

例として解析するのは，スイッチング電源では最もポピュラな回路方式であるフライバック電源用トランスとしました．また，実際に動作する電源回路に使用されているトランスをモデリングして，最後に実動作との比較もしてみたいと思います．

近ごろは，電源用ICメーカの評価ボードが通販サイトで誰でも入手できるようになっています．これらは実際に動作する基板のほか，回路図とトランスの仕様も一緒に入手できるので，解析例として利用するには便利です．

今回はそんななかから，**写真1**に示すボードを利用しました．入力電圧範囲は$90 \sim 264\,V_{AC}$のワールドワイド仕様，出力は$24\,V\ 2\,A$で$48\,W$出力電力というものです．これはBM1P061FJ(ローム)の評価ボードです．電気的仕様を表1に示します．

ここで解析するトランスのコアは，前章の図8のEER28コアを用いていますが，コア・ギャップℓ_gを付けて使用します．わずかなエア・ギャップの磁気抵

第12章 高効率化のための基本パラメータ② インダクタンス

表1 評価ボードの電気的仕様（BM1P061FJEVK-001，ローム）

項目		記号	min	typ	max	単位	条件
入力	電圧	V_{in}	90		264	VAC	
	周波数	f_{AC}	47	50/60	63	Hz	
	待機電力				100	mW	V_{in}：AC100 V/230 V
出力	電圧	V_{out}	22.8	24	25.2	V	
	電流	I_{out}	2			A	
	リプル電圧	V_{ripple}			100	mV	20 MHz帯域幅
	効率			80		%	負荷：24 V，2 A

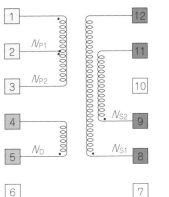

(a) ピン結線図

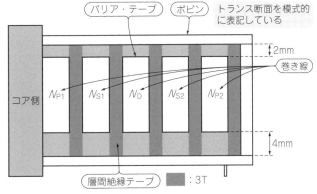

(b) 構造図

コア：JFE MB3 EER-28.5A
ボビン：JFE BER28.5SP12
AL値：137.5 nH/N^2
インダクタンス（1-3ピン）：0.220mH±15%

巻き線	端子	巻き数	ワイヤ	巻き線方式
N_{P1}	'1-2	20	2UEW 0.45	1 Layer FIT（密）
N_{S1}	'8-12	16	2UEW 0.5	1 Layer FIT（密）
N_D	'5-4	10	2UEW 0.45	1 Layer SPACE（均等）
N_{S2}	'9-11	16	2UEW 0.5	1 Layer FIT（密）
N_{P2}	'2-3	20	2UEW 0.45	1 Layer FIT（密）

(c) 巻き線仕様

(d) 外観

図2 解析するフライバック・トランスの仕様
使用されているトランスの構造と特性を最低限まとめた資料がデータシートに記載されている．これはトランス・メーカからの納入仕様書の抜粋と思われる

抗でも，コア全体に対して影響が大きく，ある程度大きなギャップがあるとコアの透磁率よりも断面積A_eとギャップ長ℓ_gがインダクタンスに対して支配的なパラメータとなります．

また，形状パラメータから巻き数設計に必要な値は得られますが，巻き線が集中して巻かれているなどの理由で誤差が発生します．このため，コア定数をそのまま利用するよりは，別途提供された形状ごとのℓ_g-ALやAL-NI_{limit}のグラフや近似式が設計に使われます．そのようなフライバック・トランスの磁束の状態を磁気シミュレーションを使って確かめてみます．

図2は解析するトランスの仕様をデータシートから抜粋したものです．

まず，各巻き線のインダクタンス・マトリクスを計算します．巻き線を1本ずつモデル化するのは解析困難ですので，ここでも巻き線エリアで指定します．モデル上の形状イメージは図3(a)のように銅板を層で巻いたようなものとなります．モデルでは5巻き線になっていますが，1次巻き線N_Pはサンドイッチ巻き線で直列接続ですので実質は4巻き線となります．

今回も1/4分割でモデリングを行い，解析規模を削減します．

● シミュレーション結果と実測値の比較

解析の結果，$\ell_g = 0.93$ mmで実測値に近いインダクタンスとなり，図3(b)のインダクタンス・マトリ

第2部 パワー・トランス&コイル…しくみと特性

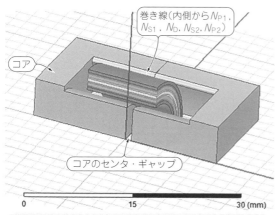

インダクタンス [μH] / ギャップ：0.93 mm

	N_P	N_{S1}	N_{S2}	N_D
N_P	0.13678	0.13514	0.13850	0.13673
N_{S1}	0.13514	0.13639	0.13676	0.13676
N_{S2}	0.13850	0.13676	0.14310	0.13998
N_D	0.13673	0.13676	0.13998	0.13971

結合係数

	N_P	N_{S1}	N_{S2}	N_D
N_P	1	0.98940	0.98998	0.98909
N_{S1}	0.98940	1	0.97892	0.99070
N_{S2}	0.98998	0.97892	1	0.98997
N_D	0.98909	0.99070	0.98997	1

ここで求められたインダクタンスは1ターンのときの値である

（b）インダクタンス計算結果

まずはギャップ寸法を変えながら解析し、インダクタンスを調整する。0.93 mmで必要な寸法となった

（a）シミュレーション・モデル（1/4カット）

図3 シミュレーション・モデルとインダクタンス計算結果
(a)のモデルを解析し、インダクタンス・マトリクスを求めた結果が(b)である。この表ではN_{P1}、N_{P2}をまとめてN_Pとして1つのコイルにしている。また1/4分割での計算だが、4倍して、分割なしの値に換算している。同じ巻き線名同士（対角）は自己インダクタンス、それ以外は相互インダクタンスである

表2 インダクタンス・シミュレーション結果と実測値の比較
磁気解析で得られたトランスのインダクタンス・マトリクスと実測値との比較を試みた

インダクタンス・マトリクス [μH]

	N_P	N_{S1}	N_{S2}	N_D
N_P	218.36	86.26	88.37	54.56
N_{S1}	86.26	34.82	34.89	21.82
N_{S2}	88.37	34.89	36.50	22.33
N_D	54.56	21.82	22.33	13.94

結合係数マトリクス

	N_P	N_{S1}	N_{S2}	N_D
N_P	1.0000	0.9893	0.9898	0.9890
N_{S1}	0.9893	1.0000	0.9788	0.9906
N_{S2}	0.9898	0.9788	1.0000	0.9899
N_D	0.9989	0.9906	0.9899	1.0000

図3(b)の表から、実際の巻き数での値に換算したもの

（a）シミュレーションによる計算値

インダクタンス・マトリクス [μH]

	N_P	N_{S1}	N_{S2}	N_D
N_P	217.20	84.49	87.40	54.35
N_{S1}	84.49	34.05	34.08	21.43
N_{S2}	87.40	34.08	36.40	22.26
N_D	54.35	21.43	22.26	14.12

結合係数マトリクス

	N_P	N_{S1}	N_{S2}	N_D
N_P	1.0000	0.9824	0.9830	0.9813
N_{S1}	0.9824	1.0000	0.9681	0.9771
N_{S2}	0.9830	0.9681	1.0000	0.9818
N_D	0.9813	0.9771	0.9818	1.0000

実機のトランスをLCRメータで測定し求めた、インダクタンス・マトリクス

（b）実測値

クスが求まりました。この値は各巻き線が1ターンのときの値を表しています。また、巻き線間の結合係数の計算結果も得られます。

図3(b)の値を実際の巻き数で換算すると、表2(a)の表になります。対角線上の数値は自己インダクタンス、それ以外は相互インダクタンスを表しています。ここで、比較のため実機のトランスについても、オープン-ショート法で実測し、表2(b)にシミュレーション結果と同じフォーマットでまとめました。

両者の結果を比較すると、だいたい近い値が得られていると思います。ところで、これらの表の結果はそのまま回路シミュレータ用のトランスのシミュレーション・モデルにすることができます。これを使ったシミュレーション例をAppendix 2で紹介します。

最後に、今回はインダクタンスのみ計算しましたが、巻き線をそのままモデリングすれば巻き線の交流抵抗などの解析もできます。しかし今回あえてそうしないのは、3Dモデルで多巻き線のワイヤをそのままモデル化すると要素数が非常に増えてしまうためです。その場合、解析には相当なハイスペック・マシンが必要となるうえ、解析時間も膨大となります。普通は結果を得ることは難しいです。シミュレーションを使えば何でもできそうですが、実はそういった制限はいろいろあります。

第13章 計測が難しい導体内の電流をシミュレーションで検証
高効率化のための基本パラメータ③ 電流密度と抵抗損

眞保 聡司 Satoshi Shinbo

電流と磁界は相互に関係し合っていますので，磁束の流れに変化があれば，それが導体内なら電流が発生します．これらの状態を磁気シミュレータで計算できます．

導体内の電流は計測することが難しいのですが，これをシミュレータを使って検証することができます．トランスやインダクタの巻き線や，構成部品に金属があった場合の影響を検討できます．

トランスからの漏れ磁束による損失の解析

近年よく使われるようになった電源回路方式に，LLC共振電源があります．これは共振コンバータの一種で，低ノイズで高効率という特徴があります．ここでは回路の詳細について解説はしませんが，入力側にLC直列共振回路が使われます．

このLC共振回路に使われるインダクタンスは，外付けのインダクタを使う場合もありますが，トランス

表1(1) LLC共振電源用トランスの製品例（SRXおよびSRVシリーズ，TDK）

タイプ	取り付け方法	高さH [mm]	周波数 [kHz]	最大出力 [W]	出力数	縦D [mm]	横W [mm]	リード間スペースF [mm]	ピン数［本］1次側	2次側
横型										
SRX43EM	スルー・ホール	15	100	180	2	55	46	37.5	5	7
SRX25EM	スルー・ホール	20	100	100	2	47.6	36.1	32	5	6
SRX30ER-Ⅰ	スルー・ホール	27	100	180	2	57	41.5	40	6	6
SRX30ER-Ⅱ	スルー・ホール	25	100	180	3	52	45.5	35	8	8
SRX35ER	スルー・ホール	25	80	250	3	55	53	35	6	9
SRX48EM	スルー・ホール	25	60	300	3	58	51	35	6	8
SRX40ER	スルー・ホール	31.5	60	300	3	54	43	35	8	8
縦型										
SRV3914EE	スルー・ホール	15	100	160	2	64	43.5	64	4	8
SRV4214EE	スルー・ホール	15	100	200	2	64	43.5	64	4	8
SRV4215ES	スルー・ホール	16	100	200	2	64	49	44	6	9
SRV4715ER	スルー・ホール	16	100	250	2	64	52	44	6	9

(a) SRX25EMの外観

(b) SRXシリーズは，1次側と2次側の間に壁を入れ，別の巻き枠に巻くことで結合を悪くする

写真1 LLC共振電源回路用トランス
LLC共振電源用トランスは専用の製品が販売されている．1次と2次の結合をあえて悪くするために離して巻くのが一般的．また漏れインダクタンスの精度を良くするには，1次と2次の巻き位置を安定させる必要がある．ボビンの壁はその点有利である

第2部 パワー・トランス&コイル…しくみと特性

写真2 解析に使用したLLC共振電源
SRX25EMタイプ(TDK)のトランスは上面が平らでものを置きやすい

表2 解析に使用したLLC共振電源の仕様
検証用の回路には，NXPセミコンダクターズのLLC電源ICの評価ボードを流用した．もともとのトランスは使わず，解析したSRX25EMに換装している．このボードは前段にPFCがあるため，LLC共振電源の入力はDC 400 Vとなっている

項 目	単 位	値
入力電圧(PFC)	V	400
出力電圧	V	19.5
出力電流	A	3.5
共振容量	nF	22
周波数	kHz	102.7

の漏れインダクタンスを利用することもできます．漏れインダクタンスの利用は，部品としてのインダクタがトランスに内蔵されているのでコスト的に有利となります．漏れインダクタンスを大きくした専用のトランスは，LLC共振電源用トランスとして販売されています．

表1 および**写真1**に，LLC共振電源用トランスの製品例を示します．前章のフライバック・トランスでは巻き線が1つの巻き枠に重ねて巻かれているのに対し，LLC共振電源用トランスは1次側と2次側の巻き線が別々の巻き枠に巻かれています．こうすることで1次-2次間の磁気的な結合を悪くして，大きな漏れインダクタンスを得ています．

このような構造は漏れインダクタンスを増やしますが，言い換えると，それは漏れ磁束が多いことを意味します．そして，この漏れ磁束の経路に金属があると，金属内に渦電流が発生して損失が生じます．

実際にこの現象で問題となった実例もあります．大型の薄型液晶テレビでは昔からLLC共振電源がよく使われています．テレビの筐体の薄型化に伴い，内部の電源も薄くなりましたが，あるとき裏ぶたの発熱と電源効率の低下が問題となったことがありました．検証の結果，トランスの上面近くに裏ぶたの鉄板が来たことで漏れ磁束による渦電流損が生じたためとわかりました．この現象は電磁調理器(IHヒータ)と同じ原理です．

対策として，その後はそのような用途のために防磁

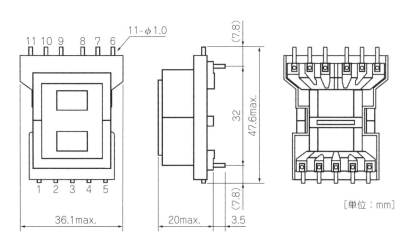

(a) 形状と寸法

項 目	単 位	実測	シミュレーション値
1次インダクタンス	mH	1.02	1.04
漏れインダクタンス	μH	172	162
巻き数 $N_P : N_S$	Ts	49：5	49：5

(b) おもな仕様

(c) シミュレーション・モデル

図1[(1)] **トランス形状図&特性とシミュレーション・モデル**
解析したトランスの形状と電気的特性．この形状図を基に，今までと同様にシミュレーション・モデルを作成する．解析では同様に最初にセンタ・ギャップを調整してモデルと実製品のインダクタンスを合わせる

第13章 高効率化のための基本パラメータ③ 電流密度と抵抗損

型のトランスが開発され，使われています．

● 漏れ磁束による渦電流の解析

漏れ磁束による渦電流の解析例として，この現象を疑似的に再現して解析してみます．

写真2に今回の解析例を実際に検証するために準備したトランスと電源ボードの外観を，表2にその電源仕様を示します．LLC共振電源にはNXPセミコンダクターズの評価ボードを利用しました．また，共振トランスはTDKのカタログ形状の製品であるSRX25EMタイプで製作しました．SRX25EMは上面が平らなので，今回の実験で行う金属板を置きやすいので便利です．

LLC共振電源の仕様は入力400 V，出力19.5 V 3.5 Aの電源回路です．このデモボードはノート・パソコン用のACアダプタを想定したもののようです．周波数は最大負荷時102.7 kHzで動作します．LLC共振電源の入力電圧400 Vは前段のPFC回路から供給されるので，評価ボードの電源としてはAC 100 Vです．

図1に，今回試作したSRX25EMトランスの詳細と，そのシミュレーション・モデルを示します．今回のモデル作成のポイントも，今までのものと同じでなるべく簡略化しています．前章の図2に示したフライバック用のトランスでは巻き線を重ねて巻き線していましたが，図1(c)のモデルでは1次巻き線と2次巻き線を別の巻き枠に巻いています．また，構造の対称性から1/2カット・モデルとしています．

● エア・ギャップを調整し交流磁場解析を行う

解析の流れとして，まずはエア・ギャップを調整し

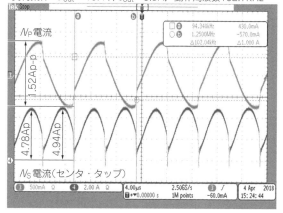

図2 巻き線電流の実測波形
実機から取得した定格負荷時のトランス電流波形．この波形を基にして，シミュレータに設定する電流を決定する

て，自己インダクタンスを実物と同じにします．その結果，$\ell_g = 0.15$ mmが得られました．次いで，金属で生じる渦電流損を解析するには，解析モードを交流磁場解析にします．このとき各巻き線の電流は，実際に電源動作でトランスに流れる電流を設定します．今回は実測波形があるので，その値を設定します．

図2に示すオシロスコープによる実測波形は，電源の最大負荷時にトランスの各巻き線に流れている電流です．連続領域で動作しているので三角波に近い波形になっています．しかし，シミュレーション上では正弦波しか設定できないので，正弦波に近似して巻き線電流を入力します．

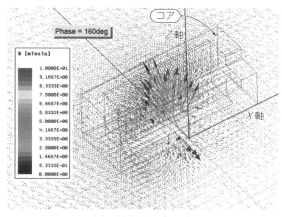

(a) ベクトル・プロット

3Dで描画すると，重なって見にくいが，磁束の向きがわかる．上面中心付近の上下方向が大きそうだ

図3 トランス周囲の磁束密度分布
動作波形を基に電流を設定したトランス周囲の磁束密度のシミュレーション結果である．渦電流解析なので，位相により磁束密度分布が変化するのが見える．この結果から，トランスの上面付近は漏れ磁束が多いことがわかる

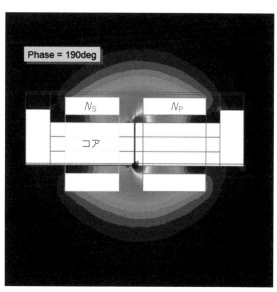

(b) コンタ・プロット (Z-X面)

磁束密度の大きさはわかるが，向きはわからない．上面の中心付近の磁束密度が大きい

第2部　パワー・トランス&コイル…しくみと特性

図3は，図2の波形の電流を設定し，金属板なしで交流磁場解析を行い，トランス周囲の磁束密度を表示したものです．ベクトル・プロットとコンタ・プロットの2種類で表示させました．交流磁場解析の場合は各位相での時間変化も確認できます．結果からは，トランス中央部分の上下に多く磁束が流れていることがわかります．

金属板の影響を解析する

金属板を近くに置くとどうなるかを見るため，図4のようにトランスの上に金属板を設置して解析を行いました．形状は 35 mm × 45 mm，$t = 0.5$ mm です．

● 材料による違いも確認

材質は鉄と銅の2種類としました．同じ金属でも，鉄は強磁性体で銅は反磁性体となります．解析設定で金属板における渦電流損を計算するように設定すると，金属板で消費する損失が計算されます．

図5に交流解析結果を示します．種々のパラメータが表示できますが，そのなかから金属板のトランス側表面における抵抗損(Ohmic - loss)を表示しています．損失の大きい部分がドーナツ状に現れています．トランスの巻き線には同じ電流が流れていますが，抵抗損は明らかに鉄のほうが大きいです．

別途，金属板全体でどのくらいの損失が発生しているかを計算比較すると，銅板で 56.3 mW，鉄板で 593 mW という結果が得られました．つまり10倍以上違うことがわかります．

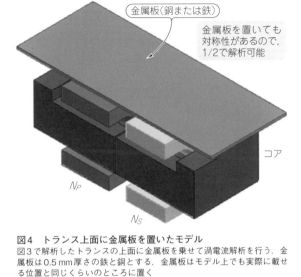

図4　トランス上面に金属板を置いたモデル
図3で解析したトランスの上面に金属板を乗せて渦電流解析を行う．金属板は 0.5 mm 厚さの鉄と銅とする．金属板はモデル上でも実際に載せる位置と同じくらいのところに置く

● 実機での動作実験

次に，このシミュレーション結果が実機でどのようになるのか，動作実験を行って確認してみます．

写真3(a)のように，動作中のトランスに鉄または銅の金属板を乗せます．ショートしないように金属板には絶縁テープが張ってあります．この状態でしばらく動作させ，サーモ・ビューアで金属板の温度を確認しました．金属面は赤外線放射率が悪く正確に測れないので，表面にテープを貼ってあります．

その結果，14 ℃ ほどの温度差がありました．上から見ていますが，実際に損失が発生しているのは裏の

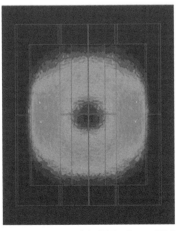

(a) 銅板：$P_\text{loss} = 56.3$ mW

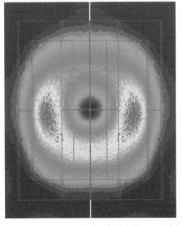

(b) 鉄板：$P_\text{loss} = 593$ mW

表示のレンジは合わせてあるので，鉄板のほうが明らかに損失が大きい．ドーナツ状に損失が発生している．今回の解析例では，銅と鉄で10倍程度の差がある

図5　金属板の種類と漏れ磁束による抵抗損
図3の解析時と同じ設定で金属板を入れて渦電流解析を行い，金属板における抵抗損を表示するとコンタ図が得られる．漏れ磁束により，金属板内で損失が発生することがわかる

第13章 高効率化のための基本パラメータ③電流密度と抵抗損

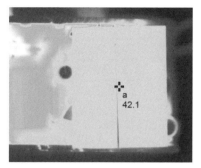
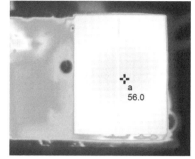

（a）トランスの上に金属板を置いたようす（ショートしないようにポリエステル・テープを貼って実験している）

（b）銅板の温度分布（42.1℃）

（c）鉄板の温度分布（56.0℃）

金属は赤外線放射率が小さいので表面にテープを貼って測定した

写真3　金属板の材質による温度上昇の違い
図5での解析結果を実機で確認するために，トランスの上に金属板を乗せて動作させサーモ・ビューアで温度を測定した．解析結果から，損失が大きかった鉄板の発熱が大きいことがわかった

トランス側と考えられます．また，動作中に鉄板をトランスに載せると，電源の入力電力が0.6 Wほど増えるのが確認できます．出力電力は変わらないので，入力側で鉄板による損失を補填した結果と考えられます．これは図5のシミュレーションで得られた抵抗損と大体同じくらいです．

この現象は先にも述べたように，IHヒータと同じ原理による現象です．IHヒータがなぜ鉄系の鍋を推奨するのかわかる結果だと思います．

図5では抵抗損をコンタ図で表示させましたが，設定すると金属内部に流れる電流密度や電流の方向も表示できます．

図6は，鉄板の電流密度をコンタ図とベクトル図で表示したものです．このようにフレミングの左手の法則に従って，下から上の磁束の方向に対して全体的に右回りに電流が流れているようすが見てとれます．なお，表示する位相を変えると，時間とともに電流が変化するようすを確認することもできます．

◆参考・引用*文献◆
(1) LLC共振電源用トランス ピン端子タイプ SRX/SRVシリーズ，TDK.

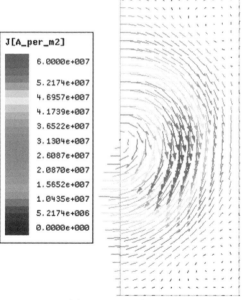

図6　鉄板表面の渦電流の電流密度
図5での解析結果を損失ではなく金属内に流れる電流の電流密度で表示させた．電流密度の高い部分の損失が大きいと考えられる．また向きを確認すると，円状に流れていることがわかる．磁束が金属板を垂直に貫通しようとするのでフレミングの左手の法則に従って電流が流れていると考えられる

（a）ベクトル・プロット　　（b）コンタ・プロット

ベクトル表示すると，矢印の向きから円状に電流が流れていることがわかる

Appendix 2 磁気シミュレーションの結果を回路シミュレーションに取り込む

トランスのモデルと回路シミュレーションの連係

眞保 聡司 Satoshi Shinbo

解析ソフトウェアのメーカが想定したツール間でなくても，電磁界解析によって求めたインダクタンス・マトリクスやインピーダンス・マトリクスを使って，回路シミュレータでシミュレーションすることができます．連成解析を想定したツール間に比べるとあまり高度なことはできませんが，それでも十分に利用できます．

シミュレーションから得られる巻き線の自己インダクタンスや相互インダクタンスは，そのまま回路シミュレータの等価回路モデルに置き換えることができるので，回路シミュレーションが可能となります．

ここでは，第12章で紹介したフライバック・コンバータを使ってシミュレーションしてみます．

● フライバック電源回路のシミュレーション

第12章の「フライバック電源用トランスの場合」で計算した結果を使って，LTspiceでフライバック・コンバータを回路シミュレーションします．そして実際の動作波形と比べてみます．

▶SPICEのネット・リストを作成

図1(a)のように，電磁界シミュレータからは4巻き線で各1ターンのインダクタンス・マトリクスが出力されるので，巻き数と解析分割数を考慮して実際に使用するトランスのインダクタンス値になるように修正します．

その換算後の結果が図1(b)となります．これを基に，図1(c)のようにSPICEのネット・リストを作成します．巻き線が2～3個であればネット・リストへの変換は手入力でも間違うことはないと思いますが，巻き線数が増えると変数が増えて大変になってきます．よって，簡単な変換ツールを作成したほうが間違いが防げます．

また，静磁場解析で得られるのはインダクタンスのみですが，回路シミュレータに入れる場合にはR_{DC}相

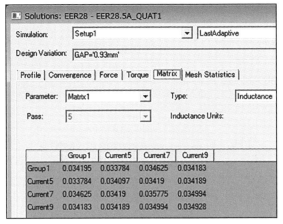

(a) シミュレータ計算結果

分割数補正と実巻き数で
換算して作表する

	N_P	N_{S1}	N_{S2}	N_D
N_P	218.85	86.49	88.64	54.69
N_{S1}	86.49	34.92	35.01	21.88
N_{S2}	88.64	35.01	36.63	22.40
N_D	54.69	21.88	22.40	13.97

解析後のデータから分割数や巻き数を考慮して変換する．
直接SPICEモデルを出力することもできる

(b) Maxwellインダクタンス・マトリクス

```
*Maxwell
.param L1=218.848u L2=34.915u
+ L3=36.634u L4=13,971u
Ka21   L2   L1   0.98940
Ka31   L3   L1   0.98296
Ka32   L3   L2   0.97892
Ka41   L4   L1   0.98909
Ka42   L4   L2   0.99070
Ka43   L4   L3   0.98997
```

モデルのフォーマットに合わせて作成．
Lを変数にしておく．R_{DC}も別途指定する

(c) SPICEモデル

図1 シミュレーション結果をSPICEモデルに変換
磁気シミュレーションで得られたインダクタンス・マトリクス・データをSPICEで使えるようにする

Appendix 2 トランスのモデルと回路シミュレーションの連係

当ぶんの抵抗を直列に入れます．
▶回路モデルの入力
　スイッチング電源の周辺回路とともにLTspice上に回路モデルを入力します．

　図2は，以上の手順で作成したフライバック電源回路のLTspiceモデルです．この回路モデルは，もともとトランスの実測データをモデリングして解析に使っていたものですが，トランス・モデルを磁場解析モデ

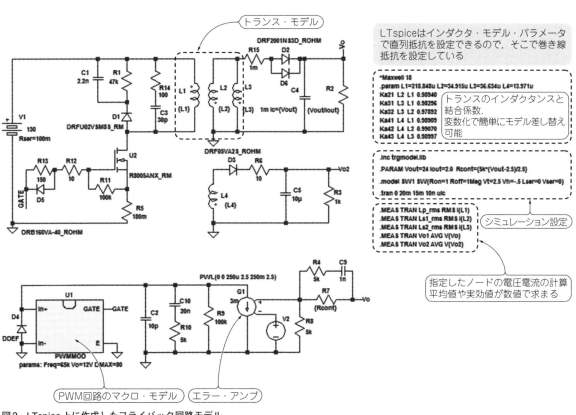

図2　LTspice上に作成したフライバック回路モデル
ICの中身そのままモデル化するのではなく，簡易的な電圧モード制御のシミュレーション・モデルとしている．トランスの電圧電流波形を計算するのが目的であれば，これで十分である

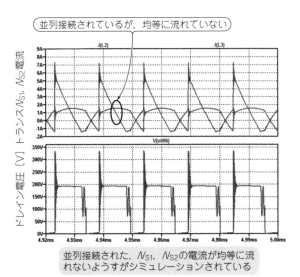

並列接続された，N_{S1}，N_{S2}の電流が均等に流れないようすがシミュレーションされている

（a）LTspiceによるシミュレーション波形

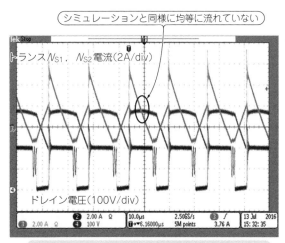

並列接続された，N_{S1}，N_{S2}の電流が均等に流れていない．シミュレーションと波形もほぼ同じ

（b）実測波形

図3　解析したトランス・モデルでフライバック回路をシミュレーション
MOSFETのドレイン電圧と，トランスの2次側の巻き線電流を解析および測定して比較した

101

第2部　パワー・トランス&コイル…しくみと特性

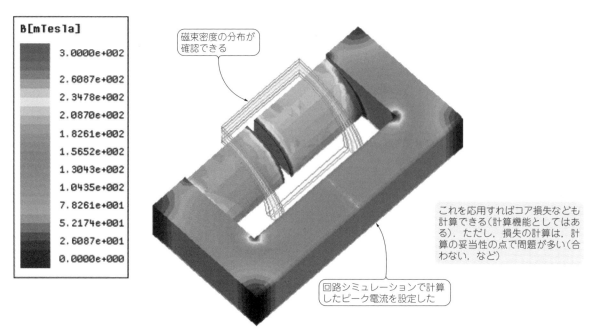

図4　ピーク電流での磁束密度の表示例
回路シミュレーションで得られた，各巻き線の電流値を再び磁場解析モデルに設定することで，動作時に近い状態での磁気シミュレーションが可能となる

ルに差し換えました．

　モデル作成上の工夫としては，トランスのパラメータを変数にしてあるので，デスクトップ上のトランス・モデルのテキストをコピー&ペーストで張り直すだけで，トランス・モデルが丸ごと変更できるようにしてあります．

▶シミュレーション結果と実測波形

　図3にシミュレーション結果と実測波形を示します．観測波形は2次側の2つの巻き線の電流と，1次側のドレイン電圧です．

　得られた結果と実測値を比較すると，比較的よく合致しています．

　新規開発しようとしているトランスでの場合を考えると，トランスがまだ試作する前の段階でも磁場解析結果があれば，回路シミュレーションでの検証が可能となります．その段階では実働するものが何もなくても，シミュレーションを使って最適化検証が可能となると思います．

　図4はシミュレーションで得られた電流波形を，再び電磁界シミュレータに設定して磁束密度を計算したものです．

　このように電磁界シミュレーションと回路シミュレーションを往復することで，最適化検討やさまざまな情報を得ることもできます．

◆参考文献◆
(1) Board No:BM1P061FJEVK-001　データシート，ローム．
http://www.rohm.co.jp/documents/11401/2226902/BM1P061FJEVK-001+EVK003.pdf
(2) LLC共振電源用トランス　ピン端子タイプSRX/SRVシリーズ　カタログ，TDK．
https://product.tdk.com/info/ja/catalog/datasheets/trans_ac_dc-converter_srx_srv_ja.pdf

第14章 電線を使わずに電気エネルギーを伝える不思議な部品

トランスを磁気の目で見てみよう

富澤 裕介 Yusuke Tomizawa

トランスは，磁気を利用した電気部品の1つです．トランスの役割は，交流電圧の大きさを変えること，いわゆる変圧です．発電所でつくられる電気は数千〜数万Vの高い電圧であるため，私たちが家庭で使うコンセントに到達する間にいくつものトランスを通って100Vになるように変圧しています．

トランスは，約200年前の18世紀にヨーロッパで発明されましたが，ほとんどその形を変えずに現在でも使われています．

本章では，この200年変わることのないトランスのふるまいを，磁気の目で見てみます．

トランスを使うと何ができる？

● 電気的につながっていない2つの回路間で信号や電力の伝達ができる

通常の電気回路は，入力端子と出力端子が電線でつながっています．もし何らかの原因で入力電圧が回路の許容値を上回るほど上昇したり，回路の部品が故障して電流を抑制できない状況に陥ったりすると，ダムが崩壊して水が流れ込むように，大きな電流が流れ込んで弱い部品が破壊されてしまいます．

このような事態を防ぐために，「電気的には切り離されているけれども，信号や電力の受け渡しが可能」といった都合の良い部品が必要になります．それがトランスです．

トランスは，回路を電気的には切断し，磁気的に結合させることによって，電気絶縁した状態で電力や信号を伝えることができます．

● 交流電圧を変更できる

電源回路を設計していると，交流の入力電圧20Vを100Vに昇圧したり，100Vを20Vに降圧したりしなければならないことがあります．トランスを使うと，交流電圧を変更することができます．

図1にトランスの基本構造を示します．トランスは，コアと呼ばれる骨組み部分に，電線を2組以上巻き付けて構成されています．

電気は通れないけれども磁気はよく通る材料でできた芯（コア）に，電気がよく通る電線を巻きつけた構造です．コアは，磁束が通るための専用通路みたいなものです．巻き線の起磁力によって磁束が発生しやすい材料を磁性材料といい，トランスのコアには磁性材料が使われます．

信号を送る側（1次側）を1次コイル，信号を受ける側（2次側）を2次コイルと呼びます．

コイルの巻き数を1次側 N_1 ［ターン］，2次側 N_2 ［ターン］として，1次コイルに最大値 v_1 ［V］の正弦波を与えるとき，2次側に発生する電圧 v_2 ［V］は巻き数比に比例します．つまり，次式が成り立ちます．

$$v_1 : v_2 = N_1 : N_2 \cdots\cdots\cdots\cdots\cdots\cdots\cdots\cdots\cdots\cdots (1)$$

$$\therefore v_2 = \frac{N_2 v_1}{N_1} \cdots\cdots\cdots\cdots\cdots\cdots\cdots\cdots\cdots\cdots (2)$$

コアに巻きつける電線の回数 N_1 と N_2 を調整すれば，2次側に所望の電圧を発生させることができます．

トランスは磁気で電力を伝える

● 電力はコアを伝わる

入力と出力が電線で直接つながっていないにもかかわらず，電気信号や電力を伝えることのできる都合のよい機能をもつトランスは，どのような原理で動作するのでしょうか．図2に示すトランスのモデルを使っ

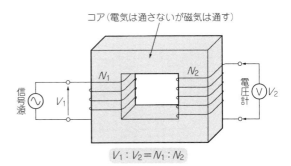

図1 1次電圧と2次電圧の比はコイルの巻き数比で決まる

第2部 パワー・トランス&コイル…しくみと特性

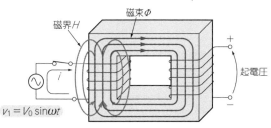

図2 1次側の交流電流は磁界を変化させ,磁界の変化は磁束密度を変化させる
2次側には,磁束密度の変化を打ち消すような電流を流す電圧が発生する

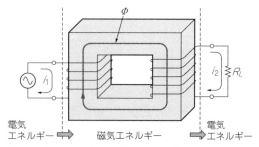

図3 トランスの1次-2次間のエネルギーの伝達

て動作を確認してみます.

1次コイルに交流電流が流れると,電流の大きさに比例した磁界が発生します.磁界中に配置されたコアの中には,図2のように磁束が発生します.1次側の交流電流が変化すると,磁界も変化し,コア中の磁束の量も追従して変化します.このとき磁性体であるコアの中の磁束量の変化は,周りの空間よりも大きく変化します.

コア内に発生した磁束は,コアを共有しているため2次コイルにも鎖交し,2次コイルの両端に電圧を発生させます.この電圧は,磁束の時間的な変化量に比例します.このとき2次側に回路(負荷)をつなげば電流が流れます.つまり,1次側の電流が2次側に伝わったことを意味しています.

● トランスが伝達できるのは交流だけ
▶ 電気→磁気の変換は電磁石の原理と同じ

トランスは電気エネルギー→磁気エネルギー→電気エネルギーという2回の変換を行って,信号や電力を伝達します(図3).

電気から磁気へは,電磁石とまったく同じ原理で変換されます.図4に示すように,釘にエナメル線を巻いて電流を流すと,釘が磁石に変わる実験を小学校でしたと思います.トランスのコアに巻いたコイルに電流を流すと,釘が磁石になるのと同じ原理でコアが電磁石に変わります.

▶ 磁気→電気の変換は発電機の原理

磁気から電気への変換方法を理解するために,もう1つ懐かしい理科の実験を思い出してみましょう.

図5のように,コイルに磁石を近づけたり遠ざけたりすると,コイルに電流が流れます.磁石のN極を近づけるとコイルの鎖交磁束が増加して,起電圧が発生

します.このとき,磁石を近づけるスピードが速ければ速いほど,また,磁石の磁力が強く,磁石の磁束の本数が多いほど,さらに巻き数が多ければ多いほど,鎖交磁束が多くなり,発生する電圧が大きくなります.

コイルに発生する起電圧 V_{LR} [V] は,

$$V_{LR} = n\frac{d\Phi}{dt} \cdots\cdots\cdots\cdots\cdots\cdots (3)$$

と表されます.n はコイルの巻き数[ターン],Φ は磁束数[本]で,$d\Phi/dt$ は,1秒間に変化した磁束 Φ の本数を表します.

トランスの1次コイルと2次コイルは固定されているため,近づけたり遠ざけたりできませんが,1次側に時間とともに変化する交流電流を流すと,コアの中に発生する磁束の方向が変化して,磁石を近づけたり遠ざけたりするのと同様の効果が得られます(図6).この実験からもわかるように,トランスで伝達できる信号は,時間的に変化する電圧,すなわち交流電圧に限られます.

変圧の原理

● 1次側と2次側は磁束を共有しているので巻き数比で電圧比が決まる

1次コイルに交流電圧を与えると,コイルに交流電流が流れます.電流が流れると,電流の大きさに応じた磁界が発生します.電流が増えると,磁化されたコア中の磁束数は増加します.

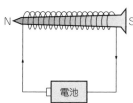

図4 釘にコイルを巻いて電流を流すと釘は磁石になる(電気から磁気への変換)

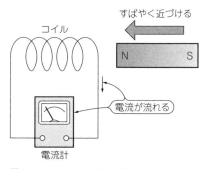

図5 コイル周辺の磁界を乱すと電流が流れる
(磁気から電気への変換)

第14章 トランスを磁気の目で見てみよう

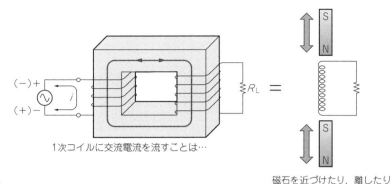

図6 交流信号が1次側から2次側に伝わるしくみ

1次コイルに交流電流を流すことは…

磁石を近づけたり，離したりしているのと同じ

コアの磁束密度が高まると，磁束密度の急激な変化を妨げようとする自然現象によって，1次コイルの両端に逆起電圧 V_{LR} [V] が発生します．

この電圧は，磁石をコイルに近づける実験と同様の現象なので，式(3)で表される電圧が，図7のように発生します．

マイナス記号は，電流の増加を妨げる方向に電圧が発生することを表しています．この電圧は，電源電圧より低い期間は電流が増え続けるため，コア中の磁束も増加し続けます．磁束の変化による誘起電圧は電源電圧と釣り合うように発生します．

そのため，入力電圧 v_1 [V] とコアに発生する逆起電力 V_{LR} [V] は等しく，

$$v_1 = V_{LR} = N_1 \frac{d\Phi}{dt} \quad \cdots\cdots (4)$$

となっています．このようにコイルに電圧を与えると，その瞬間に与えた電圧と等しい逆起電圧が発生するのです．これは「力 F [N] で壁を押すと，その瞬間に壁からも $-F$ [N] で押し返される」といった，作用と反作用の関係にほかなりません．

コアの中の磁束 Φ は，1次コイルと2次コイルに共通なので，2次コイルには，

$$v_2 = N_2 \frac{d\Phi}{dt} \quad \cdots\cdots (5)$$

なる電圧 v_2 [V] が発生します．式(4)と式(5)から，

$$v_1 : v_2 = N_1 \frac{d\Phi}{dt} : N_2 \frac{d\Phi}{dt}$$

$$v_2 = v_1 \frac{N_2}{N_1} \quad \cdots\cdots (6)$$

となります．この式から，1次と2次の電圧比は，巻き数比で決まることが確認できます．

● トランスは電力を増幅はしない．変換するだけ
▶電圧を上げると電流が減るのは当然

トランスは，1次と2次の巻き数比を調整することで，入力電圧を昇圧して出力できることを確認しました．このとき，1次電流と2次電流の比は，巻き数に反比例して減少します．式で表すと，

$$I_1 : I_2 = N_2 : N_1 \quad \cdots\cdots (7)$$

となります．

理由は簡単です．トランスは，電気→磁気→電気とエネルギーの形を変換して伝えるだけなので，電力が途中で変化するわけではありません．電力が電流×電圧である以上，電圧が増えれば，そのぶん電流が減るのは当然です．

トランスを使った回路のいろいろ

■ トランスは電源として機能する

電源は，電気エネルギーを供給する装置です．電気エネルギーは，熱エネルギーや運動エネルギーなど，他の形態に変化させることができます．例えばモータを使うと，電気エネルギーがモータの回転という運動

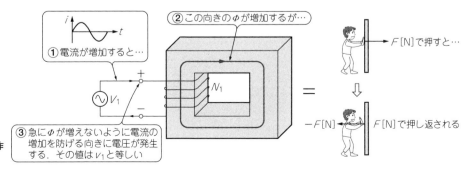

図7 逆起電圧は作用反作用の原理で発生する

①電流が増加すると…
②この向きの Φ が増加するが…
③急に Φ が増えないように電流の増加を妨げる向きに電圧が発生する．その値は v_1 と等しい

F [N] で押すと…
$-F$ [N] F [N] で押し返される

第2部 パワー・トランス&コイル…しくみと特性

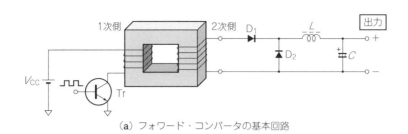

(a) フォワード・コンバータの基本回路

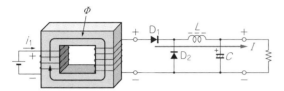

1次インダクタンスによって i は少しずつ増加し，ϕ も増加する．2次側にはϕの増加を防ぐように，電圧が発生する

(b) ONのとき

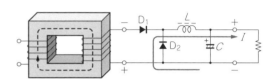

1次側からの供給がなくなって，ϕが減少し始めるとϕの減少を防ぐように電圧が発生する

(c) OFFのとき

図8 トランスのフォワード・コンバータへの応用
トランスはエネルギーを蓄えずそのまま2次側に運ぶ

エネルギーに変化します．電気エネルギーが行うことができる仕事，すなわち電力は次式で表されます．

電力＝電圧×電流

乾電池に豆電球をつなぐと，電流が流れて点灯します．このとき，流れている電流と与えている電圧の積に相当するエネルギーが，熱や光となって豆電球で消費されます．したがって電池は電源と呼べます．

充電されたコンデンサも両端を短絡（ショート）させると電流が流れます．同時に蓄えている電荷が減って電圧も下がりますが，その間は電力を供給できるので，電源と考えることができます．

トランスもコアの中に磁気エネルギーを蓄えることができるので，電源と考えることができます．ここで，電源回路のなかでトランスを利用した代表的な例を2つ紹介します．

■ フォワード型スイッチング電源への応用

● トランスは電力を蓄えることなく2次側に運ぶ

図8にフォワード型コンバータの回路を示します．

1次側のトランジスタ・スイッチがONのときに1次電流が流れ，コア中に磁界が発生して磁束が増加します．磁束の増加は2次コイルに伝わり，2次コイルに磁束の増加を妨げる電流が流れるような逆起電圧が発生します．2次側にはトランスの先に整流用のダイオードとチョーク・コイル，コンデンサが接続されます．スイッチがONのときには，ダイオードD_1が導通し，コンデンサや負荷に電流を供給すると同時に，チョーク・コイルにはエネルギーが蓄えられます．

OFF時には，1次側の励磁電流が流れないため，磁界も発生しません．その結果，トランスの2次側巻き線にも磁束は鎖交せず，2次側に電圧は発生しないためトランスの1次側からの電力の供給はありません．

ただし，トランジスタがONの期間にチョーク・コイルに蓄えられた磁気エネルギーがチョーク・コイルから逃げ出そうとすることで電流源となります．経路はダイオードD_2が導通し，グラウンド-チョーク・コイル-負荷-グラウンドといった閉回路を形成し電流が流れます．

1次側と2次側は電線でつながれていませんが，トランスの1次側から2次側には，絶縁しながらもエネルギーの伝達が行われます．トランスは，純粋にエネルギーの伝達を行います．

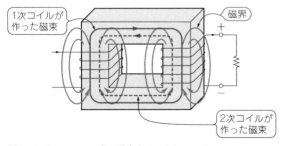

図9 トランスはコア中の磁束をモニタしている
1次側は2次側の情報をリアルタイムで捉えている

106 トランジスタ技術SPECIAL No.168

第14章 トランスを磁気の目で見てみよう

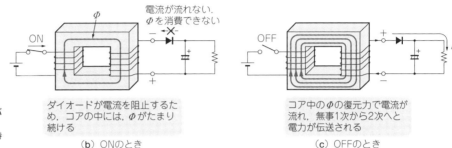

図10 トランスのフライバック・コンバータへの応用
トランスはエネルギーの一時的な保管場所になる

(a) フライバック・コンバータのトランス周辺回路
(b) ONのとき
ダイオードが電流を阻止するため，コアの中には，φがたまり続ける
(c) OFFのとき
コア中のφの復元力で電流が流れ，無事1次から2次へと電力が伝送される

● 2次側情報は磁気を介して1次側に伝わる

2次コイルから，負荷に流れる電流は，図9のような磁界を発生しコアの中に磁束を発生させます．

負荷に流れる電流が作る磁界の方向は，励磁電流が作る磁界と逆方向なので，コア中の磁束を減らそうとします．

負荷に電流が流れてコア中の磁束が減少しそうになると，1次側はその磁束密度の変化をすぐに検知して，さらに1次電流を増加し，負荷に流れる電流による磁束の減少を妨げます．この磁束の減少を補う電流は負荷電流とも呼ばれます．1次側にとっても，磁束が減るという変化に対し反作用が働き，2次側の状況に応じて電流が流れるのです．トランスの1次側はコアを介して，2次側の情報をつねにモニタしているのです．

■ フライバック型スイッチング電源への応用

● トランスはいったん電力を蓄えて2次側に出力する

図10は，フライバック・コンバータと呼ばれるスイッチング電源の基本回路です．特徴は，2次巻き線の極性がフォワード型と逆なところです．

フライバック型は，トランジスタ・スイッチがONのとき，1次コイルに電流が流れてコアの中に磁束を発生します．このとき2次コイルには逆起電圧が発生し，電流がコイルに流れようとしますが，ダイオードがブロックするため，エネルギーは2次側からトランスの外に出ることができず，トランス内部に蓄えられます．その結果，コア中の磁束が消費されずに，ぎゅうぎゅう詰めになってしまいます．

その後，トランジスタ・スイッチがOFFすると，そ

れまで増加する一方だったコア中の磁束が，元に戻ろうとして磁束密度が減少し始めます．すると，磁束密度の減少に対して，図10(c)のように逆起電圧が発生し，ダイオードD_1が順方向バイアスされて導通します．そして，磁束が密集した形でコアに蓄えられている磁気エネルギーを使って，コンデンサや負荷に電流を供給します．フライバック型は，トランスの2次巻き線がチョーク・コイルの機能も兼ねていると言えます．

こうして，1次側から2次側に電力が転送されます．このとき，トランスは電力の一時保管場所として使われます．このときのトランスは，コンデンサと同様，エネルギーを蓄える一種の電源になっています．コンデンサが電束という形で誘電体内にエネルギーを蓄えるように，トランスも磁性体内に磁束という形でエネルギーを蓄えるのです．

コアにエネルギーが蓄えられるようす

● コアのふるまいはばねでイメージできる

磁気エネルギーはコアの中に蓄えられます．

図11のように，ばねは縮んだとき弾性エネルギーを蓄えます．ばねがエネルギーを蓄えている状態とは，ばねが元の長さに戻ろうとする復元力をもっているということです．縮んだばねが復元しようとする力F[N]は，縮んだ長さx[m]とばね定数kを使って，

$$F = kx \cdots\cdots\cdots (8)$$

と表せます．このときばねが蓄えた弾性エネルギーU[J]は，

$$U = \frac{1}{2}kx^2 \cdots\cdots\cdots (9)$$

第2部　パワー・トランス&コイル…しくみと特性

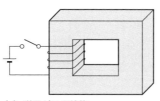
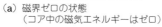
(a) 磁界ゼロの状態
（コア中の磁気エネルギーはゼロ）

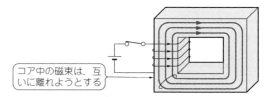
(b) 磁界Hが加えられた状態
（コアは$\frac{1}{2}\mu H^2$のエネルギーを蓄える）

図12　コア中に密集して蓄えられた磁束は磁気エネルギーを蓄えている

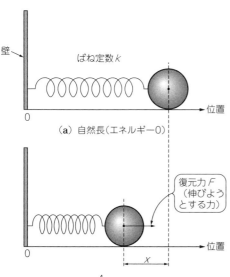

(a) 自然長（エネルギー0）

(b) xが縮まれば$\frac{1}{2}kx^2$のエネルギーを蓄える

図11　縮んだばねは弾性エネルギーを蓄えている

(a) ふっくらしたわら
（エネルギー・ゼロの状態）

(b) ぎゅうぎゅうに縛られたわら
（エネルギーを蓄えた状態）

図13　磁束の密集が復元力をもつたとえ
縛られたわらは元のふっくらとした状態に戻ろうとする

と表せます．同じように，**図12**のようにコアの中に磁束をぎゅうっと閉じ込めると，高くなった磁束密度を元に戻そうとする復元力が働きます．すなわち，コアにエネルギーが蓄えられている状態です．

ばねにエネルギーを蓄えるためには，手でばねを縮める必要があります．コアに磁気エネルギーを蓄えるには，コイルに電流を流せばよいのです．

電流は磁界を発生させ，磁化されたコアの中に磁束が発生します．磁界の強さH［A/n］と磁束密度B［本/m²］の間には，ばねのときと同様に，

$$B = \mu H \cdots\cdots\cdots\cdots\cdots\cdots\cdots\cdots\cdots (10)$$

が成り立ちます．コアに蓄えられるエネルギーU［J］は，

$$U = \frac{1}{2}\mu H^2 \cdots\cdots\cdots\cdots\cdots\cdots\cdots\cdots (11)$$

が成り立ちます．ばねとコイルに蓄えられたエネルギーが，同様の形式で表現できます．

● 磁束を蓄えたコアはひもで縛った稲わらと同じ

密集した磁力線が復元力をもつ原理は，**図13**のように，稲わらがひもで縛られた状況をイメージすると理解しやすいかもしれません．稲わらが磁力線で，縛るひもが電流に相当します．

ぎゅうぎゅうに縛られた稲わらは，元のふっくらした状態に戻ろうとします．磁力線も同様に考えることができます．なぜなら，磁力線の特徴の1つに，決してほかの磁力線と交わらないという特徴がありますが，これは隣り合う磁力線どうしが近づくと反発力が働くことを意味しています．

稲わらの本数，つまりコアに収まるべき磁力線の本数を決定するのが，コイルに流れる励磁電流とコアの比透磁率です．

● 磁束が入りきらなくなるとコアは存在しないのと同じ状態になる

比透磁率μ_rが大きいと，同じ磁界に対するコア中の磁力線の本数が多くなるので，コアに蓄えられるエネルギーは大きくなります．

電流を増加させると発生する磁界が強まり，コア中の磁束密度は，磁界Hのμ_r倍（比透磁率倍）で増加します．さらに電流を増やすと，コア中が磁力線でいっぱいになり，これ以上磁界を増やしても，磁束密度がこれまでの勢いでは増加しなくなります．

磁束密度が高くなり，ある限界値を超えると，コアの比透磁率は空気と同じくほぼ1となります．こうなると，どんなに磁界を強めても，磁束密度は空気の透磁率倍（$4\pi \times 10^{-7}$倍）しか増加しなくなります．この状態をコアが飽和したといいます．

第14章 トランスを磁気の目で見てみよう

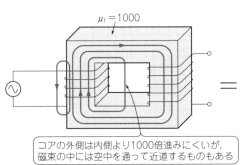

図14 磁束はコアの外部に進路を取ることがある

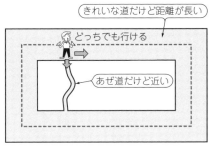

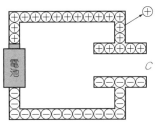

図15 導線中の電荷は外に飛び出さないのか？

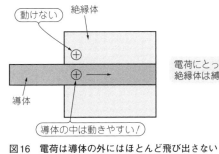

図16 電荷は導体の外にはほとんど飛び出さない

磁束はコアから外に漏れる

トランスが1次側から2次側に信号や電力を伝えることが可能なのは，磁束を1次側と2次側で共有しているからです．

そこで重要になるのが，トランスの結合係数です．磁束を1次側と2次側で100％共有できれば結合係数1となり，伝送ロスはゼロです．

図14のように1次コイルと2次コイルが配置されているとします．そして，発生した磁束がすべて2次コイルと鎖交すれば，結合係数は1です．実際は1次側の巻き線のみに鎖交して2次側には回らない磁束もあるため，結合係数は1以下になります．

コアは，1次側と2次側の巻き線をつなぐレールのようなもので，磁束が通過するための通路ですが，この線路を通らずに1次巻き線のみに鎖交する磁束も発生します．これは，1次側の電流によって作られる磁束が，コアを1周して戻ってくる線路の引かれたルートよりも，線路を外れた近道を選ぶからです．

● 電線中の電流が空中に飛び出すのは困難

図15の電気回路を考えてみます．

信号源から発せられた電気信号は，コンデンサの両端電圧として検出できます．この現象をもう少し細かく見ると，信号源から出た電荷が，導体の中に広がり，コンデンサの両端電圧を信号源電圧と等しくしています．

このとき，電荷が導線（電線）の中を移動して信号源とコンデンサの電圧が等しくなるように働くわけですが，導線から外に飛び出してしまうことはないのでしょうか．

電気の通りやすさは，電気抵抗の大小で決まります．電気抵抗は，電線の導電率に反比例し，電線の長さに比例します．

図16のように，周りを絶縁体で覆われた導体を考えてみましょう．銅の導電率は，教科書などで調べると 5.8×10^8 S/m とあります．絶縁体は 10^{-12} S/m です．つまり，電荷にとって電線の中は周囲を囲む絶縁体に比べて，10^{20} 倍以上も動きやすいことになります．したがって，相当長い電線でない限り，電線の中を通過する電荷が外に飛び出して近道を通ることは困難です．

● 磁性体中の磁束が空中に飛び出すのはそれほど困難ではない

コアの中の磁力線はどうでしょうか．

空気の比透磁率は約1です．これに対して，一般的なフェライト材料を用いたコアの比透磁率はたかだか1000程度です．磁束の通過しやすさを決定する磁気抵抗は，磁路長と透磁率で決まります．

例えば，磁束は比透磁率1000のコア内と比透磁率1の空気では，同じ距離を通過するのであれば約1000倍空気のほうが通過が困難ですが，距離が1/1000であれば，通過に必要なエネルギーは同じなので，少しでも楽なほうを通ります．

109

第15章 磁気のふるまいを電気に置き換えて理解しよう

磁気回路による インダクタンスの計算

富澤 裕介 Yusuke Tomizawa

電気の世界に電気回路があるのと同じように，磁気の世界にも磁気回路という表現方法があります．これは磁束を電流に見立てて考える手法なので，電気回路に慣れた方にとってはわかりやすい考えかたです．

本章では，磁気回路の考えかたとその応用のしかたを解説します．磁気回路計算に使われる，磁気抵抗の概念とその意味についても紹介します．

オームの法則の磁気回路版

● 磁気回路と電気回路の対応

はじめに，電気回路におけるオームの法則を復習します．図1に示すのは，電源と抵抗の単純な回路です．抵抗Rの両端に電圧V_R[V]を与えると，回路には電流I_R[A]が流れます．

そのとき，電圧，抵抗，電流の間には，
$$V_R = RI_R \quad \cdots\cdots\cdots\cdots\cdots\cdots\cdots (1)$$
という関係が成り立ちます．この関係をオームの法則と呼び，回路を流れる電流の値を接点の電圧から計算できます．

それでは，磁気回路における電圧，電流，抵抗に相当するものはいったい何でしょうか．

それは，起磁力，磁束，そして磁気抵抗です．つまり，起電力Eは，起磁力MMF(Magneto Motive Force，以下F)に，電流I[A]は磁束Φ[本]に，そして電気抵抗R[Ω]は磁気抵抗R_mに対応します．

図2にこれらの関係を示します．起磁力は，コイルに流す電流とコイルの巻き数の積，磁束はコアの中に発生する磁束，磁気抵抗は磁束の発生しやすさを表しています．

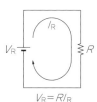

図1 電気回路におけるオームの法則

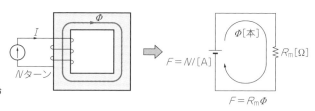

図2 磁気回路におけるオームの法則

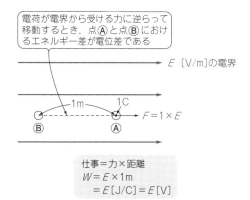

図3 電位差は，電界中の2点間を移動した電荷がもつエネルギーの差である

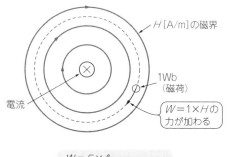

図4 磁界から受ける力に逆らって周回積分する仕事は電流に等しい

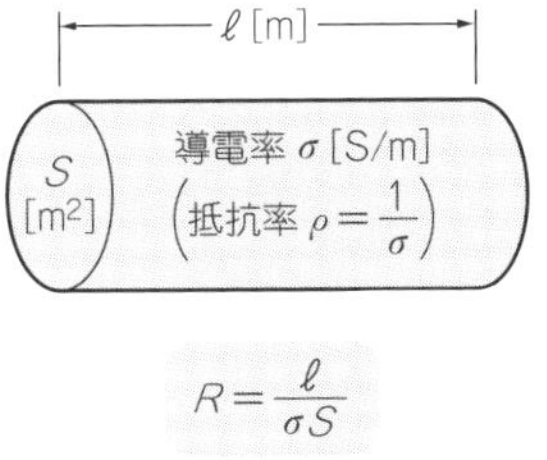

第15章 磁気回路によるインダクタンスの計算

図5 電気抵抗は抵抗体の導電率，断面積，長さで決まる

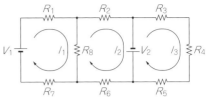

図6 磁気抵抗は磁性体の透磁率，断面積，長さで決まる

図8 どんなに複雑な電気回路でも，ループごとに方程式を立てていけば解ける

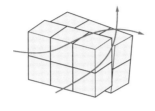

(a) 透磁率が高く磁束の通りやすい材料

(b) 透磁率が低く磁束の通りにくい材料

図7 導電率や透磁率は材料の状態で決まる

● 起電力と起磁力…どちらもエネルギーを表す

なぜ，このように電気回路と磁気回路の置き換えが可能なのでしょうか．ここで，電気回路や磁気回路に使う記号の単位について考えてみます．

起電力の単位[V]は，単位電荷当たりのエネルギー，つまり[J/C]を表します．図3に示すように，電位差E[V]とは，E[V/m]の電界中で，電界から受ける力に逆らって，電荷1Cを1mの距離を動かすのに要した仕事[J]です．同様に起磁力は，磁荷を1Wbとして電界と同様に考えると，図4のように，電流の単位は[A] = [J/Wb]となります．

起電力も起磁力も，作用対象が電荷か磁荷かの違いはありますが，エネルギー源であるという意味では同じです．

起電力を消費することにより，電荷の移動すなわち電流が発生するのと同様に，起磁力を消費することで磁力線が生成されて磁束が生じると考えることができます．

● 磁気抵抗は磁束の発生しやすさを表す量

次に，電気抵抗と磁気抵抗の式を比較します．電気抵抗の定義は次のとおりです．

$$R = \frac{\ell}{\sigma S} \quad \cdots\cdots\cdots\cdots\cdots\cdots\cdots\cdots (2)$$

ℓ：抵抗体の長さ，S：断面積，σ：導電率

導電率σ（シグマ）は電流の流れやすさを示す値です（図5）．例えば，銅などの金属の導電率は$\sigma = 10^6$以上と大きな値です．一方，ガラスのような絶縁体の導電率は$\sigma = 10^{-6}$と小さな値です．

ちなみにトランジスタなどの電子部品に使われる半導体材料は，導電率が金属と絶縁物の中間であるため，半導体と呼ばれています．

電流の流れやすさを表す導電率に対して，電流の流れにくさを表す抵抗率もよく使われます．抵抗率は通常ギリシャ文字ρ（ロー）で表され，導電率σの逆数に相当します．したがって，抵抗率ρを用いて，$R = \rho\ell/S$とした式も同じ意味です．

それでは，磁気抵抗R_mの定義はどのようになっているのでしょうか．

こちらも図6のように，磁性体の長さℓ，断面積S，透磁率μを使って，

$$R_m = \frac{\ell}{\mu S} \quad \cdots\cdots\cdots\cdots\cdots\cdots\cdots\cdots (3)$$

と，電気抵抗とまったく同じ表現ができます．

抵抗体における導電率σは，電流の正体である電荷の通過しやすさを表す値で，材料によって異なります．

これに対し，磁性体の透磁率μが，磁束の生じやすさを表す値で，やはり材料によって異なります．図7にそのイメージを示します．

抵抗値が得られれば，起電力を与えられた電気回路に流れる電流は，オームの法則を使って計算できます．

回路が図8のように複雑な場合でも，各ノードに流れ込む電流をキルヒホッフの電流測に従って接点ごとにオームの法則を適用し，連立方程式を解くことで計算することができます．

同じように，磁気抵抗の値が得られれば，図9のような複雑な磁路構成の磁気回路に生じる磁束も計算が可能になります．

● 磁気抵抗の逆数は1ターン当たりのインダクタンスを表す

磁気抵抗と電気回路の関係について考えてみます．

図10のような形状のコアに電線を巻いたときのインダクタンスLは，磁界を発生させるために流した電流Iと磁路に生じたコイルとの鎖交磁束Φの比，すなわち，$L = \Phi/I$[本/A]と表せます．

コイルの巻き数がNターンのときは，起磁力である電流がN倍のNI[A]となるため，

111

第2部 パワー・トランス&コイル…しくみと特性

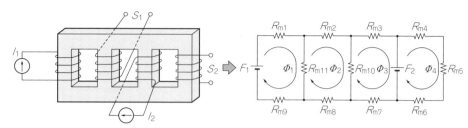

図9 どんなに複雑な磁気回路でも，ループごとに方程式を立てていけば解ける

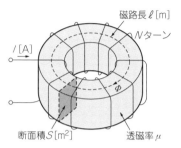

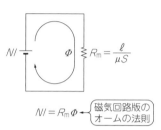

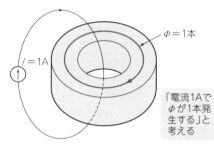

図10 トロイダル・コアに電線を巻いたコイルのインダクタンスを考える

図11 図10のトロイダル・コイルの等価回路

図12 電流を1A流すと，1ターンあたり1本の磁束が発生すると仮定する

$$L = \frac{\Phi}{NI} \quad \cdots \cdots (4)$$

となります．

ここで，図10のコア内に生じる磁束の本数を，磁気回路を使って考えてみます．

磁束の発生源となる起磁力はNIです．

磁気抵抗はコアの断面積をS，有効磁路長をℓ，透磁率をμとすれば，$R_m = \ell /(\mu S)$と表現できます．

図10に示すコイルの等価回路は図11のようになります．したがってコアに発生する磁束をΦとすれば，

$$NI = R_m \Phi \quad \cdots \cdots (5)$$

となります．式(1)の起磁力NIと式(2)の起磁力NIは当然同じものなので，式(5)を式(4)に代入すると，

$$L = \frac{\Phi}{NI} = \frac{\Phi}{R_m \Phi} = \frac{1}{R_m} \quad \cdots \cdots (6)$$

となります．

このように，磁気抵抗の逆数はコアの形状と透磁率で決まる1ターン当たりのインダクタンスを意味します．これをパーミアンスといいます．

磁気抵抗を使ったインダクタンスの計算

● インダクタンスは(パーミアンス)×(巻き数の2乗)

Nターン巻かれている実際のコイルのインダクタンスは，どのように計算すればよいのでしょうか．

先に答えを言ってしまえば，パーミアンスをpとするとインダクタンスLは，

$$L = pN^2 \quad \cdots \cdots (7)$$

となります．ここで「1ターンでpなのだから，NターンでpNではないのか」と思うかもしれません．

Nターン巻かれたコイルのインダクタンスがなぜN倍ではなく，Nの2乗倍になるのか，簡単なモデルを使って考えてみます．

図12のようなトロイダル・コアに巻き線をします．ここでは，コアの透磁率はまわりの空気に比べて理想的に高いことにして，巻き線に流す電流によって発生する磁束は，すべてコアの中のみに生じると仮定します．発生する磁束の本数は，電流を1A流すと，ちょうど1本の磁束が生じることにします．

▶巻き数が1ターンの場合

図13に示すように，巻き数が1ターンの場合のインダクタンスを考えます．繰り返しになりますが，インダクタンスはコイルに鎖交した磁束の本数を流した電流で割った値です．

図12で定義したようにコアの穴を通過する電流1Aで，コアの磁路内には磁束が1本発生します．

$$L = \Phi/I \quad \cdots \cdots (8)$$

から，

$$L = \frac{1}{1} = 1\text{H}$$

となります．つまり，パーミアンスpは1になります．

▶巻き数が2ターンのコイルのインダクタンスは$p \times 2^2$

図14のように巻き数を2ターンにします．すると，コアの穴を通過する1ターン目のコイルに流れる電流1Aが，コアの磁路内に磁束を1本生じさせます．ところが，1ターン目のコイルは，2ターン目のコイルとつながっているため，同時に2ターン目のコイルに流れる電流1Aによって，コアの磁路内にはもう1本

第15章 磁気回路によるインダクタンスの計算

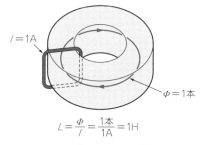

図13 1ターン巻きのトロイダル・コイルのインダクタンスは？

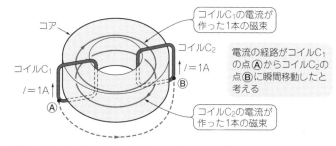

図14 2ターン巻きのトロイダル・コイルのインダクタンスは？

磁束が発生します．その結果，コアの磁路内には，合計2本の磁束が生じることになります．このときのインダクタンスはいくつになるでしょうか．

ここで注意しなければならないのは，流した電流は2Aではなく，1Aであるということです．たしかに磁束は2本発生しましたが，これはコアの穴を通過する1ターン目のコイルに流れた電流が1本目の磁束を作ったあと，その電流はそのまま2ターン目のコイルに流れ込み，もう一度コアの穴を通過して2本目の磁束を生成します．すなわち，同じ電流が磁束を2回作っているのです．

次に，コイルと鎖交する磁束の本数について考えてみます．

コアの磁路内には2本の磁束が発生しています．したがって，まず1ターン目のコイルには2本の磁束が鎖交していることがわかります．同じように，2ターン目のコイルにもおなじく2本の磁束が鎖交しています．その結果，巻き線全体としては合計で2＋2＝4本の磁束が鎖交している状態です．

したがってインダクタンスは，

$$L = \frac{\Phi}{I} = \frac{4本}{1A} = 4H$$

となります．

▶3ターンのコイルのインダクタンスは$p \times 3^2$

図15は，3ターンの場合です．3ターンそれぞれの巻き線に流れる電流が1本ずつの磁束を作るので，コアの中には合計で磁束が3本生じます．磁束は3ターンの各巻き線に鎖交するため，巻き線全体の鎖交磁束数は9本です．インダクタンスは，

$$L = \frac{\Phi}{I} = \frac{9本}{1A} = 9H$$

となります．同様に，4本，5本と増やしていくとインダクタンスは，16H，25Hと増加し，式(7)を満たしていることが確認できます．

インダクタンスの正体

コイルに電流を流すと，磁束が発生します．発生し

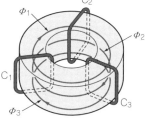

図15 3ターン巻きのトロイダル・コイルのインダクタンスは？

た磁束がコイルと鎖交すると，インダクタンスが生じます．それでは，インダクタンスが生じるとはどのような現象なのでしょうか．インダクタンスとは一体何を表す単語でしょうか．

それは交流電流に対する抵抗の大きさを表す値です．

巻き線に磁束が鎖交していない状態では，巻き線は通常の電線と変わらないので，電流を妨げる成分は抵抗のみです．これに対し，電流が流れて巻き線に磁束が鎖交すると，ファラデーの法則に従って巻き線に誘起電圧が生じます．この電圧は磁束の急激な増加を妨げようとする，いわゆる「急激な変化を嫌う自然現象」です．

したがって，電流が増えないように電流と逆方向の電圧を発生させるため，逆起電力とも呼ばれます．

自己インダクタンスと相互インダクタンス

● 自己インダクタンスは自分が発生した磁束と鎖交する本数．相互インダクタンスは他人が発生した磁束と鎖交する本数

これまでに計算したインダクタンスは，巻き線に流れる電流により生じる磁束のうち，自分自身と鎖交する磁束により生じるインダクタンスで自己インダクタンスと呼ばれるものです．

インダクタンスにはこれとは別に，相互インダクタンスと呼ばれるものも存在します．これは，自分以外の電流が作る外来磁束が，巻き線に鎖交して誘起電圧

第2部 パワー・トランス&コイル…しくみと特性

が生じることで電圧が発生し，巻き線の交流抵抗すなわちインダクタンスが増加する現象です．

● 自己インダクタンスと相互インダクタンス

▶巻き線が1カ所のとき

図13のように巻き線が1カ所しかないとき，磁束は自分自身としか鎖交しないので，相互インダクタンスはありません．このときの自己インダクタンスをL_{11}とすると，

$$L_{11} = \frac{1\text{本}}{1\text{A}} = 1\text{H}$$

となります．

▶巻き線が2カ所のとき

次に，図14のように，巻き線C_1とC_2の2カ所に別々の巻き線を用意します．C_1の電流が作る磁束は自分自身と同時にC_2にも鎖交します．C_1が作る磁束Φ_1のうち，自分自身に鎖交する磁束による自己インダクタンスをL_{11}，C_2に鎖交する磁束による相互インダクタンスをL_{12}とすると，

$$L_{11} = \frac{1\text{本}}{1\text{A}} = 1\text{H}$$
$$L_{12} = \frac{1\text{本}}{1\text{A}} = 1\text{H}$$

となります．

C_2が作る磁束Φ_2について，C_2自身に鎖交する磁束によるインダクタンス，C_1に鎖交する磁束によるインダクタンスをL_{22}とL_{21}とすると，

$$L_{22} = \frac{1\text{本}}{1\text{A}} = 1\text{H}$$
$$L_{21} = \frac{1\text{本}}{1\text{A}} = 1\text{H}$$

となります．

▶巻き線が3カ所のとき

図15のように，巻き線を3カ所にして，同様の計算をすると，

$$L_{11} = \frac{1\text{本}}{1\text{A}} = 1\text{H}, L_{12} = \frac{1\text{本}}{1\text{A}} = 1\text{H}, L_{13} = \frac{1\text{本}}{1\text{A}} = 1\text{H}$$
$$L_{21} = \frac{1\text{本}}{1\text{A}} = 1\text{H}, L_{22} = \frac{1\text{本}}{1\text{A}} = 1\text{H}, L_{23} = \frac{1\text{本}}{1\text{A}} = 1\text{H}$$
$$L_{31} = \frac{1\text{本}}{1\text{A}} = 1\text{H}, L_{32} = \frac{1\text{本}}{1\text{A}} = 1\text{H}, L_{33} = \frac{1\text{本}}{1\text{A}} = 1\text{H}$$

となります．次に巻き線が5本の場合の結果だけを示します．

$$\begin{bmatrix} L_{11} & L_{12} & L_{13} & L_{14} & L_{15} \\ L_{21} & L_{22} & L_{23} & L_{24} & L_{25} \\ L_{31} & L_{32} & L_{33} & L_{34} & L_{35} \\ L_{41} & L_{42} & L_{43} & L_{44} & L_{45} \\ L_{51} & L_{52} & L_{53} & L_{54} & L_{55} \end{bmatrix} = \begin{bmatrix} 1 & 1 & 1 & 1 & 1 \\ 1 & 1 & 1 & 1 & 1 \\ 1 & 1 & 1 & 1 & 1 \\ 1 & 1 & 1 & 1 & 1 \\ 1 & 1 & 1 & 1 & 1 \end{bmatrix}$$

これまで，L_{11}とかL_{12}のように，インダクタンスLに数字の添字を付けてきました．これは磁束を発生させているコイルの番号と，発生した磁束が何番目のコイルに鎖交したかを表しています．

例えば，L_{11}は，1番目のコイルに流れる電流によって発生した磁束が，同じく1番目のコイルに鎖交したことによるインダクタンスという意味です．

同じように，L_{12}は，1番目のコイルに流れる電流によって発生した磁束が，2番目のコイルに鎖交したことによるインダクタンスという意味です．一般的に，L_{ij}と書かれている場合，i番目のコイルに流れる電流によって発生した磁束が，j番目のコイルに鎖交したことによるインダクタンスという意味です．

行列の左上から右下のななめの部分を対角成分と呼びます．この成分はL_{11}やL_{22}のように，L_{ij}の$i = j$となっているのが特徴です．

対角成分は磁束を発生させるコイルの番号と，その磁束が鎖交するコイルの番号が同じなので，自己インダクタンスのことです．

一方，それ以外の部分は磁束を発生させるコイルの番号と，発生した磁束が鎖交するコイルの番号が異なるので，相互インダクタンスを表しています．

磁束の漏れとインダクタンス

■ 磁束は，コアの中だけを通過するわけではない

これまでの話はすべての磁束がコアの中を通過する前提の話でした．

実際のコアは，磁束を完全に閉じ込めることができません．実際は，図16のようにコアの中を通過せずに，電線のすぐ近くを通過する磁束も存在します．

磁束がどこを通過するかは，磁気抵抗の大きさが決定します．コアの中を通過する場合の磁気抵抗と，電線のすぐ近くを回る場合の磁気抵抗を比較して，値の小さいほうを磁束は通過します．コアの透磁率（磁束の通過しやすさ）が空気の10倍だとしても，磁束が通過する距離が10倍であれば，磁気抵抗は同じです．

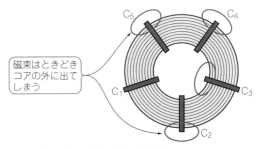

図16 磁力線の一部はコアの外に漏れる

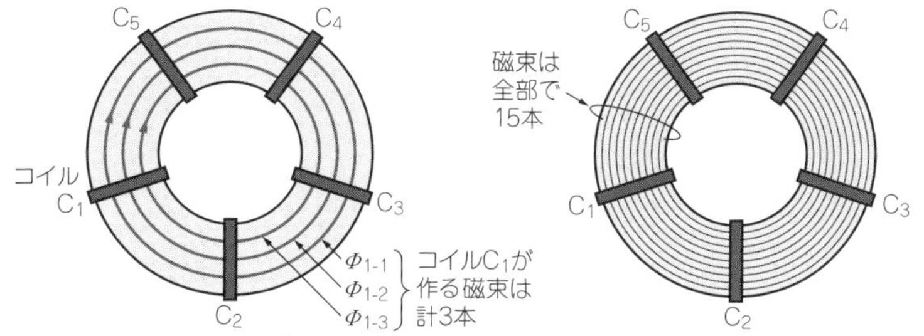

第15章 磁気回路によるインダクタンスの計算

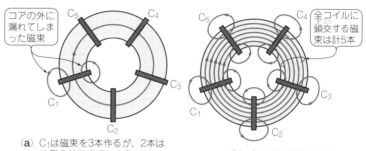

図17 理想コアを使った5ターン巻きのコイルのインダクタンスは？

（a）コイルC₁が作る磁束

（b）全コイルが作る磁束は全部で15本

図18 磁束漏れがある5ターン巻きのコイルのインダクタンスは？

（a）C₁は磁束を3本作るが，2本はコアの外に出てしまう

（b）全コイルが作る磁束

■ 現実のコイルのインダクタンスは pN^2 より小さい

● 理想コイルのインダクタンスは pN^2

磁束がコアの中のみを通過する場合について考えます．

図17のように，巻き線C₁に流れる電流が作る磁束を3本とします．理想コイルのコア内では，すべての磁束が図17(a)のようにコアをぐるりと1周するので，自分自身に鎖交する磁束は3本です．よって，インダクタンスは，

$$L_{11} = \frac{3\text{本}}{1\text{A}} = 3\,\text{H}$$

となります．そのほかの4カ所のコイルにも同様に鎖交するので，インダクタンスは，

$$L_{12} = L_{13} = L_{14} = L_{15} = \frac{3\text{本}}{1\text{A}} = 3\,\text{H}$$

となります．巻き線C₂-C₅についても同様に考えると，

$$\begin{bmatrix} L_{11} & L_{12} & L_{13} & L_{14} & L_{15} \\ L_{21} & L_{22} & L_{23} & L_{24} & L_{25} \\ L_{31} & L_{32} & L_{33} & L_{34} & L_{35} \\ L_{41} & L_{42} & L_{43} & L_{44} & L_{45} \\ L_{51} & L_{52} & L_{53} & L_{54} & L_{55} \end{bmatrix} = \begin{bmatrix} 3 & 3 & 3 & 3 & 3 \\ 3 & 3 & 3 & 3 & 3 \\ 3 & 3 & 3 & 3 & 3 \\ 3 & 3 & 3 & 3 & 3 \\ 3 & 3 & 3 & 3 & 3 \end{bmatrix}$$

となります．

ここで，5カ所の巻き線は別々ではなく直列につながっていると考えると，このコイルは巻き数5ターンのコイルと考えることができます．

このとき，インダクタンスは，全コイルに鎖交する磁束の合計値を，流した電流1Aで割った値なので

$$L = \Sigma L_{ij} = 75\,\text{H}$$

となります．

1ターンあたりのインダクタンス，すなわちパーミアンス $p = 3$ で，巻き数 $N = 5$ なので，定義式，

$$L = pN^2 = 3 \times 5^2 = 75\,\text{H}$$

で得られる値と同じです．このときコアの中には，図17(b)のように75本の磁束が発生しています．

● 磁束漏れがあるコイルのインダクタンス

次に，磁束が完全にコアに閉じ込められない現実のコイルを考えてみます．

今度も，C₁に流れる電流が3本の磁束を発生させると仮定します．ただし，今度は，図18(a)のように3本の磁束ができたら，自分自身にはすべて鎖交しますが，位置が離れたリングに対しては1本しかリンクしません．

C₁が発生させる磁束について考えます．自分自身に鎖交する本数は，3本なので，

$$L_{11} = \frac{3\text{本}}{1\text{A}} = 3\,\text{H}$$

となります．自分以外と鎖交する本数は，1本なので，

$$L_{12} = L_{13} = L_{14} = L_{15} = \frac{1\text{本}}{1\text{A}} = 1\,\text{H}$$

となります．C₂-C₅についても同様に考えると，

第2部 パワー・トランス＆コイル…しくみと特性

$$\begin{bmatrix} L_{11} & L_{12} & L_{13} & L_{14} & L_{15} \\ L_{21} & L_{22} & L_{23} & L_{24} & L_{25} \\ L_{31} & L_{32} & L_{33} & L_{34} & L_{35} \\ L_{41} & L_{42} & L_{43} & L_{44} & L_{45} \\ L_{51} & L_{52} & L_{53} & L_{54} & L_{55} \end{bmatrix} = \begin{bmatrix} 3 & 1 & 1 & 1 & 1 \\ 1 & 3 & 1 & 1 & 1 \\ 1 & 1 & 3 & 1 & 1 \\ 1 & 1 & 1 & 3 & 1 \\ 1 & 1 & 1 & 1 & 3 \end{bmatrix}$$

となります．

先ほどと同じように，5カ所の巻き線が直列につながっていると考えると，インダクタンスはそれぞれの巻き線に鎖交する磁束の合計値となります．

対角成分が3，非対角成分が20 Hなので，

$$L = \Sigma L_{ij} = 35 \text{ H}$$

となります．理想コアの75 Hに対して35 Hまで減ってしまいました．

この減った40 H(= 75 − 35)のことを，漏れてしまったインダクタンスという意味で，リーケージ・インダクタンスと呼びます．リーケージは英語で漏れを意味するリーク(leak)の名詞形です．このときコアの中には，図18(b)のように磁束が発生しています．

磁気抵抗によるトロイダル・コアのインダクタンス計算

● 例題

トロイダル・コアに電線を巻いたコイルのインダクタンスを磁気抵抗から計算してみます．

用意したのは，**写真1**に示す比透磁率 $\mu_r = 125$(カタログ値)のトロイダル・コアです．磁気抵抗計算に必要なコアの透磁率 μ，断面積 S，磁路長 ℓ は，それぞれ次のとおりです．

$$\mu = \mu_0 \mu_r = 4\pi \times 10^{-7} \times 125 = 1.5708 \times 10^{-4}$$
$$S = 0.1140 \text{ cm}^2$$
$$\ell = 3.12 \text{ cm}$$

これらを使って磁気抵抗を計算すると，

$$R_m = \frac{\ell}{\mu S} = \frac{3.12 \times 10^{-2}}{1.5708 \times 10^{-4} \times 0.1140 \times 10^{-4}}$$
$$\approx 1.7423 \times 10^7$$

となります．パーミアンスは逆数をとって，

$$p \approx 5.7394 \times 10^{-8}$$

となります．

● 巻き数が多いほど理論値と実測値は合う

1ターン巻いたときの理論計算値と実測値を比較します．

パーミアンスの計算値が $0.057\ \mu\text{H}$ であるのに対し，実測値は $0.27\ \mu\text{H}$ と，実測値が計算値を大きく上回ってしまいました．これは，配線の長さがもつインダクタンスが，そのまま測定されてしまった結果だと考えられます．

次に，2ターンから14ターンまで，2ターンずつ巻き数を増やしていったときの計算値と実測値を比較します．

表1に，パーミアンスに巻き数を乗じたインダクタンスの計算値と実測値の比較表を，**図19**にグラフ化したものを示します．図19(b)は，図19(a)と同じデータを細かい違いを見るためにy軸だけ常用対数表示

写真1 インダクタンスの計算用に準備したトロイダル・コア
(MAGNETICS 社，12.7 × 4.75 mm)

表1 トロイダル・コイル(写真1)のインダクタンスの計算値と実測値

巻き数	計算値 [μH]	実測値 [μH]
1	0.057	0.27
2	00.22	0.49
4	0.918	1.14
6	2.066	2.32
8	3.673	3.93
10	5.793	6.01
12	8.264	8.57
14	11.249	11.55

図19 トロイダル・コイル(写真1)のインダクタンスの計算値と実測値

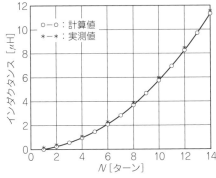

(a) y軸をリニア・スケールにして表示

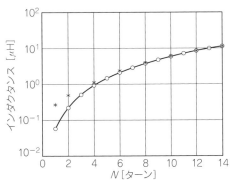

(b) y軸をログ・スケールにして表示

第15章 磁気回路によるインダクタンスの計算

にしました．巻き数が1ターン，2ターンと少ないときは，実測と計算の間には違いが見られましたが，巻き数が6ターンを超えたあたりから実測値と計算値はほぼ等しくなります．

● 所望のインダクタンスを得るためのコイルの巻き数は磁気抵抗から計算できる

必要となるインダクタンスを得るために，何回コイルを巻けばよいのかを計算することもできます．

例えば，$L = 30\,\mu\mathrm{H}$のコイルを作りたい場合は，式(7)に示した磁気抵抗R_mの逆数パーミアンスpと巻き数Nの間の関係から，

$$N = \sqrt{\frac{L}{p}} = \sqrt{\frac{30 \times 10^{-6}}{5.7394 \times 10^{-8}}} = 22.8627$$

と計算できます．

このコアを使って$L = 30\,\mu\mathrm{H}$を得たいならば，23ターンほど巻いておけばよいわけです．そして23ターン巻いたときに，コア中に発生する磁界が強すぎて飽和しないことを確認すれば，設計は完了です．

飽和とは，コアに磁束が収まる限界を超えてしまい，電流を流しても磁束がほとんど発生しない状態となるため，インダクタンスが変化しなくなる状況です．コアに収まりきる磁束の本数は，コアの材料によって違います．

ギャップを入れて磁気抵抗を上げたコアで磁気計算

■ コイルに直流電流が流れた状態だとインダクタンスが低下する

コイルの設計手法の1つに，図20のようにコアの磁路の途中にエア・ギャップ(空隙)を入れ，磁気抵抗を高めることがあります．

スイッチング電源の部品で，電流を安定的に供給するための部品でチョーク・コイルがあり，直流重畳特性が要求されます．

直流重畳とは，コイルに交流電流のほかに直流電流が流れている状態のことです．直流重畳でコイルの特性が悪くなると言われますが，その理由を考えます．

● 直流重畳はコアの動作点を中心からずらし，使える範囲を狭める

図21は，コイルの電流が$I = 0\,\mathrm{A}$を中心に変化する場合の，コア内の磁束と磁界の関係を示すものです．

通常，B-H曲線は，中心から点対称にループを描きます．流した電流とコアに発生した磁束の本数との比，つまりループの傾きはインダクタンスを表しています．

直流電流が流れているときはどうでしょうか．直流電流が作る直流磁界(静磁界)を中心にして，交流磁界(動磁界)が発生しますから，図22のようなループを描きます．このとき，インダクタンスはどうでしょうか．B-H曲線は，ほとんどその傾きを失っています．インダクタンス$L (= \Phi/I)$がほぼゼロになるため，電流が流れても誘起電圧が発生せず，電流の増加を抑制する働きを失う状態になります．

直流電流の重畳によって動作点がずれてもインダクタンスを低下させないためには，図23(a)のように丸みを帯びた(これを非線形特性という)ヒステリシスを，図23(b)のような直線に近づけ，直流が重畳されても傾きを維持できるようにする必要があります．どのような工夫をすれば，ヒステリシス曲線を直線状にすることができるのでしょうか．

図20 ギャップ入りのコア

この間隙をギャップと呼ぶ

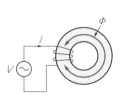

(a) 磁気回路

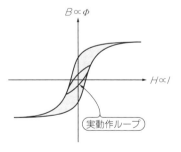

(b) B-H曲線

Hは電流に，Bは電圧に比例する．$I = 0\,\mathrm{A}(H = 0)$を中心に動作するので，インダクタンス$L = \dfrac{\Phi}{I}$(実動作ループの傾き)は常に得られている

図21 コイルの電流が$I = 0\,\mathrm{A}$を中心に変化する場合のコア内の磁束と磁界

第2部 パワー・トランス&コイル…しくみと特性

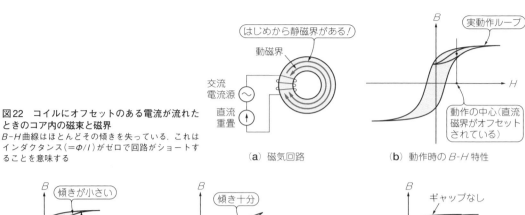

図22 コイルにオフセットのある電流が流れたときのコア内の磁束と磁界
B-H曲線はほとんどその傾きを失っている．これはインダクタンス($=\Phi/I$)がゼロで回路がショートすることを意味する

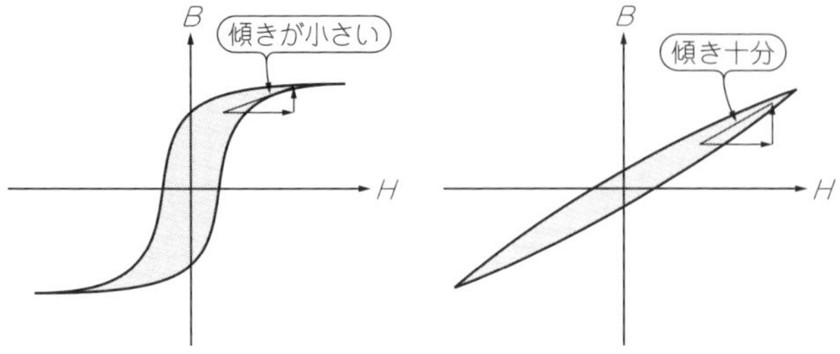

(a) 磁気回路　　(b) 動作時のB-H特性

(a) 飽和付近でインダクタンスが激減するタイプ　　(b) 直流が重畳されても飽和しにくいタイプ

図23 直流が重畳されても飽和しにくいコアとは

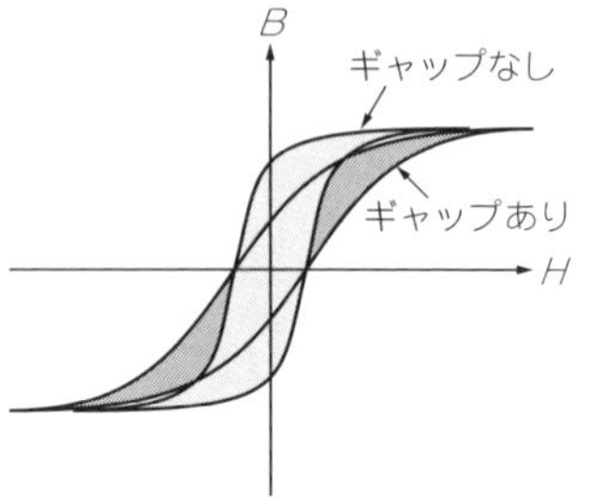

図24 ギャップを入れるとB-H曲線の形が変わる

● コアにギャップを入れると反磁界がコア内の磁界を弱くする

ギャップを入れたコアのB-H曲線は，ギャップを入れる前のB-H曲線とは形が変わります．図24にその一例を示します．

図24のようにB-H曲線の傾きが変わるのは，反磁界の影響です．磁界中に磁性体を置くと磁化されます．例えば磁石に釘をくっつけておくと，そのうち釘自身が磁石になってしまう現象です．

磁化された磁性体は，磁石と同じく，N極からS極にかけて，図25のように磁界を発生します．この磁界は磁性体の外部はもちろん，磁性体内部にも発生します．この磁性体内部に発生する磁界を反磁界(H_d)と呼びます．自らの磁界を減らすという意味で自己減磁界とも呼びます．

トロイダル・コアについて考えてみます．トロイダル・コアにコイルを巻いて磁化すると，磁束は図26(a)のように発生します．このとき，コアはループになっているので，磁極も自己減磁界も発生しません．

次に，ギャップを設けたコアに同じように磁界を発生させます．すると，図26(b)のように，ギャップ付近に磁極が発生し，コアの内部に自己減磁界が発生します．

コイルに流す電流によって発生するコア内の磁界が強ければ強いほど，この自己減磁界も強くなります．同じ量の電流を流して磁界を発生させても，コアの中に実際に発生する磁界は，ギャップに発生する磁極による減磁界によって弱くなっているのです．

簡単に言ってしまえば，図27のようにギャップなしのB-H曲線の横軸(磁界軸)を引っ張った状態が，ギャップのあるコアのB-H曲線です．

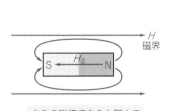

図25 反磁界の原理

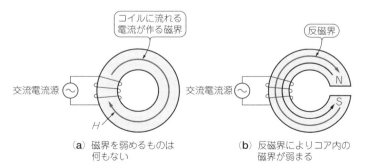

(a) 磁界を弱めるものは何もない　　(b) 反磁界によりコア内の磁界が弱まる

図26 ギャップを入れると，コア内の磁界が弱まる

第15章 磁気回路によるインダクタンスの計算

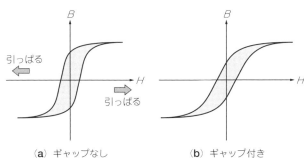

(a) ギャップなし　　(b) ギャップ付き

図27　ギャップなしのB-H曲線をH軸方向に伸ばすと，ギャップ付きコアのB-H曲線になる

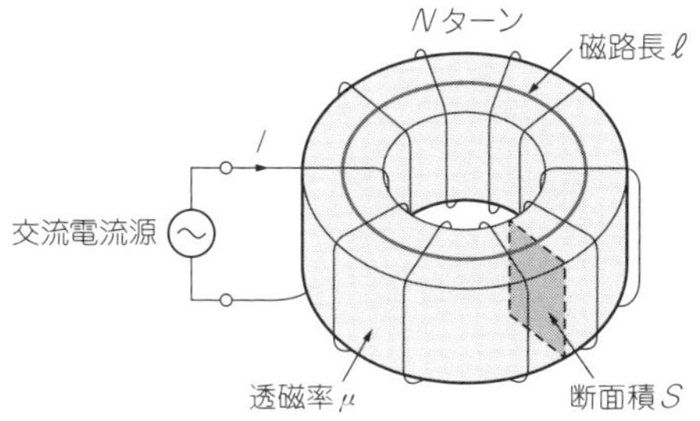

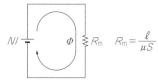

図28　ギャップなしのコアに発生する磁界を計算するための例題

$$NI \overset{+}{-} \quad \Phi \quad R_m \quad R_m = \frac{\ell}{\mu S}$$

図29　図28の等価回路

ギャップ長とコア内の磁界の変化

ギャップがあることで，コア中に発生する磁界がどのくらい変化するかを計算で確認します．

● ギャップなしのコアに発生する磁界は NI/ℓ

再び，図28のようなトロイダル・コアを考えます．コイルをN［ターン］巻いて，電流をI［A］流します．

コアの比透磁率μ_r，断面積S［m²］，磁路長ℓ［m］とすると，磁気回路は図29のようになります．この磁気回路において，起磁力$F(=NI)$と磁気抵抗R_m，磁束Φの間に，

$$NI = R_m \Phi \quad \cdots\cdots (9)$$

が成り立ちます．磁気抵抗R_mは，コアの断面積S［m²］，磁路長ℓ［m］，透磁率μによって，

$$R_m = \frac{\ell}{\mu S} \quad \cdots\cdots (10)$$

と表されます．磁束Φの本数は，透磁率μと磁界Hから，

$$\Phi = \mu H S \quad \cdots\cdots (11)$$

となります．式(10)と式(11)を式(9)に代入すると，

$$NI = R_m \Phi = \frac{\ell}{\mu S} \mu H S = H\ell$$

$$\therefore H = \frac{NI}{\ell} \quad \cdots\cdots (12)$$

となります．コア中の磁界が，磁路長ℓと巻き数N，流した電流Iで決まることがわかります．

● ギャップ付きコアの内部磁界を求める式

次に，図30のようにℓ_g［m］のギャップを入れたコアの内部磁界を計算します．

図31のように，磁気回路はコア部分の磁気抵抗と，ギャップ部分の磁気抵抗の直列回路となります．起磁力$F=NI$と磁気抵抗R_{mc}，R_{mg}，磁束Φの間に，

$$NI = (R_{mc} + R_{mg})\Phi \quad \cdots\cdots (13)$$

が成り立ちます．ここで，R_{mc}とR_{mg}は，それぞれコアとギャップの磁気抵抗を意味します．

コアとギャップにおける磁路長をそれぞれ，ℓ_c［m］，ℓ_g［m］とすれば，磁気抵抗はそれぞれ，

$$R_{mc} = \frac{\ell_c}{\mu S} \quad \cdots\cdots (14)$$

$$R_{mg} = \frac{\ell_g}{\mu S} \quad \cdots\cdots (15)$$

と表せます．

コア中の磁束と磁界の関係は，コア中の磁界をH_c［A/m］とすると，

$$\Phi = \mu H_c S \quad \cdots\cdots (16)$$

となります．式(13)に式(14)，式(15)，式(16)を代入すると，

$$NI = \left(\frac{\ell_c}{\mu S} + \frac{\ell_g}{\mu_0 S}\right)\Phi = \left(\frac{\ell_c}{\mu S} + \frac{\ell_g}{\mu_0 S}\right)\mu H_c S$$

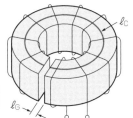

図30　ギャップありのコアに発生する磁界を計算するための例題

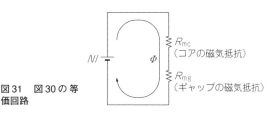

図31　図30の等価回路

第2部 パワー・トランス＆コイル…しくみと特性

$$\therefore H_c = \frac{NI}{\ell_c + \mu_r \ell_g}$$

となります．ギャップ付きコアの内部磁界H_c[A/m]は，ノンギャップ・コアに比べて，ギャップ長にコアの比透磁率を乗じたぶんだけ分母が大きくなります．結果として，磁界の強さH_c[A/m]は弱くなります．

● ギャップを0.2 mm入れると磁界は半減する

ギャップを入れることによって，コア内の磁界がどれくらい弱まるかを計算します．

ノンギャップのコアとして，先ほどインダクタンス計算に使ったコアを使います．もう一度コアのデータを確認すると，透磁率μ，断面積S，磁路長ℓは，

$$\mu = \mu_0 \mu_r = 4\pi \times 10^{-7} \times 125 = 1.5708 \times 10^{-4}$$
$$S = 0.1140 \text{cm}^2 = 0.1140 \times 10^{-4} \text{ m}^2$$
$$\ell = 3.12 \text{cm} = 3.12 \times 10^{-2} \text{ m}$$

です．巻き数Nを10ターン，電流を10 mAとすると，

$$H = \frac{NI}{\ell} = \frac{10 \times 0.01}{3.12 \times 10^{-2}} \fallingdotseq 3.2051 \text{ A/m}$$

となります．

次に，0.02×10^{-2}mきざみで，ギャップを増やした場合の，コア中の磁界H_c[A/m]を計算します．図32のように，ギャップの増加とともにコア内部に発生する磁界が減少することが確認できます．

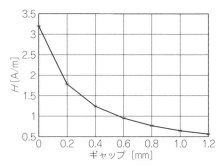

図32 ギャップを大きくするとコア内の磁界は減少する

全磁路長3.12 cmに対して0.12 cmギャップを入れると，コア中の磁界は3.2 A/mから0.6 A/mへと約1/5になりました．コアに0.12 cmのギャップを設けると，同じ巻き数，同じ電流を与えても，ノンギャップ・コアに比べて，コア中の磁界は1/5になります．つまり，B-H曲線の横軸H[A/m]の変化が，ギャップ付きのものは1/5になります．

その結果，B-H曲線は，ギャップなしのコアに対して横軸（H軸）が5倍引き伸ばされた形になります．図27のように直線状になり，等価的に電流を増やしても飽和しない，つまり，直流重畳特性が良いコイルとなるのです．

column>01 コイルの巻き数の数え方

富澤 裕介

図Aは，トロイダル・コアに巻き線してある5つのコイルです．それぞれ，何ターンと数えたらよいかわかりますか？

(a)は簡単ですね，3ターンです．(b)は2ターンです．それでは，(c)と(d)は何ターンでしょう？答えはどちらも1ターンです．覚え方は簡単です．磁路を何回横切ったかを数えればよいのです．

したがって，(d)は立派な1ターンです．考えてみれば，電流はループにしか流れません．したがって(d)も大きく見ると，(c)のように確かに1ターンになっています．逆に(e)はいったん通っていますが，また戻っているので0ターンです．

図A 何ターン巻きでしょう？　(a) 3ターン　(b) 2ターン　(c) 1ターン　(d) 1ターン　(e) 0ターン

第3部

パワエレ向けコンデンサ
…しくみと特性

第3部 パワエレ向けコンデンサ…しくみと特性

第16章 誘電体の材料と構造が特性を決めている

コンデンサの種類

八幡 和志 Kazushi Yawata

コンデンサは多種多様な材料と形状の製品があります．電子回路を設計する際には，いろいろなコンデンサと，さまざまなデバイスをうまく組み合わせることが大切です．

誘電体による分類

コンデンサは，使われている誘電体物質によって分類できます．そして，誘電体の特性が部品としての製造プロセス，製品形状を決め，最終的な部品としての性能が決まります．

● 古くから使われてきた誘電体

歴史的に古くから使われてきた誘電体として，空気，紙，雲母が挙げられます．

空気の誘電率は赤外領域の下では周波数に無関係で，密度に依存することが知られています．これにより，空気コンデンサ（エアギャップ・コンデンサ）は，高周波領域でも安定して使えます．むしろ，高周波を与えた際には，空気の誘電体物性ではなく，金属の表皮効果で抵抗成分がわずかに上がるのが見えます．温度安定性も，構造にもよりますが，電極や支柱として使われている金属や絶縁体の熱膨張に依存します．

難点は，比誘電率が1と極小であることで，容量あたりの体積が非常に大きくなることです．

紙コンデンサも古くからあります．紙の両面に金属箔を付けて巻回（けんかい）して作られたものや，紙に金属電極を蒸着して巻回したものがあります．

紙，つまりセルロースの比誘電率は2程度と低いため，紙に誘電率の高いオイルを含侵させたコンデンサもあります．これは，音響用のコンデンサとして今も生産されているようです．なお，環境に悪いPCB（PolyChlorinated Biphenyl；ポリ塩化ビフェニル）を含侵させたコンデンサが過去に使われ，これの保管，取り扱いは，今も法的に厳重に管理されています．

紙コンデンサの進化系が今日のフィルム・コンデンサですが，誘電体のフィルム材料も変遷があります．

スチロールを使ったスチコンは電気特性が良かったのですが，耐熱性が低く，またアルコール洗浄で溶けてしまうといった問題から，手はんだ実装からフロー，リフローによる自動実装に移り変わるなかで，ほとんど使われなくなりました．

● マイカ・コンデンサ

セラミック・コンデンサの先祖ともいうべき，雲母（マイカ）を使ったコンデンサは歴史が長く，第2次世界大戦前から使われていたようです．

マイカは比誘電率が7であり，安定な誘電体材料で，温度依存性が小さく信頼性が高いことから，今でも信号機や地中配線などの壊れてはいけないところで多く使われています．

筆者も，超低温の実験で，10 mKくらいまで冷却して使ったことがあります．日本では，双信電機がリード線付きや面実装品を生産供給しています．

● セラミック・コンデンサ

セラミック（ceramic；磁器）を誘電体としたコンデンサです．今日では，酸化チタンやジルコン酸カルシウム系の常誘電体を使った温度補償系のI型，チタン酸バリウム系の強誘電体を使った高誘電率系のII型，半導体セラミックスを使った粒界絶縁型のIII型が，一般的なセラミック・コンデンサとして分類されています．

主に流通しているI型の誘電体は，白色や灰色，II型は焦げ茶色なので，見た目で区別がつきます（写真1）．近年は，内部の誘電体や電極の厚みが1 μmより薄くなってきているようです．つまり，この誘電体や電極を作る材料がナノ粒子になっていて，半導体の製造プロセスと同じようなスケールです．直接，大気中プロセスと真空プロセスを比較するものではありませんが，そこで使われる顕微鏡などのベースとなる技術は同様なので，常に最先端の装置が必要になります．

先にも触れた，先祖のマイカ・コンデンサもまだまだ現役ですし，温度安定度の高い，標準コンデンサと

第16章 コンデンサの種類

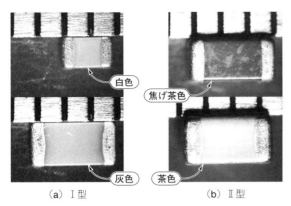

（a）Ⅰ型　　　　　（b）Ⅱ型

写真1　セラミック・コンデンサの誘電体による色の違い
Ⅰ型（白/灰色系）とⅡ型（茶褐色系）

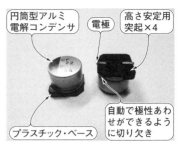

写真2　面実装用のVチップ型アルミ電解コンデンサ
シリンダ型アルミ電解コンデンサを面実装/自動実装に対応させた．VというよりU字型のプラスチック・ベースに技術がある

して使われる溶融石英（フューズド・シリカ）を使ったコンデンサも類型です．

最近は，セラミックス技術を利用した全固体電気2重層コンデンサや，全固体電池もセラミックス系の技術を使って実現されつつあります．

● アルミ電解コンデンサ

アルミ電解コンデンサは，弁金属（valve metal）の1つであるアルミニウムのフォイル（箔）を陽極酸化処理して誘電体膜を作ったコンデンサです．陽極酸化反応が約800Vまでなので，アルミ電解コンデンサの耐電圧もそれ以下になります．電解液を使ったアルミ電解コンデンサや，電解質に導電性高分子やTCNQ塩などの固体電解質を使ったアルミ電解コンデンサがメジャーどころでしょう．

形状で分類すると，円筒型のキャップに入ってリード線が2本出ている巻回型，これを表面実装できるように板状のベースに乗せたVチップ型，表面実装に適した四角四面なケースに収めた積層型をよく見かけます（**写真2**）．

ほとんどのアルミ電解コンデンサは有極性ですが，一部には，内部の電極箔を対称にした無極性のものもあります．

歴史的にも古く，第2次大戦後に，アルミ電解コンデンサ・メーカが結集して，GHQにコンデンサ用のアルミ箔の供給を要求したとのことなので，その頃からあったようです．

● タンタル電解コンデンサ

弁金属の酸化膜としては，理想的な性能をもつといわれるのがタンタル電解コンデンサです．タンタルの微粉末を焼結したうえで，陽極酸化処理を施し，陽極としています．タンタルの陽極酸化電圧は約400Vまでなので，コンデンサの耐電圧もそれ以下になります．

電解質に2酸化マンガンを使ったものと導電性高分子を使ったものがあり，導電性高分子品のほうが低ESRです．初期性能についてはとても良いのですが，いかんせん寿命故障モードが2酸化マンガン品は発火なので，怖くて長期にわたって使う気になれないところです．これの対策のために，ヒューズを内蔵した品種もあります．

導電性高分子品なら，発火の問題は聞き及びませんが，吸湿性があります．特に，はんだ実装前に吸湿してから加熱すると，水分が短時間で気化してコンデンサ素子が膨れたり，弾けたりといったトラブルになります．

実装形態は，リード線付きと，プラスチック・ケースに収めた面実装品が主流で，バリエーションがあまりありません．

● ニオブ電解コンデンサ

タンタル・コンデンサが発火する問題を回避するために開発が進められたのが，ニオブや酸化ニオブを使った電解コンデンサです．これらは，故障しても発火はしませんが，タンタル・コンデンサのような理想的な特性からは異なります．

タンタルやニオブはレアメタルで，2000年ごろに，1つしかなかったタンタル鉱山のトラブルで，タンタル・コンデンサの供給が不足したことがあります．最近は，鉱山が増えたのか，こういったトラブルは減っているようです．

● フィルム・コンデンサ

高分子フィルムを使ったコンデンサを総称してフィルム・コンデンサと呼んでいます．

誘電体となるプラスチック材料は，ポリプロピレン（PP），ポリエチレン・テレフタレート（PET），ポリフェニル・サルファイド（PPS），ポリエチレン・ナフタレート（PEN）の4種類がメジャーです．ほかにも，宇宙用にポリイミドやフッ素樹脂を誘電体にしたフィルム・コンデンサがあります．

高分子フィルムに電極パターンを金属蒸着（メタライズド）して，これを巻回したリード線付きのコンデ

第3部　パワエレ向けコンデンサ…しくみと特性

ンサがメジャーですが，小型の巻回体に面実装用のフレーム電極を取り付けた面実装品，バームクーヘンのように大径のホイールに巻き付けて外部電極で固定してから切り出した巻回型だけど面実装のコンデンサ，蒸着重合による面実装品と多彩な顔触れがあります．

また，耐電圧の高いコンデンサを作りやすいことや，信頼性の高さ，特に自己回復性があることから，建物の受電設備や自動車のパワー・トレインなどの高電圧用途でもよく使われています．

● 電気2重層コンデンサ

電気2重層コンデンサは，近年「パワー・デバイス」としての補助電源として注目されています．ロシアでは電気2重層コンデンサだけで走るバスがあったり，計測器の補助電源として瞬停対策に搭載されたりと身近なところでも活躍しています．

原理は，ほかのコンデンサが固体中の分極を利用しているのと異なり，異種材料の界面での電荷の局在を利用しています．普及している電解液と活性炭の組み合わせだと，電解液中の電解質（イオン）の局在変化を使って充放電します．このために，化学反応が起こらない，3V程度以下の電圧でしか使えません．

形状は，アルミ電解コンデンサと同様の円筒型をはじめ，面実装に適したコイン型やセラミック・パッケージ，さらに扁平でチューインガムのようなラミネート・パッケージなどがあります．

電源にとって「コンデンサの種類」がどれだけ重要かを見てみる

● 省エネ時代の電源への要求…負荷変動追従性

電源には，リプル・ノイズの小ささ，エネルギー効率の良さに加えて，負荷変動への追従性が要求されます．負荷変動への追従性を測定するときに使うのは電子負荷という装置です．変動する負荷を模擬できます．

● 電源＋パスコンの過渡応答波形を見てみる

電源とパスコンの過渡応答を見る実験の構成を**写真3**と**図1**に示します．

多機能直流電子負荷PLZ205W（菊水電子工業，**表1**）を使って実験します．試験対象の電源には，汎用コンパクト電源PMC18-5A（菊水電子工業，18V，5A）を使いました．データ取得はオシロスコープMSO56（テクトロニクス，12ビット，帯域2GHz）です．

直流電源装置と電子負荷装置の間はツイストした

column▶01　コンデンサ業界の統計データ

八幡 和志

コンデンサ業界も他の電子部品業界と同じように，水平分業や垂直統合といったビジネス・モデルで語れます．

水平分業が一番進んでいるのは，おそらくフィルム・コンデンサです．誘電体材料となるフィルムはプラスチック・メーカから購入でき，巻回/整形して検査する装置の多くはカタログ品として購入できます．

アルミ電解コンデンサでも，陽極酸化したアルミ電極箔を購入することができ，また電解紙，電解液も専業メーカがあります．

セラミック・コンデンサは，例えばⅡ種のセラミック・コンデンサの誘電体原料となるチタニアは世界各地で産出します．日本のチタンの消費量の約1％がセラミック・コンデンサ向けとされています．多く使われているのは，白インク，ペンキの顔料や美白の化粧品です．

日本の各社のセラミック・コンデンサ出荷個数やメーカ別シェアについて，いろいろな噂話が流れています．業界ネタとしては面白いのですが，データ

の出所はどうなっているのでしょうか．各セラミック・コンデンサ・メーカのウェブ・ページに掲載されているIR資料を見ても，セラミック・コンデンサ単体の売上や出荷個数は公開されていません．他の電子部品の数字と一緒にして，直接の数字は見せないようにしています．

一般的に，電子部品メーカにとって，出荷個数や単価，顧客情報といった営業情報，生産プロセスや使用している製造装置の情報は秘密事項なので表に出てくることはありません．取引相手などに開示する必要があるときは，秘密保持契約（NDA）を結んでからになります．

信頼できる統計としては，電子情報技術産業協会（JEITA，https://www.jeita.or.jp/japanese/）の電子部品部会が取りまとめている「電子部品グローバル出荷統計」（https://home.jeita.or.jp/ecb/info/info_stati.html）があります．ここで，JEITAに参加しているコンデンサ・メーカ60社による出荷金額の総額の統計を見ることができます．

第16章 コンデンサの種類

50 cmのVVFで接続しています．過渡電流は電子負荷装置の電流モニタ端子を観測，過渡電圧は電源装置側をACカップリングで測定しています．

電流立ち上がりの過渡応答の測定は，直流電源装置を14 V（電流制限5 A）にセットし，電子負荷装置の電流値を0 Aから5 Aに急速に立ち上げます（電子負荷の仕様では10 A/μsの変化率）．このときの電流の立ち上がり時間と電圧の応答波形を測定しました．電流の立ち上がり時間は，オシロスコープの自動測定機能で測定しました．

▶(1) 直流電源だけ

電流の立ち上がり時間は6.336 μsで，**図2**(a)のように280 mV程度の電圧降下が見られます．さすが老舗メーカの電源装置だけあって，素直な特性です．

これを基準に，バイパス・コンデンサを付加して立ち上がりがどのように変化するか，探ってみます．測定したコンデンサを**写真4**に示します．

▶(2) アルミ電解コンデンサ100 μF

ごく一般的なアルミ電解コンデンサを試したのが**図2**(b)です．電流の立ち上がり時間は6.477 μsと長くなりました．一方で，電圧降下は240 mV程度と軽減できました．

▶(3) ハイブリッド・コンデンサ100 μF

アルミ電解でも，導電性高分子と電解液の両方を使ったハイブリッド・コンデンサで実験すると**図2**(c)

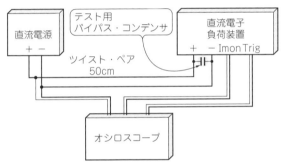

図1　コンデンサ（パスコン）の種類によって電源ラインの負荷変動追従性がどのように変わるかを調べる測定系

表1　多機能直流電子負荷 PLZ205Wの電気的な仕様

項　目	値
動作電圧	1～150 V
電流	40 A
電力	200W
最高スルー・レート	60 A/μs
最小動作電圧	0.05 V（後面入力端子にて）
ロードオフ時の入力抵抗	約660 kΩ
リプル	4mA$_{RMS}$，40mA$_{p-p}$
動作モード	CC, CR, CV, CP

(a)PLZ205Wの一般性能

項目	動作範囲	分解能	スルー・レート設定範囲	分解能
Hレンジ	0～40 A	1 mA	0.01～10 A/μs	0.01 A/μs
Mレンジ	0～4.0 A	0.1 mA	0.001～1 A/μs	0.001 A/μs
Lレンジ	0～0.40 A	0.01 mA	0.1 m～100 mA/μs	0.1 mA/μs

(b)CCモードの性能

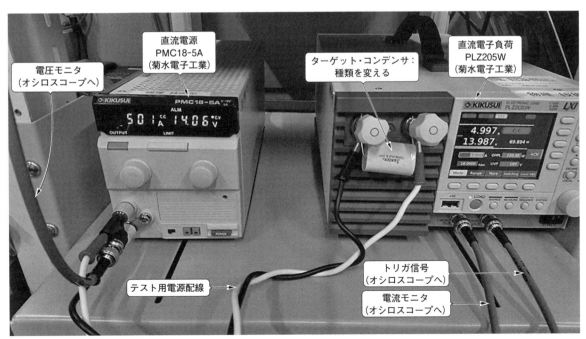

写真3　見逃されやすい電源への要求…負荷変動追従性をコンデンサ（パスコン）の種類を変えながら見てみる

第3部 パワエレ向けコンデンサ…しくみと特性

のようになりました．立ち上がり時間が6.217 μsと短くなりましたが，一方で，電圧降下が2回起こる複雑な挙動を示しています．電解液と導電性高分子の2種類のコンデンサのハイブリッドになっているせいでしょうか．

▶(4) セラミック・コンデンサ 47 μF

手もちの都合で半分の容量ですが，セラミック・コンデンサで実験したのが図2(d)です．電流の立ち上がり時間は，6.192 μsともっとも短くなりました．しかし電圧降下は310 mVと大きく，オーバーシュートとリンギングがあります．

▶(5) フィルム・コンデンサ 10 μF

高圧系電源用のコンデンサとして使われるフィルム・コンデンサを，手もちの最大容量10 μFでテストしたのが図2(e)です．電解コンデンサの1/10の容量なのに，体積は巨大です(写真4)．電流の立ち上がり時間は，6.567 μsともっとも遅く，電圧降下は270 mVと大きめです．オーバーシュートも示しながらリンギングしていて，セラミック・コンデンサよりも尾を引きます．

▶コンデンサの違いでも思ったより波形は違ってくる

手元にあったコンデンサを試しただけなので，条件がそろっていませんが，負荷変動が激しい電子回路の電源を設計する際に，電子負荷装置で測定することの重要性や，コンデンサの種類でも意外と違うことがわかったのではないでしょうか．

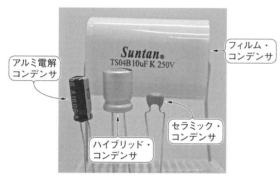

写真4 測定したコンデンサ

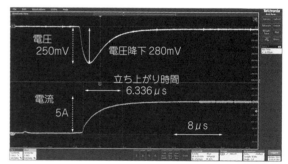

(a) バイパス・コンデンサなし

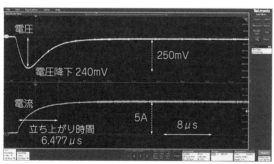

(b) アルミ電解コンデンサ 100 μF

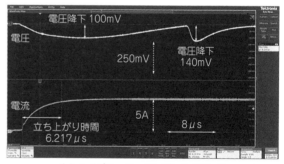

(c) ハイブリッド・コンデンサ 100 μF

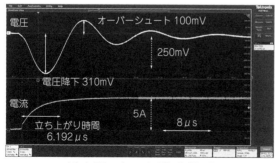

(d) セラミック・コンデンサ 47 μF

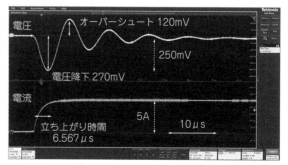

(e) フィルム・コンデンサ 10 μF

図2 電源のバイパス・コンデンサの種類による過渡応答の違い

第16章 コンデンサの種類

column▸02 自動車に使われるコンデンサ事情

八幡 和志

● 自動車の動力系はフィルム・コンデンサの独壇場

一般的な電気機器と同じように，自動車用にもさまざまなコンデンサが使われています．エンジン点火用のコンデンサには，寿命，信頼性の実績から，フィルム・コンデンサが使われます．

ガソリン・エンジンの場合は，補機類を駆動，モニタするための配線が多くあり，その中に，エンジン点火用のコンデンサがあります．

内燃エンジンの1気筒あたりに1つ，燃焼室内の燃料に点火するために放電を起こす(イグニッション)ためのコンデンサが必要になります．

たいていの場合は，中身は抵抗成分が小さく，放電特性が良いポリプロピレン(PP)のフィルム・コンデンサが使われていますが，一般産業用として使われているコンデンサの姿とは随分と異なります．自動車の寿命程度では故障しないように，丈夫なプラスチックのケースに入れて，黒い樹脂で封入されています．この樹脂は，半導体ICのプラスチック封止材と同じように，水分を透過させない，ガスバリア性の高い材料が使われています．

自動車に使われるコンデンサは，故障モードが発煙，発火になるタンタル電解コンデンサのマンガン電極品の使用が禁止されています．また，「アルミ電解コンデンサは，缶から液漏れして静電容量を失ってしまう恐れがある」もしくは，「セラミック・コンデンサでは衝撃や振動で割れてしまう」といった設計者のイメージに縛られるところもあり，フィルム・コンデンサが使われているのではないかと想像します．

▶電装系にも使われ始めてきた

最近は，自動車のヘッド・ライトのLED化が進みましたが，キラッと輝く眩しい光源であるHIDランプもまだ人気があります．HIDランプの点灯に

も，フィルム・コンデンサが使われています．

通販で手に入るランプの交換キットには，PPやPETを使ったフィルム・コンデンサが使われています．

PET品は，PP品と比べて$\tan \delta$が劣るので，点灯のタイムラグが長くなります．しかし，自動車の正面に設置されるので，多少の衝撃では壊れないPET品も選択肢に入っているのではないでしょうか．

● ドライブ・レコーダには充放電回数の制約がない電気2重層コンデンサが使われる

ドライブ・レコーダは，電気2重層コンデンサ(キャパシタ)の独壇場です．自動車の補器バッテリからの電源が途絶えても，一定時間，録画し続ける機能の実現がその理由です．カメラによる撮像やメモリ・カードへの保存には，一般的な電子回路が使われていますが，電気2重層コンデンサがなければこの機能は実現できません．

自動車の事故などで，補機の電気系統が故障し，断線あるいは短絡して電源を失うことは往々にして起こり得ます．このようなときこそ，証拠としてのドライブ・レコーダの録画データが必要になります．

このための，バックアップ用電源として電気2重層コンデンサが使われます．搭載するキャパシタの容量などにもよりますが，10分〜1時間程度，録画し続けられるようです．

補助用の電源として使うなら，リチウム・イオン(Li-ion)やニッケル水素(NiMH)などの充電池でもよいように思いますが，充放電回数によってサイクル寿命が訪れてしまいます．原理的に充放電回数の制約がないキャパシタのほうが適しており，ほかのデバイスでは置き換えができません．

第17章 電源の平滑回路用によく使われる

小型大容量を得られる
アルミ電解コンデンサ

藤井 眞治 Shinji Fujii

アルミ電解コンデンサの構造

● 誘電体の表面積を大きくとり小型大容量を実現

アルミ電解コンデンサ(**写真1**)は，陽極用高純度アルミ箔表面に形成された酸化皮膜を誘電体として，陰極用アルミ箔，電解液，セパレータ(電解紙)から構成されます(**図1**).

酸化皮膜は電解酸化(化成)によって形成され，極めて薄く，整流性を持ちます．高純度アルミ箔を粗面化(エッチング)し，実効表面積を拡大することによって，小型大容量のコンデンサが得られます．

実際のコンデンサは，2層のアルミ箔(陽極箔および陰極箔)と2層の電解紙を交互に挟み，これを巻き取って電解液を含浸させた構造です．

酸化皮膜は整流性をもつため，図1の構造では有極性コンデンサとなります．陽極側と陰極側の双方に酸化皮膜を形成した電極を用いると両極性コンデンサになりますが，小信号用であり，交流回路に使用することはできません．

なお，ここではアルミ非固体電解コンデンサについて述べましたが，電解液の替わりに固体電解質を使った導電性高分子アルミ固体電解コンデンサもあります．

● 電解質の違いによる特徴

アルミ電解コンデンサは，電解液を用いる非固体電解コンデンサと固体電解質を用いる固体電解コンデンサに分けられます．

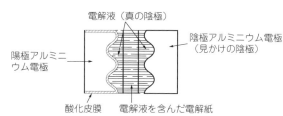

図1 アルミ電解コンデンサの構造

非固体電解コンデンサには以下の特徴があります．
① 誘電体(アルミ酸化膜)の自己修復性がある
② 故障モードのほとんどが磨耗故障であり，ショート・モードになりにくい
③ 内部に電解液を用いているため，寿命は有限である
④ 温度変化による特性変化が大きい

固体電解コンデンサには以下の特徴があります．
① 温度変化による特性変化が小さい
② 等価直列抵抗が非固体電解コンデンサに比較して小さい
③ 実使用温度領域での寿命が長い
④ 静電容量の電圧依存性がない
⑤ 誘電体(アルミ酸化皮膜)の自己修復性がなく，故障モードはショートによる偶発不良である
⑥ 突入電流(ラッシュ電流)への対応が必要な場合がある
⑦ リフロなどの熱ストレスで漏れ電流が増大する可能性がある

写真1 アルミ電解コンデンサの外観

(a) 小型品

(b) 大型品

(c) 導電性高分子アルミ固体

第17章 小型大容量を得られるアルミ電解コンデンサ

column 01　極性を間違えないように注意

藤田 昇

● 逆極性接続は絶対ダメ

アルミ陽極-酸化皮膜(誘電体)-電解液の構造は極性をもち，ダイオードのような働きをします(**図A**)．つまり，1方向には絶縁体(10^6〜10^7Ω/cm程度)，もう1方向には導体として働きます．

このような極性のあるアルミ電解コンデンサ(**写真A**)を逆接続すると，電流が流れて発熱します．

温度上昇が急激だとケースの膨張や液漏れを生じ，最悪の場合は破裂に至ります．逆接続することは絶対に避けなければなりません．回路の動作上で一時的に極性が逆転するような箇所に使ってはいけません．

● 極性を間違えても何食わぬ顔で動き続け，後でトラブルになることも…

逆電圧が数V程度の低い電圧の場合は，破壊に至らない場合があります．そのまま逆電圧を加え続けると，陰極側の酸化アルミニウム膜が成長し，しばらくすると正常の極性のように動作するようになります．

ただし，元の容量より少なくなり，等価直列抵抗

写真A[1]　一般にアルミ電解コンデンサは印加できる電圧の向きが決まっている(極性がある)

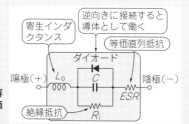

図A　アルミ電解コンデンサの等価回路

(*ESR*；Equivalent Series Resistance)も増加します．寿命や特性が悪化しますが，見た目の変化がないので，極性逆転に気がつかない場合があります．

◆参考文献◆

(1) 三宅和司；電子部品図鑑，トランジスタ技術，1995年3月号，CQ出版社．

電源入力平滑回路に使うコンデンサの選び方

● 定格電圧は仕向け先と電力事情で決める

電源電圧を直接整流する回路(**図2**)に用いる入力平滑用コンデンサの定格電圧は，仕向け先および電力事情で決定されます．

国内・北米といったAC100〜127 V地域向けには200 V定格品，欧州・アジアといったAC200〜240 V地域向けには400 V定格品を使用するのが一般的です．

しかし電力設備事情から，電源電圧の安定していない海外の一部地域では，特に電力需要が減少する深夜の電源電圧が定格電源電圧の1.3倍程度に上昇した観測例もあるので，AC100〜127 V地域では250 V，AC200〜240 V地域では420 Vか450 Vに電圧定格を上積みして使用する必要があります．

▶力率改善回路を使う場合

昇圧型力率改善回路(**図3**)を使用する場合には，力率改善回路の出力設定電圧だけでコンデンサの定格電圧を判断してはいけません．

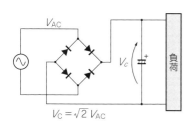

図2　入力平滑回路の一例

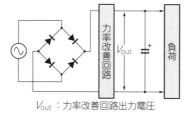

図3　力率改善回路付き入力平滑回路の一例

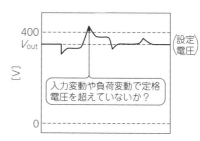

図4　V_{out}電圧変動波形例

第3部 パワエレ向けコンデンサ…しくみと特性

図4のような，入力電圧や負荷の瞬時変動時に発生する過渡電圧上昇や，出力電圧帰還回路の異常時に上昇する電圧も確認した上で，定格電圧を選定する必要があります．

● リプル電流

リプル電流に関しては，電源商用周波数成分に負荷側のスイッチング電源やインバータのスイッチング高周波成分が重畳されるので，合成リプル電流として考慮しなければなりません．

印加リプル電流を I [A]，内部抵抗を R [Ω] とすると自己発熱の元となる電力損失 W [W] は $W=I^2R$ で表されます．印加リプル電流が増えれば増えるほど2乗積で急激に損失が増加します．その自己発熱量（電力損失量）が許容範囲内であるリプル電流が，許容リプル電流値です．

リプル電流は許容リプル電流を超えると電流の2乗積で内部自己発熱の上昇を伴い，寿命が急速に短くなってしまいます．

そのため，電解コンデンサ汎用品では許容リプル電流値を超えてしまう，もしくはマージンがない場合や推定寿命時間が不足する場合は，高リプル対応品を使用する必要があります．

● 電解コンデンサの配置による温度上昇に注意

電源入力平滑回路周辺には，整流ダイオードやスイッチング素子などの発熱部品が配置されることが多く，機器内の温度上昇も高くなるので，通常は105℃定格品を使用します．

85℃品を使用する場合は，部品温度や印加リプル電流を考慮した推定寿命をメーカに確認した上で使用します．

電源出力平滑回路に使うコンデンサの選び方

● 変動を吸収する重要な役割を担う

スイッチング電源の出力平滑用コンデンサは，安定した出力を得るために重要な役割を果たします．スイッチング波形によるリプル電流を平滑し，さらにモータのドライブ回路やソレノイド負荷，サーマル・ヘッドなど，急峻なパルス負荷電流変動を伴う回路が負荷として接続される場合には，それらの電流変動を吸収する役割もあります．

これらの負荷電流変動はアルミ電解コンデンサの充放電を伴うので，常時または非常に頻繁に発生する場合はリプル電流として扱わなければならず，アルミ電解コンデンサの寿命にも影響を与えます．

● 電流ループと合成リプル電流への配慮

図5のように電源基板と負荷基板が別々の場合，基板間を接続するハーネスのコネクタ接触子による接触抵抗，ハーネス線材＋基板パターン長さによる直流抵抗分やインダクタンス成分が存在します．したがって，高周波的には分離されていることから，それぞれに電流ループ (i_1, i_3) が形成されます．

基本的には図5のように，電源や負荷回路の電流ループが最短となるように電解コンデンサを回路ごとに配置することが望ましいです．

しかし，図6の回路のように1本もしくは少数のアルミ電解コンデンサで共用する場合は，スイッチング電源のスイッチング・リプル電流と負荷変動電流を重畳した合成リプル電流として考慮し，アルミ電解コンデンサの定格リプル電流を超えないように使用しなければなりません．

● 基板パターンやハーネス引き回しへの注意

基板パターンのインピーダンスやハーネスの引き回し方法で，アルミ電解コンデンサに印加されるリプル電流は変化します．

したがって，最終的には各コンデンサのリプル電流波形を観測し，定格リプル電流を超えていないことを確認します．

● サイズの小型化

DC-DCコンバータ回路などのスイッチング周波数を500k～1MHzで使用する場合は，一般のアルミ電解コンデンサよりも導電性高分子固体アルミ電解コン

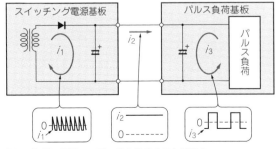

図5 個別に電解コンデンサを設けることが基本

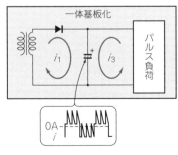

図6 コンデンサを共用するとリプル電流は重畳される．許容リプル電流は守られているか？

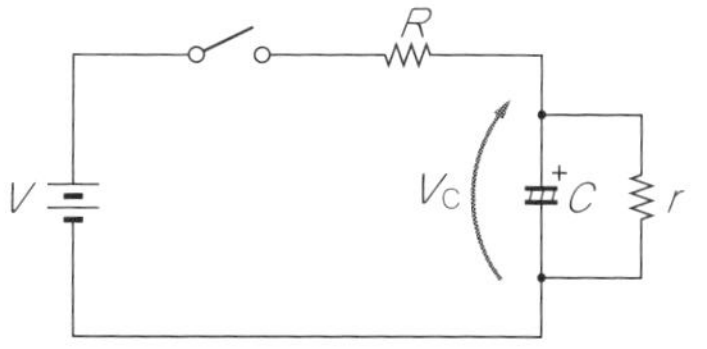

第17章 小型大容量を得られるアルミ電解コンデンサ

図7 充電回路例

充電理論式
$$V_C = V(1 - e^{-\frac{t}{CR}})$$
$$t_n = CR \ln\left(\frac{V}{V - V_n}\right)$$

- R：充電抵抗 [Ω]
- C：コンデンサ容量 [F]
- V：電源電圧 [V]
- V_C：コンデンサ端子電圧 [V]
- V_n：規定電圧 [V]
- t_n：0Vから規定電圧に達する時間

図8 放電回路例

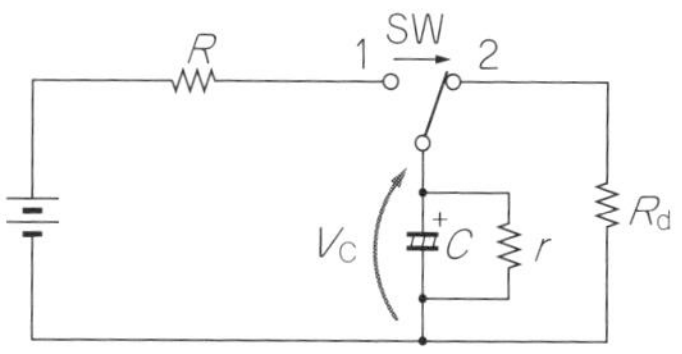

放電理論式
$$V_C = V \times e^{-\frac{t}{CR_d}}$$
$$t_n = CR_d \ln\left(\frac{V}{V_n}\right)$$

- R：充電抵抗 [Ω]
- C：コンデンサ容量 [F]
- V：電源電圧 [V]
- V_C：コンデンサ端子電圧 [V]
- V_n：規定電圧 [V]
- t_n：SWを1→2に切り換えてVから規定電圧に達する時間

デンサのほうが周波数特性的に優れ，サイズの小型化にもなります．

時定数回路に使う場合の注意 ── 漏れ電流を考慮

アルミ電解コンデンサはセラミック・コンデンサやフィルム・コンデンサと比較して大容量を得やすいのですが，漏れ電流も比較的大きいことを考慮しなければなりません．

電解コンデンサ内部の等価回路には，コンデンサと並列に接続される抵抗rが存在します．したがって，充電回路では充電電流が減少して時定数が理論式よりも大きくなり，放電回路では放電電流が増加して時定数が理論式よりも小さくなります．時定数回路に使用する場合は，理論式から算出した値との誤差として現れることを考慮する必要があります．

一般に，図7の充電回路では時定数が理論式よりも大きくなり，図8の放電回路では時定数が理論式よりも小さくなります．漏れ電流は電解コンデンサの品種によって異なり，経時変化や温度変化もあるので十分な設計マージンを持たせて設計する必要があります．

これらの変化要因を安定化させたタイマ回路用コンデンサもありますが，仕様要求精度に合致するかどうか十分な検討を行う必要があります．

直列接続して使う場合の注意

アルミ電解コンデンサを直列に接続して使用する場合(電源入力電圧によって回路を切り換えて使用する倍電圧整流方式や，回路構成上どうしても必要な場合)，漏れ電流による印加電圧の分圧比のばらつきを抑制するために，図9のようにバランス抵抗R_0が必要です．

● 漏れ電流のばらつき

アルミ電解コンデンサC_1，C_2の漏れ電流をそれぞれi_1，i_2とすると，

$$i_1 = \frac{V_1}{r_1},\ i_2 = \frac{V_2}{r_2}$$
$$V_0 = V_1 + V_2$$

となります．さらに，$V_1 - V_2 = R_0 \times (i_2 - i_1)$より，

$$R_0 = \frac{V_1 - V_2}{i_2 - i_1}$$

となります．基板自立型アルミ電解コンデンサの漏れ電流ばらつきは，定格電圧をV [V]，定格静電容量をC [μF] とすると，20℃中ではおおむね，

$$i_{max} - i_{min} = \frac{\sqrt{C \times V}}{2} - \frac{\sqrt{C \times V}}{5}$$

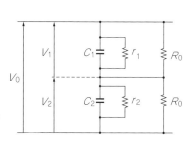

図9 漏れ電流による印加電圧の分圧比のばらつきを抑制するためにバランス抵抗を付けた回路

- C_1：アルミニウム電解コンデンサ1
- C_2：アルミニウム電解コンデンサ2
- r_1：コンデンサ1の漏れ抵抗
- r_2：コンデンサ2の漏れ抵抗
- V_1：コンデンサ1の端子間電圧
- V_2：コンデンサ2の端子間電圧
- R_0：バランス抵抗
- V_0：ライン電圧

第3部 パワエレ向けコンデンサ…しくみと特性

$$= \sqrt{C \times V} \left(\frac{1}{2} - \frac{1}{5} \right)$$

$$= \frac{3}{10} \sqrt{C \times V}$$

となります[1].

● 漏れ電流の温度特性

電解コンデンサの漏れ電流は，温度が上がると増加します．20℃での漏れ電流を1とすると65℃では2～3倍，85℃では3～5倍になります．

そのほかにも印加電圧や放置によってばらつきを生じるので，漏れ電流のばらつき係数で余裕をもたせる必要があります．

● 設計例

基板自立型アルミ電解コンデンサの400 V/470 μF品を，周囲温度60℃で2個直列接続する場合の設計例を示します．

- 常温に対する漏れ電流温度係数：2.0
- 電圧バランス率：10 %
- 漏れ電流のばらつき係数：1.4

とした場合,

- 電圧バランス：$V_1 - V_2 = 400 \times 0.1 = 40$ V

漏れ電流のばらつき範囲は,

$$i_{max} - i_{min} = \frac{3}{10} \sqrt{470 \times 10^{-6} \times 400 \times 2 \times 1.4}$$

$$= 364\ \mu A$$

よって，バランス抵抗R_0の値は以下となります．

$$R_0 = \frac{40}{364 \times 10^{-6}}$$

$$\fallingdotseq 109000 \to 100\ k\Omega$$

なお，何らかの外的要因などで生じた異常には，最悪の場合，電圧バランス率が100 %となる可能性があります．そのような場合でも防爆弁が作動しないような電圧定格品を選定します．

並列接続して使う場合の注意

実装上の高さ制限や，コンデンサの最大ケース・サイズ品以上のリプル電流が印加される回路においては，アルミ電解コンデンサを並列に使用する場合があります．

● アルミ電解コンデンサの一般使用例

市場の製品でも図10のような，回路図どおりの基板実装を見かけます．

実際に印加リプル電流を測定してみると，印加リプル電流の大きさは$C_1 > C_2 > C_3$の順となります．C_1には許容リプル値を大幅に超えるリプル電流が印加されているのに対して，C_3にはわずかなリプル電流しか流れていない場合があります．

これは基板パターンがインピーダンスをもつことで等価回路が図10(b)のようになるためです．インピーダンスの少ないC_1側の電解コンデンサにリプル電流が集中して流れ，C_3側に近いほど直列インピーダンスが大きくなるために印加リプル電流は流れにくくなることが原因です．

このままフル稼動すると，C_1から順にリプル電流過大によって寿命が短くなるので注意が必要です．

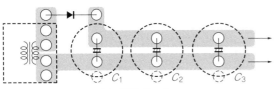

(a) 基板パターン

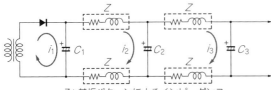

Z：基板パターンによるインピーダンス

C_2に流れるリプル電流i_2は$Z \times 2$で制限され，
C_3に流れるリプル電流i_3は$Z \times 4$で制限される

(b) 等価回路

図10 アルミ電解コンデンサを並列使用するときの基板パターン例

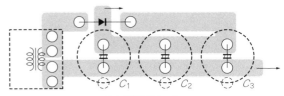

(a) 基板パターン

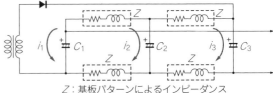

Z：基板パターンによるインピーダンス

C_1, C_2, C_3に流れるリプル電流i_1, i_2, i_3はどれも$Z \times 2$で制限されバランスをとりやすい

(b) 等価回路

図11 基板パターンのインピーダンスを考慮した基板パターン例

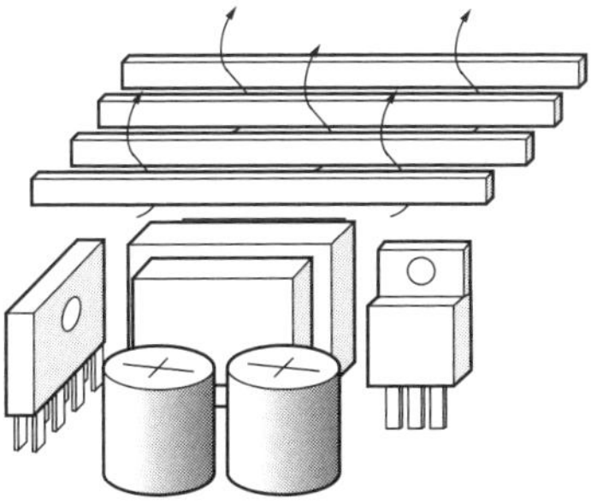

第17章 小型大容量を得られるアルミ電解コンデンサ

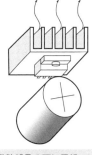

図12 筐体内に熱を こもらせない

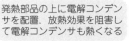

（a）悪い例　　　　　（a）良い例

図13 発熱部品と電解コンデンサの配置例

● 基板パターンのインピーダンスに配慮した並列使用例

これを防止する一例として，図11のような接続方法があります．

電流ループがやや大きくなってしまいますが，図11（b）の等価回路のように，1本組み合わせの電流ループは常に一定のインピーダンスが存在するため，比較的バランスがとりやすい構成となります．

高密度実装時の注意 ── 温度上昇を抑制する

近年の製品は小型化が進み，部品単体の小型化はもちろんのこと，基板実装技術の進歩から，部品間クリアランスはますます縮小の方向にあります．

基本的に電解コンデンサの寿命は周囲温度条件によって決定されるので，発熱部品との距離を十分に確保して温度を下げなければなりません．次のポイントに留意することが効率良く高密度実装を目指すノウハウとなります．

● 筐体内に熱をこもらせない

ファンなどの強制空冷手段がない場合，図12のように上方向にスリットなどを配置して熱が筐体内にこもらないような構造とします．

● アルミ電解コンデンサは発熱部品の下方向に配置

基板が縦方向に実装され，ファンなどの強制空冷手段がない場合，発熱部品で発生する熱は図13のように対流によって上昇していくので，コンデンサは発熱部品の下方向に配置して熱の影響を受けにくくします．

● 風の通り道の確保

ファンなどの強制空冷手段がある場合，発熱部品とコンデンサの間の空間に風の通り道を作って発熱部品の影響を受けにくくします．

● 発熱部品との接触を避ける

自立型の半導体部品や抵抗などの傾きやすい発熱部品は，アルミ電解コンデンサの周囲に配置しないよう

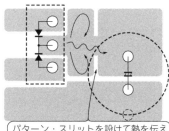

図14 スリットを設けて熱を伝わりにくくする

パターン・スリットを設けて熱を伝えにくくした例

にします．

● 熱伝導の抑制例

整流ダイオードと平滑コンデンサは，太く短い基板パターンで結線することが理想ですが，整流ダイオードから基板パターン（銅箔）を介して熱が伝わってきます．

図14のように特性上問題とならない程度にパターン・スリットを挿入し，整流ダイオードと平滑コンデンサ間の熱伝導率を低下させるとアルミ電解コンデンサの温度上昇が抑制できます．

急速充放電回路での注意点

アルミ電解コンデンサを急速な充放電を伴う回路に使用した場合は，コンデンサ内の陰極の誘電体表面と電解液界面で電気化学反応により，さらに酸化皮膜が生成され，静電容量の減少とガスが発生します．ガスはコンデンサ内部にたまってケース内圧を上昇させるので，最終的には圧力弁作動状態に至ります．

ACサーボ・アンプ用電源やインバータ用電源など，電圧変動が大きく急激な充放電を頻繁に繰り返す回路にアルミ電解コンデンサを使用する場合は，陰極箔への酸化皮膜生成を抑制する対策を行った充放電対策仕

第3部 パワエレ向けコンデンサ…しくみと特性

様の電解コンデンサを使用します．
充放電対策仕様品と未対策品の充放電試験結果の一例を図15に示します．

- 定格：63 V/10000 μF
- サイズ：φ35×50 mm（ケースの長さ）
- 充放電条件
  印加電圧：63 V
  充電抵抗：2 Ω
  放電抵抗：100 Ω
  充放電サイクル：1秒充電，1秒放電を1サイクル

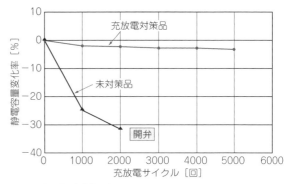

図15 充放電試験結果例

リプル電流の測定方法

● リプル電流測定時の引き出し線

リプル電流波形測定時は，高周波特性の良い電流プローブを使用して測定します．しかし，測定用引き出し線が長くなると，特に高周波リプルに対してはインピーダンス成分となって実際の印加リプル電流よりも小さい値として観測されます．

測定用引き出し線は電流プローブの挿入に必要な最小限の長さに留め，極力短く太くします（図16）．

● 並列使用時のリプル電流測定

アルミ電解コンデンサ並列使用時のリプル電流測定では，測定対象のコンデンサだけを引き出すのではなく，並列使用したコンデンサすべてを引き出して行います．

測定対象コンデンサだけを引き出した場合，引き出していないコンデンサに電流が集中して流れ，引き出したコンデンサのリプル電流波形は実際の印加リプル電流よりも小さい値として観測されます．

アルミ電解コンデンサ並列使用時は，すべてのアルミ電解コンデンサのリプル電流波形を確認します．基板実装上のパターン引き回しによっては，どこかのアルミ電解コンデンサにリプル電流が集中している可能性があります．見落しのないように確認が必要です．

● リプル電流の算出方法

観測されたリプル電流波形からオシロスコープの波形演算機能で実効値を表示させると，さまざまな周波数成分を含む複雑な電流波形も実効値として瞬時に表示されます．この機能は非常に便利ですが過信は禁物です．

検証手段として，入力平滑用コンデンサに流れる電源商用リプルとスイッチング・リプルの重畳波形（図17）を例に，合成リプル電流の算出方法を示します．

電源商用周波数成分（低周波成分）のリプル電流I_Lは正弦半波の実効値なので，

$$I_L = I_P \sqrt{\frac{T_1}{2T}}$$

スイッチング周波数成分（高周波成分）のリプル電流I_Hは方形波の実効値なので，

$$I_H = i_P \sqrt{\frac{t_1}{t}}$$

アルミ電解コンデンサの等価直列抵抗は，周波数特性をもつので，規定の周波数と異なる場合には表1に示す周波数補正係数から規定の周波数に換算します．

低周波成分の周波数補正係数をK_{fl}，高周波成分の周波数補正係数をK_{fh}とすると規定の周波数に換算した合成リプル電流I_nは，

$$I_n = \sqrt{\left(\frac{I_L}{k_{fl}}\right)^2 + \left(\frac{I_H}{k_{fh}}\right)^2}$$

となります．

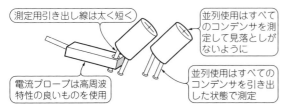

図16 リプル電流測定時の注意点

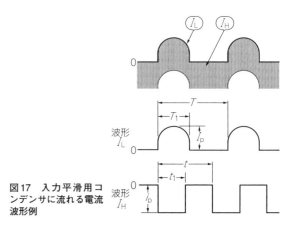

図17 入力平滑用コンデンサに流れる電流波形例

第17章 小型大容量を得られるアルミ電解コンデンサ

column▶02 液漏れは寿命が尽きたということ

藤田 昇

● 時間がたつと内部の電解液が蒸発してしまう

アルミ電解コンデンサが液漏れする主な要因は，蒸発によって内部から電解液がなくなってしまう蒸散現象（ドライ・アップ）です．写真Bに発熱でドライ・アップしたコンデンサを示します．

蒸発の量は，電解液の性質（蒸気圧が高いと蒸発しやすい）と温度の高さに影響されます．また，ケースの密閉度によっても変わり，密閉度が高ければ蒸散量は少なくなります．寿命末期には静電容量が減少し，等価直列抵抗が増加します．

はんだ付け時のフラックスや輸出入時の燻蒸剤に含まれるハロゲン（塩素や臭素など）の侵入で電極が劣化することもあります．つまり，予測しない時期に寿命を迎えることもあるということです．

● 回路にどんな悪影響が出る？

小信号回路のバイパスやデカップリングに使っている場合は静電容量が抜けESRが高くなっても，回路として性能が落ちる，または動作しなくなるだけです．

しかし，電源回路の平滑コンデンサのようにリプル電流が流れる回路に使用している場合は，ESRが高くなると自己発熱が多くなり，さらにESRを高める方向に働きます．結果，図Bのように急激な発熱や破裂に至るという危険性があります．平滑用コンデンサは体積が大きいので，液漏れや破裂は大きな2次災害につながる可能性が高くなります．

● 安全弁が働くように上部にスペースを設ける

アルミ電解コンデンサには，極端な温度上昇や爆発を避けるために，安全弁が設けられています．具体的には，アルミ・ケースの上部に筋を入れて裂けやすくして安全弁としたり，封止部に圧力弁を設けたりしています．

これらの安全装置が働くためにはスペースが必要です．もし，アルミ電解コンデンサの上部が電子機器のケースに密着していたり，封止部がプリント基板に密着していたりすると安全弁が働かず，アルミ電解コンデンサの温度と内部圧力が上昇を続けます．ケースがプラスチックでできている場合は変形や火傷，発火に至る可能性もあります．

図Cのように，アルミ電解コンデンサの圧力弁周辺には必ずスペースを設けます．必要なスペースは，電解コンデンサの大きさや安全弁の構造などによって異なります（多くは数mm程度）．

機器寿命（想定使用期間）より部品寿命のほうが長くなるように設計するのが原則ですが，メーカが想定した機器寿命を超えてユーザが機器を使い続けることはよくあります．

図B 液漏れや破裂に至るステップ

(a) 安全弁が開いた例　　(b) 液漏れの例

写真B 内部の発熱が原因でドライアップした電解コンデンサの症状

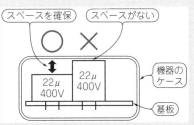

図C アルミ電解コンデンサの安全弁周辺には必ずスペースを設ける
安全弁が上部にある場合

column 03　アルミ電解コンデンサをできるだけ長期間使う方法

藤田 昇

電源回路の平滑コンデンサのように，大容量・高耐圧・小形で安価という条件では，表Aでほかのコンデンサと比較すると，アルミ電解コンデンサを使わざるを得ません．しかし，アルミ電解コンデンサには寿命があります．できるだけ長期間使用するにはどうしたらよいのでしょうか．

● 長寿命タイプを低い温度で使う

アルミ電解コンデンサの寿命は，蒸発によって内部から電解液がなくなってしまう蒸散現象（ドライ・アップ）が主な要因です．部品メーカは寿命を長くするため，蒸気圧の低い電解液を採用し，ケースの強度確保・封止材の強化・封止材とケースや端子の密着度を強化しています．いずれもコストや大きさに影響します．

同じ静電容量でも用途に応じて上限温度と寿命の異なる製品が用意されています．表Bは1000 μF/25 Vのリード線型アルミ電解コンデンサを比較したものです．

ドライ・アップの速さは，分子運動の激しさによります．アルミ電解コンデンサの寿命は，10℃上がるごとに半分になります（10℃ 2倍則）．

表Bの「計算寿命」の欄は，アルミ電解コンデンサの温度を55℃としたときの寿命を，10℃ 2倍則で計算したものです．長寿命品を選び，使用温度を上限温度より下げると長期間使うことができます．

● 発熱体から遠ざける

アルミ電解コンデンサの温度は電子機器の内部温度と自己発熱で決まります．電子機器の内部温度を下げるためには機器内の発熱量を少なくし，放熱量を多くします．例えば，機器の表面積を広くする，ファンを付けるなどです．また，図Dのように温度が高くなる部品（パワー・トランジスタや大電力抵抗器）のそばに取り付けることは避けます．

● アルミ電解コンデンサの自己発熱を下げる

自己発熱要因は，リプル電流か漏れ電流です．リプル電流が流れる回路ではESRでジュール熱（$W = i^2R$）が発生します．そのため，ESRの低いもの，あるいは許容リプル電流の大きいものを選びます．

定格電圧を加えると漏れ電流が最高値になります．回路の使用電圧の最高値に対して余裕をもった耐電圧のものを選択します（たとえば1.5～2倍程度）．

● 形状の大きいほうが寿命が長い

同じ静電容量・定格電圧のときは形の大きいほうが寿命が長い傾向があります．

容積が大きいと電解液が多くなり，蒸散までの時間が延びるからです．また，表面積が広いと放熱量が大きくなり，自己発熱による温度上昇を低減できます．

表A　平滑用コンデンサの比較

種類	大容量	高耐圧	低ESR	耐リプル	寿命	価格
アルミ電解	○	○	△	○	あり	○
タンタル電解	△	×	○	△	明確にはない	×
セラミック	×	△	○	○	明確にはない	○

表B　アルミ電解コンデンサ（1000 μF，耐圧25 V）を55℃で使ったときの寿命

上限温度 [℃]	寿命 [時間]	寸法 [mm]	計算寿命（55℃）[時間]
85	2000	φ10×16	16000 ≒ 1.8年
105	2000	φ10×16	64000 ≒ 7.3年
105	5000	φ12.5×20	116万 ≒ 18年
105	10000	φ10×25	32万 ≒ 36年
125	5000	φ12.5×25	64万 ≒ 73年

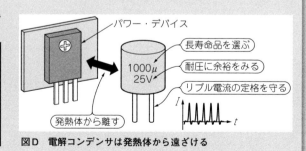

図D　電解コンデンサは発熱体から遠ざける

第17章 小型大容量を得られるアルミ電解コンデンサ

◆参考・引用＊文献◆

(1)＊ ニチコン：アルミ電解コンデンサテクニカルノート，2-5-2項.
https://www.nichicon.co.jp/wp-content/uploads/CAT.1101H.
pdf

(2)＊ ニチコン：アルミ電解コンデンサテクニカルノート，2-4-3項.
https://www.nichicon.co.jp/wp-content/uploads/CAT.1101H.
pdf

表1　周波数補正係数の一例

定格 電圧 [V] ＼ 周波数 [Hz]	50	60	120	300	1 k	10 k	50 k ～
16 ～ 100	0.88	0.90	1.00	1.07	1.15	1.15	1.15
160 ～ 250	0.81	0.85	1.00	1.17	1.32	1.45	1.50
315 ～ 450	0.77	0.82	1.00	1.16	1.30	1.41	1.43

（a）基板自立型コンデンサ（入力平滑用）

定格電圧 [V]	静電容 量 [μF] ＼ 周波数 [Hz]	50	120	300	1 k	10 k ～
6.3 ～ 100	～ 56	0.20	0.30	0.50	0.80	1.00
	68 ～ 330	0.55	0.65	0.75	0.85	1.00
	390 ～ 1000	0.70	0.75	0.80	0.90	1.00
	1200 ～	0.80	0.85	0.90	0.95	1.00

（b）リード線型コンデンサ（出力平滑用）

第18章 自動車の動力系に欠かせない

高耐圧で周波数特性に優れるフィルム・コンデンサ

藤井 眞治 Shinji Fujii

フィルム・コンデンサの特徴と使いどころ

フィルム・コンデンサの外観を**写真1**に示します．フィルム・コンデンサは，高耐圧で周波数特性に優れ，低インピーダンスという特徴があり，これらを生かした回路で使用します（**図1**）．

● 電源雑音防止用

電源入力回路でコモン・モード・コイルとともにフィルタを構成し，雑音防止用として使用します．

コンデンサ C_1 と C_2 は，電源ライン間に挿入されるため安全上重要な部品です．各国の安全規格に適合した製品を使用することが義務付けられています．自己回復作用（コラム1参照）のあるフィルム・コンデンサがよく使われます．

写真1 フィルム・コンデンサの外観

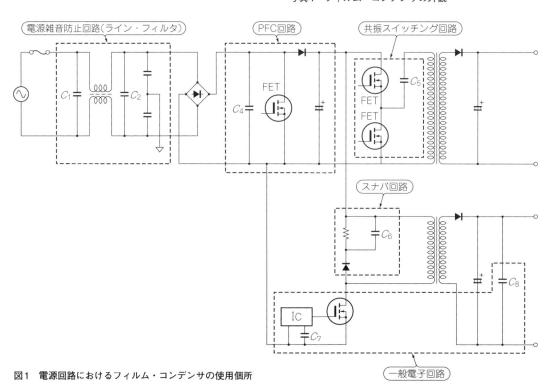

図1 電源回路におけるフィルム・コンデンサの使用個所

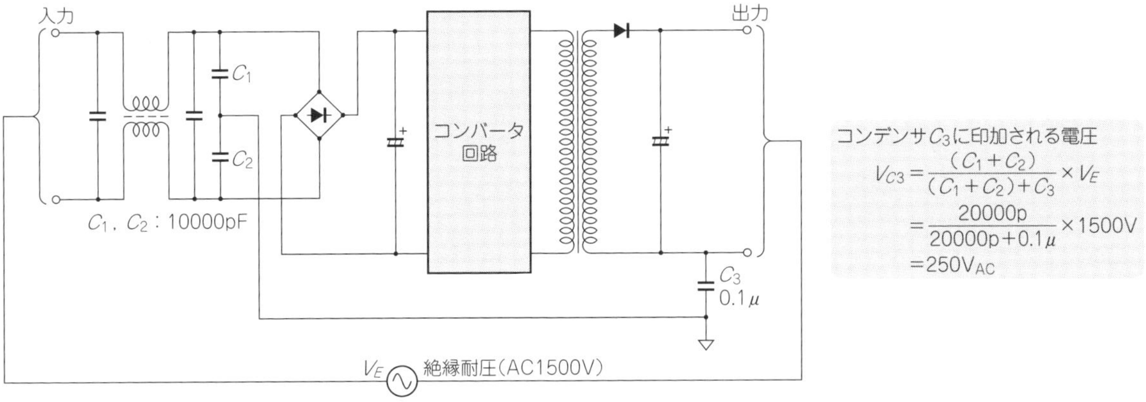

第18章 高耐圧で周波数特性に優れるフィルム・コンデンサ

図2 絶縁耐圧試験の回路例

$$V_{C3} = \frac{(C_1+C_2)}{(C_1+C_2)+C_3} \times V_E$$
$$= \frac{20000p}{20000p+0.1\mu} \times 1500V$$
$$= 250V_{AC}$$

● スナバ回路用

回路の電流をスイッチでON/OFFすると，自己インダクタンスによって高いスパイク電圧がスイッチ素子(FETなど)に印加され，破損の原因になります．これを防止する回路がスナバ回路です．最も一般的な回路はフィルム・コンデンサと抵抗，ダイオードで構成されています．

フィルム・コンデンサC_6は高耐圧でパルス電流に強いものが要求されます．

● 高周波・大電流回路用
▶ PFC回路用

PFC回路の入力側にフィルム・コンデンサC_4を挿入し，PFC回路のスイッチ素子(FET)から発生するスイッチング・ノイズを減少させます．高耐圧・高周波・低インピーダンスが要求されます．

▶ 共振型スイッチング電源用

フィルム・コンデンサC_5とコイルでリアクタンスを相殺させ，共振させて，効率の良い共振型スイッチング電源を構成しています．

コンデンサに大きな共振電流が流れるため，低インピーダンスが要求されます．また，回路的にも高電圧が印加されるため，フィルム・コンデンサが適する部品となります．

● 一般電子回路用

周波数特性・温度特性が優れているため，一般電子回路用として，
- 発振周波数(時定数)決定
- スパイク・ノイズ対策
- 誤動作防止

に使用されます．

● 高耐圧を生かした使用例 ── 絶縁耐圧試験用

製品の安全試験で，1次-2次間の絶縁耐圧試験を実施すると，1次-FG(フレーム・グラウンド)間のコンデンサ容量に反比例した電圧が，コンデンサに印加されます．2次-FG間も同様です．

図2の例では，C_1，C_2を10000 pF，C_3を0.1 μFとして，1500 V_{AC}の絶縁耐圧試験を行うと，C_3には250 V_{AC}の電圧が印加されます．C_3に印加される電圧が大きくなればコンデンサの定格電圧も大きく，また絶縁距離も大きくなるため，C_3には高耐圧で容量の大きいフィルム・コンデンサを使用する必要があります．

使用時の注意：定格電圧の考え方

● 印加電圧

AC定格の場合，過電圧は電源変動を含めて定格電圧の110 %以内とします．

DC定格の場合，コンデンサに印加される電圧はサージおよびリプル電圧の尖頭値(直流電圧＋交流尖頭値)が定格電圧を超えないようにします．

特に規定のない限り，急激な充放電はコンデンサの特性劣化や破壊につながるので行わないようにします．

● 温度

定格温度以上で使用する場合，特に規定のない限り，図3の軽減率で定格電圧を軽減します．

規定の温度範囲でも，急激な温度変化のある環境下

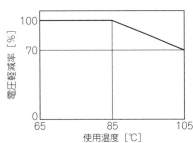

図3 電圧軽減率と使用温度の関係

第3部　パワエレ向けコンデンサ…しくみと特性

column 01　フィルム・コンデンサの自己回復作用

藤井 眞治

　フィルム・コンデンサの重要な特徴として自己回復があります．自己回復(Self-healing)とは，誘電体が絶縁破壊しても，絶縁を回復させる作用のことです．

　フィルム・コンデンサの誘電体としては，プラスチック・フィルムだけのものと金属化フィルムを使用したものがあります．

　フィルム・コンデンサはその構造から，①蒸着電極コンデンサ(SH)，②箔電極コンデンサ(NH)の2種類に大別できます．図Aに示すように，非常に薄

い蒸着金属膜を電極として使用しています．誘電体の一部が絶縁破壊した場合，破壊エネルギーによって破壊点近傍の蒸着膜が瞬時に溶融飛散して破壊点周囲の電極がなくなることで絶縁を回復させます．

　このことから，蒸着金属を電極とした自己回復できる蒸着電極コンデンサをSH(Self-healing)コンデンサと呼び，金属箔(アルミ箔)を電極とした自己回復することのない箔電極コンデンサをNH(Non-self-healing)コンデンサと呼びます．

図A　フィルム・コンデンサの自己回復現象

で使用しないようにします．製品によって保存温度と動作温度の区別のある場合は，これを守ります．また，結露するような高湿度下では使用しないようにします．

使用環境および取り付け環境を確認の上，カタログの仕様欄に規定した定格性能の範囲内で使用します．

第4部

パワエレに必須の保護部品
…しくみと特性

第4部 パワエレに必須の保護部品…しくみと特性

第19章 役割/使われどころから種類/構造まで

ヒューズの基礎知識

布施 和昭 Kazuaki Fuse

ヒューズ(fuse)の構造は至ってシンプルです．流れる電流によるジュール熱で内部の導電金属が溶けて断線することで回路を遮断します．

ヒューズの役割

● 故障時の最後のとりで
ヒューズは，製品や設備の故障時の最後のとりでのような存在です．ジュール熱で金属が溶断することを利用しているので，制御電源や機械的な機構をもたないぶん，いたってシンプルな構造で故障要因が少ない，自己完結型の部品です．

● 壊れて働く
電気の過電流の異常状態を止めるには回路を確実に遮断すれば異常を解除できます．ヒューズは一定の電流値に達すると自動的に身を呈して回路を切断して復帰させません．部品としては故障(溶断)してこそ本来の働きなのですから妙な部品です．

ヒューズはほかの電子部品と異なり，製品の機能や性能には直接関与しません．いたって地味な存在で，切れない限りは関心をもたれない部品でもあります．

ヒューズの使われどころ

● 多くの分野で利用される
ヒューズはさまざまな分野で使用されています．一部を紹介すると，FAX，パソコン，コピー機，プリンタなどの事務機器，オーディオ，テレビ，電子レンジなどの家庭電化製品，自動車，電車，工場やプラントの電力設備などなど，あらゆる分野でどこにでも潜り込んでいる部品です．

● 携帯機器の普及とともにヒューズの応用分野も拡大
現在は，携帯端末やスマートフォンをはじめ，リチウム・イオン蓄電池を使用している製品が数多くあります(写真1)．リチウム・イオン蓄電池は，容量が大きく安定して大きな電流を流せるエネルギー密度が高い電池のため，過負荷やショートした場合には大きな事故につながります．

リチウム・イオン蓄電池が使用されている航空機やスマートフォン，パソコンなどの事故例としては，バッテリ内部での不具合による電極間セパレータのショートや，過充電，過放電などの制御システムの問題などがあります．原因はともかく，電池性能が向上している一方で，事故が起きると発煙や発火を伴う事故になりかねないので，回路内部には必ずヒューズが実装されています．

電池内部の故障では保護は難しいですが，電池外部における保護にはいろいろと対策が講じられています．

● 安全を担保している自動車には1台あたり50～60個のヒューズが張りめぐらされている
普段，何気なく運転している自動車は，車種によっても異なりますが，大きな容量の鉛バッテリやリチウム・イオン蓄電池が搭載されています．これがショートすると非常に大きな電流(数十～100A以上)が流れ，配線類などは瞬時に過熱します．下手をすると車体の炎上までの事故につながります．

そのため，車に搭載されている各種の電装品にはヒューズが組み込まれています．車のマイナス・ラインは車体につながれているので，各プラス側にはヒューズが装着されています．

自動車の各種電装品は走行時の安全面を考慮して，ヘッド・ライト右，ヘッド・ライト左のように片方の

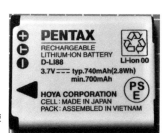

写真1 携帯機器などに使われているリチウム電池

第19章 ヒューズの基礎知識

ライトが切れても，もう片方のライトは生きるように設計されています(フェイル・セーフになっている)．

自動車の部品故障は，人身事故につながることもあります．そこで安全面から部品単体で保護し，すべての機能が一度に失われることがないよう，故障部分を最小限に切り離すべく考慮されています．そのため，電装品の数だけヒューズが組み込まれていると言っても過言ではありません．

自動車内のヒューズ・ボックスだけでも20～30個くらいはあります．また，ボンネットの中にもヒューズ・ボックスが分散配置されています(写真2)．1台に50～60個くらいのヒューズが装着されています．この数も走行時の安全面の確保から考慮されています．

● 公共の電力設備では陸上競技で使うバトン・サイズの大型ヒューズが使われている

6.6 kVや3.3 kVといった高圧を扱う電力会社の配電設備や高圧を受電している施設や工場，プラント事業所などの大口需要家では，高圧受配電設備が必要になりますが，そこにも電力用遮断器などとともに電力ヒューズが使われています．

図1に示すように，陸上競技で使うリレーのバトンのような大きなサイズ($\phi 6 \times 30$ cmほど)です．電圧が高いぶん，ヒューズが溶断したときのアーク放電を切り離す機構が必要になります(電圧が高いぶん，溶断した空間部の空気がイオン化されて導電状態になり，なかなかアーク放電が切れない状態になる)．これには，消弧剤を挿入するなどの対策が必要となるので，どうしてもサイズが大きくなります．

ヒューズの動作時間は，ほかの遮断器の動作時間(数サイクル)とは異なります．電流ヒューズなどでは半サイクル以下の動作時間によって機器の損傷を軽減できるので，あらゆる分野で電気保護のため使用されています．

用途はさまざまであり，身近なところでも多くの種類があります．形状もチップ・サイズからバトン・サイズまでと多種多様です．

感電，火災，漏電… 被害を最小限度に食い止める

● 電子機器を搭載する製品や設備は突然故障する

電子機器を搭載した製品や設備は，単なる使用時の故障だけでなく，製品を落下させてケースが割れたとか，水をこぼしてしまったとか，塵挨の付着，高温下での放置などの環境によるストレス，部品の経年劣化，ひいては部品寿命に至るまで，長期間にわたって故障要因を含んでいます．

電気の故障は，前兆がある場合もありますが突然の場合がほとんどです．感電や火災，漏電など大きな事故を引き起こす可能性を常に有しています．

(a) 車載のヒューズ・ボックス　　(b) ブレード型ヒューズ

写真2 車載に使われているブレード・ヒューズ
電流値により色分けされている．エレメントは外部から目視できる

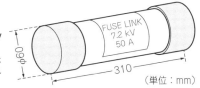

図1 高圧7.2 kVのヒューズ
高圧ヒューズには消弧剤が充填されている

column 01 ヒューズ製品と市場の適合性(一般，産業，車載)

高藤 裕介

回路保護素子であるヒューズは，スマートフォンなどの民生機器から通信機器などの産業機器，車載部品など幅広い製品に使用されています．そのため，ヒューズに求める性能も製品により異なります．

産業機器の場合，一般的に製品寿命は，民生機器よりも長く設定されています．そのため，ヒューズに長期間での信頼性保証が要求されます．

車載用途の場合には，高温下や温度変化の大きい環境でヒューズが使用される場合があります．その場合には，高温下での信頼性保証や温度変化に対する信頼性の保証が要求される場合があります．

具体的なヒューズの設計の工夫としては，次のような例があります．

(1) 温度変化による膨張と収縮を吸収できるようなヒューズ・パターンにする
(2) 硫化を防ぐために，銀や銅などの硫化しやすい材料は使わない
(3) 硫化しやすい材料を使う場合は，構造の工夫やコーティングなどで硫化を防ぐ
(4) 高品質を維持するため，工程内管理を強化する

第4部　パワエレに必須の保護部品…しくみと特性

● **事故を最小限に抑えるために故障個所を分離する**

そのため，あらゆる故障を想定し，事故を最小限に抑えるために適所に保護装置を設け，狭い範囲で瞬時に故障個所を分離します．そのため，非常に小型で安価，かつ高速動作で性能劣化しにくいヒューズが，異常時の最終段の保護としてあらゆる個所に使用されています．

ヒューズの選定

● **選定はエンジニアにとって悩ましい**

安全面からの建て前は「異常電流が発生した場合に，その電流による発熱での部品の発煙，構造物の発火や人的感電などを防止する部品であり，故障回路を瞬時に遮断する．故障個所を最小限に抑えて他の正常な部分や回路から切り離す．電力など公共施設の場合には，他の地域への波及などを防ぐものである」となります．

しかし，それに反して，用途はさまざまですが「定常使用状態での電流では遮断してはならない」という側面ももちあわせているのです．ヒューズは電子部品ではあるが，機能として「切れてはダメ，切れなくてはダメ」と諸刃の剣なのでややこしいのです．

通常での使用時で切れると「なぜ切れた」，なんらかの部品や過負荷で故障時に切れないと「なぜ切れない」と，どちらに転んでも叱責を受けるのがエンジニアです．上司からは，この負荷では切れる可能性があるとか，この故障では切れない可能性があるとか言われ，最後には「担当者が自信をもって決めなさい」などはよくある話なのです．上司にしてみれば最終的に責任を取るので気持ちはわかりますが，担当者とて悩ましいところです．

正常の範囲が0～1A，異常の範囲が1A以上というように線引きすることが安易であればよいのですが，一定負荷などは少なく，異常電流でもほんのわずかな時間であれば異常とはカウントしないなど，線引きがあやふやなところが出てくるのです．

突入電流とかパルス電流，サージ電流，起動電流など呼び名が異なっても，異常範囲に相当する電流なのです．

● **壊れることを保証している部品「ヒューズ」を壊れないように使う**

一般の電子/電気部品であれば壊れない使い方のみを考慮すればよいのですが，ヒューズの場合は両面を考慮する必要があります．

ヒューズは単なる導体で構成される単純な構造の部品です．この構造で，導体が溶断する電流値や溶断するまでの時間を規定されている範囲に収めるべく，導体の材質，長さや太さ，形状，構造などが工夫されて

います．しかし，導体の溶断は物理現象にほかならないので，選定に対しては変動要因が含まれます．

そのため，ヒューズ・メーカでは，ヒューズの不溶断や正常時の不要溶断を避けるために，詳細に，たくさんの定数を付与しています．選定にはメーカの資料を十分に吟味することが必要です．

ヒューズの種類と構造

● **構造による分類**

ヒューズの構造は用途によりいろいろな種類や形のものがありますが，大別すると以下のように分類されます．
① 管タイプ
　　カートリッジ・タイプ
　　アキシャル・リード・タイプ
　　ラジアル・リード・タイプ
② 端子挿入タイプ
③ 面実装タイプ
　　リード・エレメント・タイプ
　　金属皮膜エレメント・タイプ
④ 警報接点/遮断表示付きタイプ

● **① 管タイプのヒューズ**

図2に，最も一般的な$\phi 5.2 \times 20\,\mathrm{mm}$のガラス管タイプ・ヒューズの構造を示します．安価で小型なため，小容量の回路によく用いられるオーソドックスなタイプです．ヒューズ・エレメントと呼ばれる可溶体(低融点合金)は両端の金属キャップなどに固定されています．溶断したときに可溶体が飛び散るのを防ぐために，ガラス管やセラミック管に収められ，接着剤で封止されています．

このヒューズは，電極間の距離が10mmあり，ACラインに直結した回路などに使用されます．電極間の距離が短いと，ヒューズが切れたときにそのキャップ間に電圧がかかるので，電圧によってアーク電流が切れにくくなるからです．

エレメントは，定格電流や溶断時間によって長さや形状，太さなどが異なります．

ヒューズのエレメントには，Ag(960℃)，Al(660℃)，Pb(327℃)，Sn(231℃)，Sb(630℃)，Bi(270℃)，Zn(420℃)，In(156℃)，Cd(321℃)，Cu(1084℃)などの金属や合金が多く使われています［()内は融点温度の参考値］．

これらの金属の配合により分子構造を変えて低融点の合金(おおむね230℃以下)が作られています．メーカは組み合わせる材料の配合や割合などによって，融点を任意の温度に作っています．

カートリッジ・タイプかリード・タイプかは，実装

144 トランジスタ技術SPECIAL No.168

第19章 ヒューズの基礎知識

によって選択します．カートリッジ・タイプはクリップやホルダによって保持し，リード・タイプは直接プリント基板にはんだ付けします．リード形状はラジアル，アキシャルともに用意されています．

サイズはφ5.2×20 mm以外にも，φ4.5×15 mm，φ5.2×15 mm，φ6.3×31.5 mm，φ10.3×38.1 mmなど，各種そろっています．

● ② 端子挿入タイプのヒューズ

樹脂ケースに密閉され，サブミニチュア・タイプと呼ばれているものです（**写真3**）．サイズは高さ10 mm，φ10 mm以下の小型タイプです．リードはラジアル・タイプで，直接基板に挿入してはんだ付けしますが，ヒューズ・メーカによっては容易に交換できる挿入型のホルダも用意されています．

写真3の例では，エレメントはリード・タイプで，取り付けピッチは5.08 mmです．樹脂ケースで覆われているため空間距離の点で他部品との距離が小さくできます．また基板の実装面積が小さくできるので非常に使いやすい形状です．

形状が幅7.5 mm，高さ10 mm，長さ18 mm以下の角型樹脂タイプ（**写真4**）もあります．挿入リードはラジアル・タイプです．エレメントはリード線や帯リードなどが使用されて，密閉構造になっているのは先ほどのものと同じです．サイズによりますが，取り付けピッチは7.5 mmと大きくなっている種類もあります．

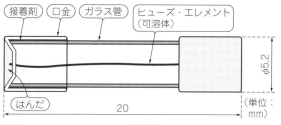

図2 φ5×20 mmのヒューズの構造
ガラス管タイプ・ヒューズの断面

写真3 実装面積が小さくできるラジアル・マイクロヒューズ

---

column＞02　エレメントと端子が一体構造のヒューズもある

高藤 裕介

サイズの大きい表面実装型のヒューズには，セラミック中空ケースに収められた表面実装タイプの製品（**写真5**）のほかに，**図A**のようなヒューズ・エレメントと端子が一体の薄板で構成された構造の製品もあります．

ヒューズ・エレメントと端子が一体構造なので，ヒューズ内部に接続不良の心配がないのがメリットです．

（a）外観　　　　　　　　　　（b）内部構造

図A ヒューズ・エレメントと端子が一体構造のヒューズ（松尾電機，JHC型）
接続不良の心配がないのがメリット

第4部 パワエレに必須の保護部品…しくみと特性

写真4 角型のラジアル・マイクロヒューズ
この写真はリードがSMDタイプとなっているが，スルー・ホール実装タイプもある

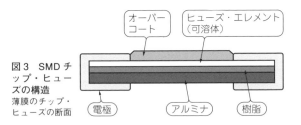

図3 SMDチップ・ヒューズの構造
薄膜のチップ・ヒューズの断面

写真5 SMDセラミック・ケース・ヒューズの外観
エレメントはリード・タイプ．極間が大きいのでACラインにも使用できる

● ③面実装ヒューズ（SMDタイプ）

図3にチップ・ヒューズの構造を示します．サイズはチップ抵抗などの他の電子部品と同様で1005，1608，3216，6025などがあります．フロー，リフロー実装が可能で省スペース化できます．

電極間の距離が短いためACライン直結回路のような高い電圧回路には使用できません．2次側の低圧回路やバッテリを使用するような携帯の端末回路などには適しています．

ヒューズ・エレメントは，アルミナやセラミックのベースの上に蒸着やスパッタリングによって金属皮膜を作り，高精度なレーザ・トリミングやフォト・エッチング加工されて両電極に接続されています．

これらのチップ・ヒューズはホルダに挿入されたものもあります．それらは交換が可能です．

なお，写真5に示すような，セラミック中空ケースに収められたサイズの大きい面実装タイプの製品もあります．種類によってはACライン（AC 125 V）に直結して使用できるものもあります．内部エレメントは金属線が使用されています．

生産面に関しても，量産対応の自動挿入のテーピング品など，目的に合った形状のものを適宜選択できます．

ヒューズ・エレメントの抵抗温度係数は構成材料によっても異なります．ほかの金属と同じように，正の温度係数が3500〜4500 ppm/℃前後で，おおむね20 %/50 ℃の変化をもちます．温度が高くなるとエレメントの抵抗値が上がって発生する熱量は大きくなり，溶断しやすい方向になります．選定時には周囲の温度の影響も考慮する必要があります．

● ④警報接点／動作表示付きヒューズ

ヒューズの溶断がガラス管タイプのように外見で確認できる場合には，どの系統の回線に異常が発生したかが判断できるので，速やかに対応できます．しかし，そうでない場合は，なかなか厄介です．

---

column ▶ 03 薄膜チップ・ヒューズの構造と消弧剤の第2の機能

高藤 裕介

薄膜タイプのチップ型ヒューズのなかには，図Bのような消弧剤をヒューズ・エレメントの周囲に配置した構造もあります．この構造での消弧剤の第1の機能は「ヒューズが溶断したときのアーク放電を切り離すこと」ですが，第2の機能としてヒューズ・エレメントと外部との熱伝導を抑制する働きがあります．

ヒューズの基板材料として使用しているアルミナ・セラミックスは熱伝導が非常に良いため，ヒューズ・エレメントが周囲の温度の影響を受けて溶断時間が変化したり，ヒューズ・エレメントの発熱が直接製品表面の温度の上昇につながったりして，安全規格を満足しない懸念があります．

そこで，熱伝導率が比較的低く，熱容量が大きい樹脂材料を消弧剤として用いることで，外部との熱のやりとりを抑制し，安定した溶断特性の確保と製品表面の温度上昇を抑えることができます．

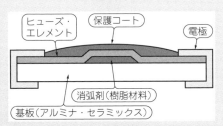

図B 消弧剤をヒューズ・エレメントの周囲に配置した構造のチップ型ヒューズ（松尾電機，KAB型）

第19章 ヒューズの基礎知識

写真6
表示接点付き警報ヒューズの例
　　　　　　　　　　　　（a）外観　　　　　　　　（b）内部

　メンテナンス性を考慮した表示付きヒューズがあります．少し特殊ですが，ヒューズが切れると外部接点を動作させて警報発報などに利用できる構造であり，ヒューズの断線の有無を目視できます(**写真6**)．

　ヒューズ・エレメントはバネで引かれています．溶断するとバネと連携した接点や表示器を動作させる構造です．内部構造を**図4**に示します．エレメントはリード・タイプです．

　外形は構造上少し大きくなりますが，接続はタブ端子となっているので，ヒューズ・ソケットに装着もできます．

　主に通信設備，NC工作機，計装盤などの重要設備に使用されています．サイズは $10 \times 30 \times 23$ mmほどなので，保守点検が容易です．

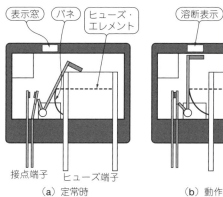

図4　警報ヒューズの動作原理

---

column ▶ 04　仕様より便利さが優先されるのが常

布施 和昭

　近ごろの電源はスイッチング方式のものがほとんどです．一昔まえのキャッチ・フレーズで言えば「軽，薄，短，小です」と，スイッチング電源を客先にPRしていたものです．リニア方式の電源と比較して，確かに的を射たものではありました．

　スイッチング電源は，当初はリニア電源に比較して3～5倍ほど価格が高いのが普通でした．そのために，簡単には売れません．そこで，長所を端的に表す言葉でアピールするわけです．「理想的な電源です」と…．

　確かにその通りなのですが，当初，スイッチング電源を見たときには，リニア電源と比べてリプルが大きく，「何だこれは」といった感じでした．また応答も遅いし…．

　しかし，昨今ではすっかりなじんできています．軽いこと，小さいことのほうが受け入れられて定着し，性能の弱点は製品のほうでカバーできているわけです．

　個々の部品での対応や信号をディジタル化して処理するなどで，「リプルもノイズもなんのその」というようになってきたわけです．そのため，持ち運び可能な携帯の情報端末などへ市場が大きく拡大しました．

　もちろん，スイッチング電源自身も低リプルや低ノイズ化と進歩しているのですが，軽いこと，小さいことが，価格や性能より大きなメリットになるのです．

　近年では，環境に考慮して省エネルギー化が進んでいますが，リニア方式が主流だった時代には，変換効率の概念よりも性能重視の風潮がありました．このように，時代とともに目指す方向も変わっていくものなのであります．

第4部　パワエレに必須の保護部品…しくみと特性

column 05　チップ型ヒューズのサイズと定格拡張の移り変わり

高藤 裕介

● チップ・ヒューズの進化

チップ型ヒューズは，薄膜エレメント・タイプの小型低背の製品と線エレメントをパッケージに収めた製品に大別できます．ケース・サイズは，1608から3216サイズが主流と言えます（図C）．

薄膜エレメント・タイプはさらなる小型化を目指した1005サイズ，膜厚とパターンを工夫した耐パルス向上品，パターンの工夫と工程管理を強化した車載対応品があります．

線エレメント・タイプは，ヒューズ線をモールド・パッケージに収めた構造，ガラス・エポキシ基板でヒューズ線を挟み込んだ構造，高電流化するためにヒューズ線を高強度のセラミック・ケースに収めた構造があります．

近年は，さらなる高電流化のために，薄板状のヒューズ・エレメントと電極が一体になり，セラミック・ケースに収めた構造のものもあります．線エレメント・タイプについても，工程管理の強化で車載対応した製品があります．

● 今後のチップ・ヒューズの方向性

リチウム・イオン蓄電池の普及により，さまざまな製品の電動化が進んでいます．一例として，コードレス掃除機や電動工具，電動アシスト自転車が挙げられます．

小型が特徴の表面実装型高電流ヒューズのニーズが増えてきています．これまで管ヒューズに比べて1～3mm程度の小型で，1A未満～10A程度の比較的低い定格電流の製品が多かったのですが，これからはよりケース・サイズが大きく5～10mm以上

〈薄膜エレメント〉小型低背
製品サイズ：2.0mm×1.2mm
　　　　　　1.6mm×0.8mm
定格電流：0.2A～6.3A
セラミック基板に金属薄膜を形成した構造

〈線エレメント〉耐パルス
製品サイズ：3.2mm×1.6mm
定格電流：0.5A～10A
線エレメントをガラス・エポキシ基板で挟み込んだ構造

図C　チップ型ヒューズのサイズとトレンド（松尾電機の例）

のサイズで，30～100A以上の高定格の製品が増えていくと予想できます．

column 06　エンジニアは想像力と感性が重要

布施 和昭

エンジニアが最初に念頭に置くことは，仕様とコストです．見積もり時のコストは時間制限があるなかで，受注するためとは言えかなり楽観的で，かつ強気に要点の回路設計をして，部品単価，工数，管理費などなどを盛り込んで見積書を作成します．

しばらくして，ほかの仕事にかまけているなかで，営業さんから受注が決まった旨の連絡が入ると気持ちがガラりと一転します．パーツ・リストを早急に動かさないと納期に関わる！　見積もり時の回路図は要点のみの設計なので仕様書と回路を首っ引きで確認し，回路図を引き，机上であれやこれやと動作確認し，なんとか部品手配を終え，それから部品の納期までの間が技術屋さんの持ち時間となり，本格設計に取り掛かります．

そのあとで，エンジニアリング・サンプルの作成と動作確認などなど…なんとか工場生産の手前まで

第19章 ヒューズの基礎知識

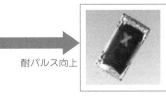

耐パルス向上

製品サイズ：1.6mm×0.8mm
定格電流：1.6A～6.3A
薄膜厚を増加し，内部接続も強化した構造

高信頼

車載対応品

製品サイズ：2.0mm×1.2mm
　　　　　　1.6mm×0.8mm
定格電流：0.5A～8A
薄膜のパターンの工夫と，工程管理を強化した製品

小型化

製品サイズ：1.0mm×0.5mm
定格電流：0.1A～2.5A
基本性能を変えずにサイズダウンを実現
（2024年9月現在，生産中止）

高電流化

製品サイズ：3.2mm×1.6mm
定格電流：1A～15A
線エレメントをセラミック・ケースに収めた構造

高信頼

車載対応品

製品サイズ：3.2mm×1.6mm
定格電流：0.5A～10A
工程管理を強化した製品

さらに高電流化

〈薄板エレメント〉高電流/耐パルス

製品サイズ：7.3mm×5.8mm
定格電流：30A～100A
薄板エレメントと端子が一体で，セラミック・ケースに収めた構造

たどり着きます．細かい評価などは後にして，まずは性能，安全関係の温度/EMI試験などをこなして客先立ち会いとなります．すると客先はアブノーマル試験を要求してきました．もちろん，すべての部品に対してオープン/ショート試験を確認したので安心していたのですが，不安な気持ちも漂います．

　ある部品のショート試験で切れない！ …切れることを祈りつつ待ちますが，部品から多少の煙も漂っており，立ち会い者の目つきが変わったのは明らか…．「再度確認させてください」とお願いして，同じ試験を実施すると今度は溶断したのですが，許してはもらえず，再度評価となりました．

　原因は，電流が小さいので部品のショートでの溶断に時間がかかり，そのまえに部品の発煙が先になったことでした．発煙部品を難燃性の部品に交換して，先にヒューズが溶断し，発煙発火なしとなりました．

　部品の温度の確認をしておくべきでした．試験の後ですぐ部品に触れるか，または匂いなどで気付いたはずと反省した次第です．

第20章 エレメントの構造と溶断特性の相違

ヒューズの動作原理

布施 和昭 Kazuaki Fuse

ヒューズは，電流によってヒューズ・エレメントが発熱し，溶けてオープンとなる非常に単純な構造です．エレメントの熱伝導を考えると，装着(実装)状態において，両端子では固定クリップやはんだ付け部分の熱抵抗がエレメントの中央部より低くなって放熱するため，熱は両端子に向かって移動します．

溶断の過程と特性

● 熱の移動

エレメントの抵抗Rと流れる電流iによるジュール熱Ri^2t(tは時間)によって，エレメントの温度が上昇していきます．温度はエレメントからヒューズの両端子に，熱伝導や輻射によって放熱しながら上昇します．**図1**は，無通電の状態から溶断までの経過を示したものです．

● 動作範囲

ヒューズが安全に動作する範囲は定格によって決まります(**図2**)．定常時は，ヒューズ定格電流以下で使用されますが，過負荷時にはヒューズ定格電流と遮断電流の間が安全に遮断できる範囲となります．上限の遮断容量を超えて使うと，破損などの危険を伴います．

特に，定格電流近傍の電流では温度は緩やかに上昇します．端子部への放熱によって温度飽和してエレメントの溶融温度に達しなければ温度平衡となり，溶融せずに安定します．電流がさらに大きくなり，熱平衡が取れなくなってエレメントの融点に達すると溶断し，回路はオープンになります．溶断する時間は電流に比例するので，電流が大きくなるに従って短くなります．

負荷の短絡によって瞬時に定格電流の数十倍の電流が流れた場合には，熱伝導などの放熱が追随できず，エレメント単体の熱容量の大きさのみによって瞬時に溶断します．

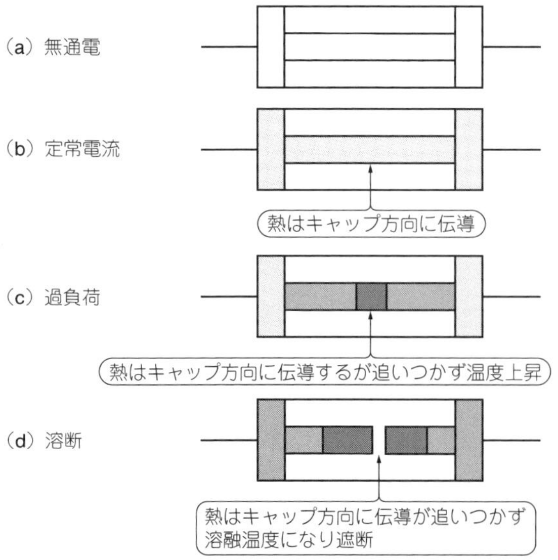

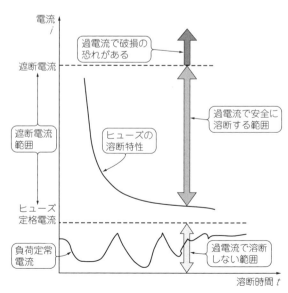

(a) 無通電
(b) 定常電流
熱はキャップ方向に伝導
(c) 過負荷
熱はキャップ方向に伝導するが追いつかず温度上昇
(d) 溶断
熱はキャップ方向に伝導が追いつかず
溶融温度になり遮断

図1 ヒューズの溶断過程
エレメントの中央から熱が広がる

電流
i
過電流で破損の
恐れがある
遮断電流
過電流で安全に
溶断する範囲
遮断電流
範囲
ヒューズの
溶断特性
ヒューズ
定格電流
負荷定常
電流
過電流で溶断
しない範囲
溶断時間 t

図2 ヒューズの安全動作範囲

第20章 ヒューズの動作原理

溶断時間によるヒューズの分類

● 溶断時間は速断,普通,遅断に分類される

ジュール熱はRi^2tで発生するので,温度は電流の2乗に比例します.溶断特性は**図3**のように電流と時間のi-t特性として表されます.

ヒューズの定格電流をI_nとすると,ヒューズはI_nの100%では溶断せず,100%を超えたあとに溶断します.電流が溶断特性カーブの右側に入ると溶断領域となります(電流-溶断時間については各国ごとにヒューズ規格で規定されているため一律ではない).

溶断時間は,電流を段階的に増加させると,**図3**のように電流が大きくなるに従って動作時間が短くなる反限時特性となります.

図4は,定格1Aのヒューズの実測特性例(250〜3000%範囲例のi-t特性)です.これは基本的な特性ですが,使用する機器の用途によっては,速く遮断したい/遅く遮断したいなどの要求があります.このため溶断特性として,**図5**に示すように速断タイプ,普通溶断タイプ,タイムラグ/タイム・ディレイ溶断タイプ(遅断タイプ)などがあります.規格によって呼びかたが異なりますが用途は同様です.

▶①速断タイプ

リチウム・イオン蓄電池や電子部品などがショートに移行した場合に,発煙や発火などが想定される箇所の保護用途に用いられます.

▶②普通溶断タイプ

定常電流から何らかの原因で過電流になった場合な

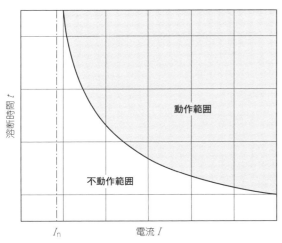

図3 ヒューズの溶断特性
動作範囲に入ると溶断する

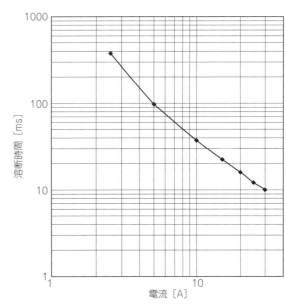

図4 ヒューズ溶断特性の例(定格1A)

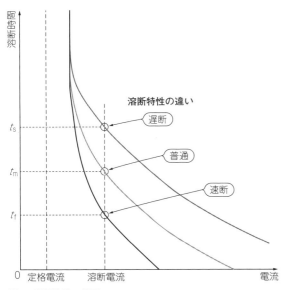

図5 溶断特性の分類
同一電流でも溶断時間に相違がある

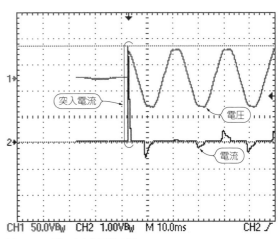

図6 コンデンサ突入電流の例

第4部 パワエレに必須の保護部品…しくみと特性

どの,過負荷保護を想定したヒューズの用途に使用されます.

▶③タイムラグ/タイム・ディレイ溶断タイプ

モータなどの起動時は,定格回転に達するまでは高負荷となり大きな起動電流が流れます.また,スイッチング電源などのコンデンサ入力回路では,電源ON時にコンデンサに初期充電するため突入電流が発生することが想定され,起動時にヒューズが溶断してしまう恐れがあります.図6は,スイッチング電源のコンデンサ突入電流の例です.

このような起動時に発生する一時的な突入電流で溶断しないように,タイムラグ/タイム・ディレイ動作のヒューズを用います.

CR回路での充電時間がコンデンサ容量の大小で変わるのと同様に,ヒューズの場合も溶断時間はエレメントの熱容量によって変わります.

溶断特性の制御

● エレメントの形状

ヒューズの溶断特性はエレメントのみで制御する必要があります.エレメントは合金材料や形状,長さ,断面積など,さまざまな面から工夫されています.

ガラス管ヒューズのエレメント形状例を図7に示します.図7(a)は,中央部を細くして抵抗を大きくした速断タイプです.図7(b)は,1本の芯にもう1本をらせん状に巻き付けて,エレメントの熱容量を大きくしたタイムラグ・タイプです.図7(c)は,エレメントの中央に低融点の可溶体を配置するなどして熱容量を稼ぎ,溶断時間を遅くしたタイム・ディレイ・タイ

column>01 薄膜タイプと線タイプの耐パルス性の違い

高藤 裕介

ヒューズの溶断特性を決める要因として,ヒューズ・エレメントの放熱と熱容量が挙げられます.この関係を図Aに示します.

最小溶断電流(ヒューズを溶断できる最小電流)は放熱が重要となり,放熱が多いほど温度上昇が抑えられるため,最小溶断電流は高電流側にシフトします.

一方で,高電流領域(おおむね定格電流の10倍以上)の溶断時間は短いため,ヒューズの放熱による影響が少なく,ヒューズ・エレメントの熱容量によ

ります.ヒューズ・エレメントの熱容量が大きいほど溶断時間は長くなり,突入電流(瞬間的な大電流)に対する耐性が高くなります.

一般に同じ定格電流であっても,図Bに示すように,線エレメント・タイプの製品のほうが薄膜エレメント・タイプの製品よりもヒューズ・エレメントの断面積が大きく,熱容量も大きいため,溶断特性カーブの傾きが小さく,耐パルス性が高い傾向にあります.

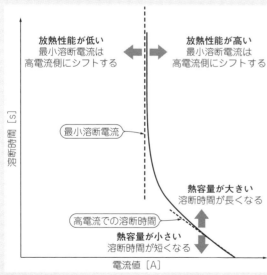

図A 溶断特性とヒューズ・エレメントの放熱性能および熱容量との関係
放熱が多いほど,最小溶断電流は高電流側にシフトする.ヒューズ・エレメントの熱容量が大きいほど,溶断時間は長くなる

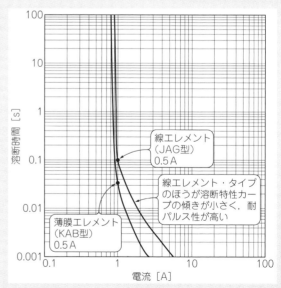

図B 薄膜エレメント・タイプと線エレメント・タイプの溶断特性の比較

第20章 ヒューズの動作原理

プです．このように，いろいろと工夫して溶断特性を作り出しています．

特に溶断時間の長い(1秒以上)ものでは，構造が単純なためばらつきが大きくなる傾向にあります．各メーカでは，設計，製造，材質や抵抗値などの品質管理に工夫を凝らしているようです．

写真1に，実際のヒューズでのエレメントの形状例を示します．エレメント線を折り曲げたものや，コイル状にしてエレメントの収縮を緩和しつつ線長を稼いだものなど，いろいろと工夫されています．

（a）線形が一部細い

（b）スパイラル巻き付け

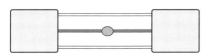

（c）低融点のはんだ材料

図7 ガラス管ヒューズのエレメント形状の例
エレメント形状は溶断時間を左右する

● チップ・ヒューズでのエレメント形状

チップ・ヒューズで使われている薄膜金属皮膜は，抵抗メーカでの加工技術の応用でさまざまな加工がなされています．

図8に，チップ・ヒューズの薄膜エレメントとリード線エレメントの構造例を示します．**図8(a)**，**図8(b)**は薄膜エレメントです．それぞれ，金属皮膜エレメントの中央部を三角にトリミングしているもの，エレメントを中央部のみに配置して両端子部から導電部(銅パターン)が伸びているものの例です．これによってエレメントの放熱を向上させて，タイム・ディレイ・タイプとしています．

図8(c)は，SMD(表面実装)タイプのリード線エレメントの例で，中空の角型セラミック管でエレメントはリードを巻き付けたタイム・ディレイ・タイプとなっているものです．外装をはがしてみると，**写真2**のようにコイル状に巻き付けたエレメントが内蔵されていました．

図8(d)は，樹脂ケースに収められた帯状のリード

（a）折れ曲がり状　　　（b）コイル状に巻き付け

写真1　実際のガラス管ヒューズの例

---

column ▶02　表面実装型高電流ヒューズの基板設計の注意点

高藤 裕介

定格電流が10〜100A程度の比較的高定格の表面実装型ヒューズを使用する場合は，ヒューズ自体の発熱だけではなく，基板の回路パターンからの発熱にも留意する必要があります．

例えば，積層基板の何層かを並列に使用して，回路の断面積を増やして電気抵抗を減らすことで発熱を低く抑えることが考えられます．このとき，いくら多層パターンで電流を分散させたとしても，それぞれの層が独立に通電して発熱すれば，各層間の発熱量の偏りや，中心に近い層に熱が集中してしまうことが起こり得るので注意が必要です．

これを解決する例としては，**図C**に示すように十分な数のスルー・ホールで各層を貫くことで，電流の偏りを解消し，各層の熱伝導を向上させて中心部に熱がこもるのを防ぐことができます．また，スルー・ホールの内部は十分な厚みのめっきで仕上げなければいけません．そうしないと，スルー・ホールを設けた効果が発揮しきれません．

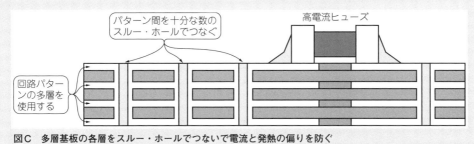

図C　多層基板の各層をスルー・ホールでつないで電流と発熱の偏りを防ぐ

第4部 パワエレに必須の保護部品…しくみと特性

(a) 三角形

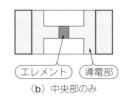
(b) 中央部のみ

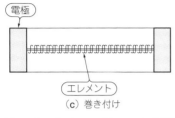
(c) 巻き付け

(d) 折り曲げ

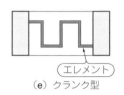
(e) クランク型

図8 チップ・ヒューズのエレメント形状の例

(a) 外観　　　　　(b) 内部

写真2　SMDタイプのセラミック・ヒューズの内部

線エレメントを三角状に配置しているものです．少しわかりにくいのですが，内部エレメントは角帯状で，ケースを外したものが写真3(b)です．これは速断タイプです．

図8(e)は，エレメントは金属皮膜にトリミングされてクランク型になっています．

このように，小さなサイズのヒューズは熱容量も小さいため速断，超高速タイプが多くなります．タイム・

(a) 外観　　　　　(b) 内部

写真3　スルー・ホールのプラスチック・ケース・タイプの内部

ディレイ・タイプなどの特性を作るためには，エレメントの熱容量を大きくするような形状に工夫されています．

column>03　ヒューズは最後に選ぶ

布施 和昭

　インパルス試験をやっている際に，何度目かにヒューズが切れることがあるとの連絡が入りました．早速インパルス試験に立ち会ったところ，ライブ側のプラス5回，マイナス5回，ニュートラル側のプラス5回，マイナス5回，…とやっていくうちに，最後の何回かの試験で完了というところでヒューズが切れてしまうのです．

　さっそくi^2tを確認したところ，100 A^2s程度が必要とわかり，カタログを引っ繰り返してヒューズを変更したことで事なきを得た次第です．

　ヒューズ選定ではi^2tを考慮する必要があるわけですが，仕様書でインパルス電圧/電流を要求されている場合もあるので，その際にはさらに検討する必要があります．すなわち，通常の突入電流のi^2tとは別途に，インパルス電流によるi^2tを考えておかないとまずい場合があるのです．

　条件は多々あると思われますが，ヒューズが飛んでしまっては機能以前の話になってしまうわけです．ヒューズの突入電流については確認していても，インパルスのi^2tまでは気が回っていなかったのです．ヒューズの選定は切れてから決める…でありました．

Appendix 3 感電や発煙，発火などを防ぐために決められている

各国のヒューズ安全規格

布施 和昭 Kazuaki Fuse

あらゆる製品にヒューズは使われており，感電や発煙，発火などの危険性に関わるものです．重要な安全部品であることから，日本国内はもとより，北米や欧州，中国，韓国など，各国ごとに安全規格が定められて認証機関で認証されています．

ヒューズの認証機関とマーク

● 日本国内では PSE（Product Safety Electrical Appliances & Materials；電気用品安全法）

電気用品安全法の特定電気用品におけるヒューズの場合，交流（商用周波数）で定格電流が1〜200 A（管型ヒューズに関しては31.5 A以下），定格電圧100〜300 V以下の場合には，経済産業省の電気用品安全法に基づき複数の認定検査機関［例えばJET（電気安全環境研究所）など］の基準適合検査を受け，認可されたヒューズを使用する必要があります．

A種はULに準拠，B種は日本独自設定，J60127はIECに準拠となっています．

電気用品安全法では，特定電気用品では◇マークのPSE，その他の電気用品では○マークのPSEとなっています．別の言いかたをすると，構成部品扱いは◇マークのPSE，最終製品扱いは○マークのPSEです．

● 米国では UL（Underwriters Laboratories, UL/CSA 248-14規格＝UL 198G と CSA C22.2 No.59）

認証は UL Listed と UL Recognized があります．

定格電圧125〜600 V，定格電流0〜30 AでUL 198G仕様に基づいて規格適合したものにUL Listedマークが付けられます．遮断容量（ヒューズが安全に遮断することができる固有電流の上限値）は10000 A以上となります．これは最終製品とみなされる場合にListedが必要になります．

Recognizedは，製造メーカの仕様に基づいてULで試験を行い，認証された製品にUL Recognizedマークが付けられます．これは構成部品とみなす場合です．例えば，組み込み電源ボードに使うヒューズなどは部品扱いです．ACアダプタも，それ自体は製品の一部品であると見ると，Recognizedで使用が可能となります．

● カナダではCSA（CSA C22.2 No.59, UL/CSA 248 -14規格）

CSA規格はULと相互認証されていますので，UL ListedがCSAマークとなります．CSA C22.2 No.59に基づいて適合したものです．同様に，UL Recognizedに相当するものがCSA▲マークとなります．

ULが安全性の認証をカナダ仕向けで認証した場合にはcUL，カナダ向け，米国向け両方の場合にはcULusなどとなります．

北米では定格電圧が125 Vですが，オプションとして250 Vも対応しています．電流定格により遮断容量が表1のように規定されています．

● 欧州ではIEC規格（IEC 60127）

IEC（国際電気標準委員会）は，SEMCO（スウェーデン電気機器試験承認学会）やBSI（英国規格協会）などの各国の認証機関により発行されます．

IEC 60127規格仕様をもとにして，CENELEC（欧州標準電気委員会）に加盟している国の認証機関で試験し認証してもらいます．CENELECに加盟している国は，そのレポートにより相互認証になります．

定格電圧は250 V，定格電流は10 A以下となります．

各加盟国での認証マークはVDE（ドイツ），BS（英国）などの各国規格を認証機関で認証したもの，SEMCOマーク，VDEマーク，BSIカイト・マークなどが付与されます．

表1 ULでの250 Vオプションの対応規定

ヒューズ電流[A]	遮断容量 [A]	定格電圧 [V]
0〜1	35	250
1.1〜3.5	100	250
3.6〜10	200	250
10.1〜15	750	250
15.1〜30	1500	250

第4部 パワエレに必須の保護部品…しくみと特性

表2 各国の認証マーク

国名	規格名	カテゴリ分類	認証マーク
米国	UL	UL	(UL)
カナダ	CSA	UL	CSA
日本	電気用品安全法省令1項A種 電気用品安全法省令1項B種 電気用品安全法省令2項	UL 日本独自 IEC	PSE JET
欧州	スウェーデン SEMKO	IEC	S Intertek
	英国 BSI	IEC	♡
	ドイツ VDE	IEC	VDE
中国	中国 GB	IEC	CCC
韓国	電気用品安全管理法	IEC	KC

　　　　＊　　　　＊　　　　＊

　その国で製品に使用するためには，仕向け地の安全規格で認証されている必要があります．認証品以外を使用するとなるとヒューズとは認められず，規格に沿った安全試験を受けなければなりません．時間も費用もかかるため，認証部品を使用すべきです．

　各国仕向け地の規格ならびに情報機器，オーディオ，ビデオ製品，家庭用電気機器製品などのカテゴリによっても適用規格が異なるので注意が必要です．また，ヒューズの規格とカテゴリの要求規格は必ずしも一致しないので注意が必要です．

● 印字，捺印について

　認証マークは，管ヒューズの場合には金具部に刻印され，ミニヒューズの場合には樹脂ケース上面に印字されています．国内ではPSE，北米，カナダであればUL，CSA，欧州であればSEMCO，VDEなどで認定されたものから選択する必要があります．表2にマークの例を示します．

　ヒューズには認証マーク以外に，写真1に示すように電流A，電圧V，タイムラグT，速断F，高遮断容量H，製造者認定記号などが捺印されています．

規格と溶断特性

● 同一規格でも似て非なるものと考えよ！

　ヒューズ溶断特性は製品ごとに異なるため，製品に規定されている電流と溶断時間（i-t特性）を確認する必要があります．ヒューズの規格で規定されている内容を表3に示します．電気用品安全法，UL，IECなどで，ヒューズ定格電流I_nの％に対して溶断時間が規定されています．

　凡例のなかで電気用品安全法のA種の場合を見ると，次に示す3点のポイントで規定されています（図1）．
(1) 定格電流の110％で通電できること
(2) 135％で1h以内に溶断すること
(3) 200％で2min以内に溶断すること

　135％の1h以下での溶断範囲，および200％の2min以下での溶断範囲は規定時間以下であればよいわけで，メーカによって任意の特性をもたせることができます．

　規定を満足する範囲内で，メーカ独自の材質や構造などにより溶断特性に違いが出てきます．同一メーカ品の特性のばらつきは少ないのですが，メーカや型式が異なる場合には違う特性だと考えます．同一規格の電気用品のAタイプであっても同等品とは限らないため，使用するメーカの特性表を参考に考えなくては

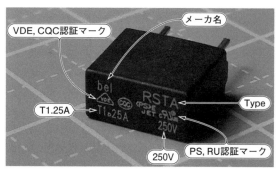

写真1 実際のヒューズにおける刻印の例

Appendix 3 各国のヒューズ安全規格

表3　各ヒューズ規格による溶断時間の規定

規格名	遮断容量	溶断特性 / 電流 [%]	100%	110%	115%	125%	130%	135%	150%	160%	200%	210%	275%	400%	1000%
電気用品安全法 別表三	100 A, 300 A, 500 A	A種（UL, CSA準拠）		○				≤1h			≤2min				
		B種					○			≤1h	≤2min				
		特殊							溶断特性は製造者の規定による						
UL 248-14 （= CSA）	10,000 A/125 V, 1500 A以下/250 V	普通　In≤30A	≥4h								≤2min				
		普通　30A<In	≥4h								≤4min				
		ディレイ　In≤3A	≥4h								5s~2min				
		ディレイ　3A<In≤30A	≥4h								12s~2min				
		ディレイ　30A<In	≥4h								12s~4min				
IEC 60127-2 （管型ヒューズ） J60127準拠	ss1（φ5.2×20）1500 A	速断　In<4A							≥1h/0.5h			≤30min	0.01~2s	3~300ms	≤20min
		速断　4A<In≤6.3A							≥1h/0.5h			≤30min	0.01~3s	3~300ms	≤20min
		速断　6.3A<In							≥1h/0.5h			≤30min	0.04~20s	0.01~1s	≤30min
	ss2（φ5.2×20）35 A または 10In	速断　In≤0.1A							≥1h/0.5h			≤30min	0.01~0.5s	3~100ms	≤20min
		速断　0.1A<In≤6.3A							≥1h/0.5h			≤30min	0.05~2s	10~300ms	≤20min
		速断　6.3A<In							≥1h/0.5h			≤30min	0.05~2s	10~400ms	≤40min
	ss3（φ5.2×20）35 A または 10In	タイムラグ　In≤0.1A							≥1h/0.5h			≤2min	0.02~10s	0.04~3s	0.01~0.3s
		タイムラグ　0.1A<In							≥1h/0.5h			≤2min	0.05~10s	0.15~3s	0.02~0.3s
	ss4（φ6.35×31.8）35 A または 10In	速断　In≤0.1A			≥1h						≤20s		2~200s	1~30min	≤5min
		速断　0.1A<In			≥1h						20s		0.02~15s	8~400ms	≤80min
	ss5（φ5.2×20）1500 A	タイムラグ　In≤0.8A							1h/0.5h			≤30min	0.25~80s	0.05~5s	5~150ms
		タイムラグ　0.8A<In≤3.15A							1h/0.5h			≤30min	0.75~80s	0.095~5s	10~150ms
		タイムラグ　3.15A<In							1h/0.5h			≤30min	0.75~80s	0.15~5s	10~150ms
	ss6（φ5.2×20）150 A	タイムラグ　In≤0.1A										≤2min	0.2~10s	0.04~3s	0.01~0.3s
		タイムラグ　0.1A<In										≤2min	0.6~10s	0.15~3s	0.02~0.3s
IEC 60127-3 （サブミニチュア ヒューズ）φ10×10	ss1（φ10×10）50 A	速断　In=2mA~5A	≥4h								≤5s	≤30min	≤300ms	≤30ms	≤4ms
	ss2（φ10×10）50 A	速断　In=50mA~5A	≥4h								≤5s	≤30min	≤300ms	≤30ms	≤4ms
	ss3（φ10×10）35 A	速断　In=50mA~5A							≥1h			≤30min	0.01~3s	3~300ms	≤20ms
	ss4（φ10×10）35 A	タイムラグ　In=40mA~4A							≥1h			≤2min	0.4~10s	0.15~3s	20~150ms
IEC 60127-4 （UMヒューズ、 その他ヒューズ）	ss1（方形リード）7.5×10H×18L 35 A（125 V以下）	超速断　In=0.032~10A				≥1h					≤2min				≤1ms
		速断　In=0.032~10A				≥1h					≤2min				1~10ms
		タイムラグ　In=0.032~10A				≥1h					≤2min				10~100ms
		超タイムラグ　In=0.032~10A				≥1h					≤2min				0.1~1s
	ss2（方形SMD）6×5×10, 100 A/低, 500 V/中, 1500 A/高（250 V以上）	超速断　In=0.032~10A				≥1h					≤2min				≤1ms
		速断　In=0.032~10A				≥1h					≤2min				1~10ms
		タイムラグ　In=0.032~10A				≥1h					≤2min				10~100ms
		超タイムラグ　In=0.032~10A				≥1h					≤2min				0.1~1s

○：時間制限なく通電できる。　≥1h：1時間以上通電できる。　≥1h/0.5h：1時間以上通電できる（定格電流値により0.5時間）。　≤1h：1時間以内に切れる

第4部　パワエレに必須の保護部品…しくみと特性

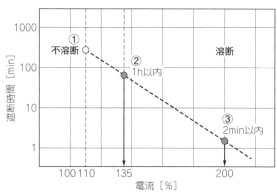

図1　ヒューズの溶断規定の例（電気用品安全法A種）
3つのポイントで規定されている

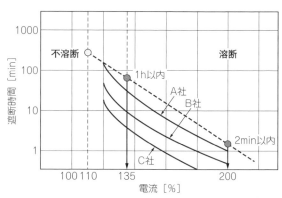

図2　A種規定を満足する特性例
規格上はA社，B社，C社とも同じヒューズ

なりません．
　かなりラフな規定となっているので，このAタイプの例であれば図2のような特性もあり得る．このような特性でも規格の要求は満たしています．
　したがって，同一の電流表示 "A種" のヒューズであっても，同一溶断特性にあらずなのです．

● 規格が異なれば溶断電流のとらえかたも違う──通電可能電流と連続通電電流は異なる
　規格は安全性を主眼に「規定の時間以内に切れること」としているわけで，この点では趣旨は共通です．
　しかし，前述のヒューズ規格表（表3）のように電気用品安全法，UL，IECでそれぞれ溶断規定値が異なります．
　各国の規格でヒューズの名称，電流規定値が異なるため比較は難しいのですが，大別して電気用品安全法，北米UL 248-14の100V系とヨーロッパIEC 60127-＊＊の200V系の規格特性に準じているようです．
　溶断電流の基準値も北米では200％，IECでは1000％までの範囲で規定されており，かなり違いが見られます．
　例えば，表3の○印の例として「1Aタイムラグ品」で「ULタイム・ディレイ3A以下」の項と「IEC-ss3 タイムラグ0.1A以上」の項を比較します．
　通電可能電流は，ULでは100％で4時間以上通電でき，溶断電流は135％で1時間以内に溶断するとあります．IEC ss-3でも同様に150％で1時間以上通電でき，210％で2分以内で溶断となっています．
　ULでは100％，IECでは150％で不溶断時間を規定しています．この点だけ見ると，IECのヒューズはULの1.5倍の電流でも溶断しないとも取れます．
　しかし，定格不溶断の100％や150％の電流は規定時間以上の長時間の連続通電では切れる可能性があります．エンジニアからすると，これを連続通電可能電流と見ることはできません．

● 特性曲線やディレーティング係数から判断する
　「切れずに連続通電できる電流は？」については，規格では規定されておらず，メーカに委ねられています．UL や IEC 規格では定格電流を定め，「連続通電できる電流」の足かせは外して，この点は「メーカによる」としています．
　このように，ヒューズ規格で切れる電流は規定されていても，切れない電流，すなわち安全に流せる電流がわからないとエンジニアにとっては不都合です．
　例えば電気用品安全法のA種では絶縁物の使用温度の上限値が規定されています．また，サンドイッチのように，定格電流に対して切れてはいけない電流は110％，切れる電流は135％以上などと，きちんと上段と下段の間にヒューズが挟まれた規定になっています．ここは，メーカに丸投げにはなっていないようです．型式によって異なりますがメーカでは製品を吟味し，0.5〜0.9程度の幅で電流係数として付与しています．
　この電流係数を掛けると「連続通電できる電流は定格値の50〜90％」になります．これで流せる電流の選択が可能になります．
　また，溶断時間に至っては規定の時間以下で切れればOKとなっているので，実際の溶断時間は規格からはまったく読み取れません．
　このようにヒューズ規格においては，通電電流や溶断電流，溶断時間は，メーカのディレーティング定数や溶断曲線によってエンジニアが判断できます．規格の規定の違いやヒューズ特有の定数が多々出てくるので，エンジニアにとって悩ましいところです．
　ところで，メーカのカタログでは溶断特性の名称である普通溶断，速断，タイムラグ，耐ラッシュ，タイム・ディレイなどの呼称もまちまちです．したがってヒューズ選定では個別の特性カーブを参考にすることが重要です．使う側からすると統一してほしいところですが，生来の電圧事情により積み上げてきた規定なのですから，素直に受け入れるしかないですね．

Appendix 3 各国のヒューズ安全規格

column 01 同じ溶断特性でも異なる定格

高藤 裕介

　同じ定格でも，規定の範囲内で各メーカが独自の溶断特性をもたせることができるというのは逆も然りで，まったく同じ溶断特性であっても，規定が違えば違う定格を名乗ることもできるということです．

　図Aは定格電流50Aと60Aのヒューズの溶断特性ですが，2つはまったく同じ曲線を描いています．実はこの2つの製品は，まったく同じ材料と構造なので，溶断特性が同じなのは当然のことなのです．この2つの製品が異なる定格に分かれている理由は，電流と溶断時間の関係の規格が異なるからです．

　定格電流50Aのほうは「定格電流の250％を通電したときに60秒以下で溶断する」という規格ですが，定格電流60Aのほうは「定格電流の200％を通電したときに60秒以下で溶断する」という規格になっています．

　それでは，なぜまったく同じ製品を規格上の数値だけで異なる定格に分ける必要があるのでしょうか．

　それは，ヒューズの性能上は使用してもまったく問題がない回路においても，ユーザの定格選定のルールによっては定格電流の数値に制約があって使用不可になってしまうことがあるからです．また，安全規格などで決められた定格電流の100％の電流を通電したときの発熱を評価した場合に，使用不可になってしまうようなことを避けるためです．

　例えば，以下のような事例が考えられます．

(1) 定常電流が35Aのとき，ヒューズ・メーカのディレーティングは90％となっているので定格値50Aのヒューズが使えるが，最低でも60％ディレーティングをしなければいけないというユーザ側のルールがあるので，定格値60Aのヒューズでなければいけない

(2) 両者はまったく同じヒューズなので，当然60A品として100％通電したときよりも，50A品として100％通電したときのほうが発熱は低く抑えられる

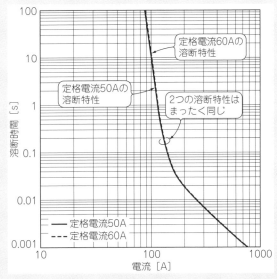

図A　2つはまったく同じ曲線を描いている（定格50A：松尾電機，JHC型，250％，60s溶断，定格60A：松尾電機，JHB型，200％，60s溶断）

column 02 ヒューズの再選定による小型化メリット

高藤 裕介

　ヒューズは回路保護部品なので，不用意に置き換えが行われるべきではありません．

　しかしながら，ヒューズを再選定することで，ヒューズの特性を最適化するということを考慮すると，小型のヒューズに置き換えを検討するメリットはあると言えるでしょう．

　例として，1608サイズの薄膜エレメント・タイプのヒューズの特徴を下記に示します．

(1) 小型/低背である
(2) 表面実装タイプなので，汎用のマウンタによる自動実装が可能
(3) 管ヒューズと比較して定格遮断容量が低い
(4) 管ヒューズと比較して溶断時間が短い（速断）製品のラインナップが多い

　このなかで，(3)は明確にデメリットです．

　(1)と(2)については，ニーズにもよりますが，明確にメリットと言えるでしょう．

　(4)については，速断が求められる用途において使用できるヒューズの候補が多いので，より用途にマッチした製品に置き換えることができる可能性があります．

第21章 定格電圧/電流からディレーティングの設定まで

ヒューズ選定の手順

布施 和昭 Kazuaki Fuse

本稿では，一般小型機器用のAC電源（商用周波数50/60 Hz）のラインに挿入するヒューズの選定手順を解説します．

手順①仕向け地に合った適用規格を選定する

● 国別の安全規格

製品がどこの国で使用されるかにより，ヒューズの適用規格を選定します．

国内であればPSE，北米であればUL，CSA，欧州であればIECのなかからVDE，SEMKO，DEMCO，TUVで認可されたものを選定します．ULとIECなどで重複認可されているものも多々あります．

手順②ヒューズ定格電圧を選定する

● 安全に遮断できる電圧

定格電圧は最大使用電圧を表します．定格電圧以下であれば安全に遮断できる電圧となります．使用回路の電圧以上のヒューズ定格電圧を選定します．

もちろん，直流か交流かも確認する必要があります．正弦波の場合には各サイクルで電圧がゼロとなる点を通り，ゼロ点ではアークが切れやすいのですが，直流の場合には電圧がゼロとならず切れないことがあり危険を伴いますので，必ず直流定格を選定します．

基本的には，100 V，115 V，120 V地区であればAC 125 Vを選定し，200 V，220 V，230 V，240 V地区であればAC 250 V定格を選定します．製品がワイド入力（100～240 V）の場合には，高いほうの電圧のAC 250 V定格を選定します．

手順③形状とサイズを選定する

● 実装する場所によって選定

ヒューズは，**写真1**のようにさまざまなタイプがあります．プリント基板に実装する場合には，2個のクリップを使用したり，樹脂に2個クリップが装着されているホルダを使用します．リード・タイプ（アキシャル，ラジアル），ミニチュア・タイプなど実装しやすいものを選定します．

1次側に使用する用途での面実装は少ないのですが，リフロー，ディップはんだなど，さまざまな工程により選択できます．量産する場合にはテーピング品の有無を確認しておきます．

また，函体や制御盤面に付ける場合などには，周辺のスペースやメンテナンス性なども考慮して選択します．

(a) 丸形ラジアル

(b) 角形ラジアル

(c) ガラス管

(d) SMTタイプ

(e) ガラス管リード

(f) ガラス管用クリップ

写真1 いろいろなヒューズの形状

第21章 ヒューズ選定の手順

手順④ヒューズ定格電流を選定する

● 定常時に流せる電流

定格電流は一定の環境条件のもとで通電可能な電流値です．回路の最大定常電流を通電できるヒューズ定格電流を選定します．定常電流は保護する回路に流れる電流で，負荷が最大のときの電流値を用います．

ヒューズはジュール熱によって動作するので，電流は実効値(RMS；Root Mean Square)で求めます．負荷の変動や入力電圧の変動により最大になる電流を測定します．

---

column 01　電流値とヒューズ・エレメントの切れ方

高藤 裕介

ヒューズ・エレメントの切れ方は，ヒューズに流れた電流値によって変わってきます．そのため，溶断後の形状から何A程度の異常電流で切れたのかをおおよそ推測できます．

ここでは，**図A**のような線エレメント・タイプのチップ・ヒューズの溶断後のX線写真を例にとって，電流値と切れ方の関係の一例を紹介します．

写真A(a)は，定格電流の2倍の電流で溶断した場合のX線写真です．ヒューズ・エレメントの中央が溶断して，溶けたエレメントの金属が左右に丸くまとまっています．エレメントの端の部分は溶け残っています．

写真A(b)は，定格電流の4〜5倍程度の電流で溶断した場合のX線写真です．**写真A(a)**よりもエレメントが溶けた部分は広がって，溶けた金属の一部が内部の空洞内に落ちています．

写真A(c)は，定格電流の10〜30倍程度の電流で溶断した場合のX線写真です．ヒューズ・エレメントの全域と根元までが激しく溶断して，溶けた金属は内部の空洞に散らばっています．

(a) 外観

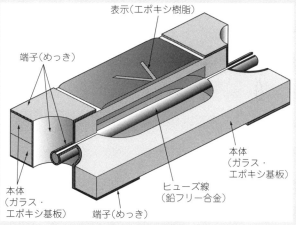
(b) 内部構造

図A　線エレメント・タイプのチップ・ヒューズ(松尾電機，JAG型)

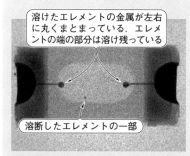
(a) 定格電流の2倍の電流で溶断した場合

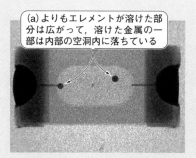
(b) 定格電流の4〜5倍程度の電流で溶断した場合

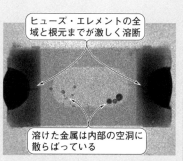
(c) 定格電流の10〜30倍程度の電流で溶断した場合

写真A　溶断した線エレメント・タイプのX線写真

第4部 パワエレに必須の保護部品…しくみと特性

● ディレーティング

ヒューズ・エレメントの熱疲労を考慮し,長期間の使用に耐えるためのディレーティング係数が型式によって付与されています.

定常電流I_{RMS}をディレーティング率d_1で除算して,ヒューズの定格電流I_nを求めます.

$$I_n = \frac{I_{RMS}}{d_1}$$

ディレーティング係数はメーカや型式により異なりますので,カタログや技術資料で確認します.

手順⑤ 繰り返しのパルス負荷電流を検討する

● 負荷電流は直流とは限らない

定常動作として現れるランダムまたは周期的なピーク電流が存在する場合の負荷を,繰り返しパルス負荷といいます.

負荷電流が一定であればよいのですが,2次側負荷などでは,通常使用時に周期の長い大きなパルス電流が流れる場合があります.

図1にパルス電流の実効値を求める式を示します.周期Tが目安で100 ms以上のパルス負荷がある場合に,実効値としては小さい値となってもピークが大きい負荷がある場合には考慮します.

1次側には大きなコンデンサが挿入されていることが多いため平滑されることがほとんどですが,直接トライアックなどで位相制御している負荷などがある場合には繰り返しパルス電流I_{pulse}も考えられます.ディレーティング率d_2とすると,温度係数とは別に考慮します.

$$I_{pulse} = \frac{I_{RMS}}{d_2}$$

として計算します.

この係数もカタログ資料を参考にします.

手順⑥ 突入電流を検討する

● 瞬時に流れる大電流

突入電流は,電源投入時のみに現れる非繰り返しのピーク電流です.突入電流がある場合には,溶断するまでに必要なエネルギー量である負荷のi^2tとヒューズのi^2tを調べます.

パルス負荷電流とは別に,スイッチング電源,インバータ回路などで交流電圧を直流電圧に変換して平滑する回路には,大容量のコンデンサが多く使用されます.

スイッチOFF時はコンデンサの電圧は空っぽの状態です.この状態で電源をONにすると,コンデンサの内部抵抗は非常に小さいので図2のように瞬時に大きな電流が流れるわけですが,この電流は一瞬流れるのみで以降は流れません.

コンデンサに電圧が充電されてしまえば,後は負荷電流に対応したぶんが流れるだけになります.このように,起動に対して一時的な数十ms以下の突入電流が流れる場合にも,ヒューズの寿命に影響を与えます.

溶断しないためには突入電流によるi^2tを算出します.同様に選定ヒューズのi^2tも算出します.

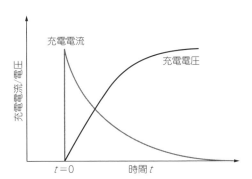

図2 コンデンサの突入電流
コンデンサに電圧を印加すると大きな電流が流れる

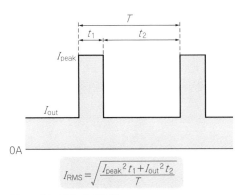

図1 パルス電流の実効値

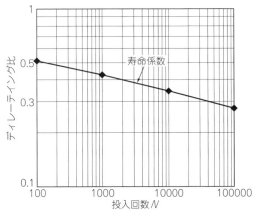

図3 突入電流の回数と寿命係数
突入電流はヒューズの寿命を左右する

負荷のi^2t＜ヒューズのi^2t

となるように選定します．

● ヒューズの寿命はヒューズのi^2tと突入電流のi^2tの低減率で左右される

　負荷のi^2tとヒューズのi^2tの比率をどの程度にするかによって，投入電流回数は寿命に影響を与えます．製品の寿命より長くなければ，使用中にヒューズ切れなどの不要溶断が起こる可能性もあります．

　例えば，1日当たり10回の電源のON/OFFを繰り返したとすると年間で3600回，仮にヒューズの寿命回数を10万回とすると30年ほどになります．民生製品とか産業機器製品やON/OFF頻度などによっても異なりますが，ここではおおむね10万回を目安としておきます．製品寿命より十分に長く考えておくことが必要です．

　図3は，電源のON/OFF回数Nに対する負荷のi^2tとヒューズのi^2tの比率の特性例です．1000回の寿命を期待するならば0.43，10万回を期待するならば0.28を係数としてディレーティングする必要があります．

　突入電流が通過するとジュール熱によるエレメントのわずかな変質が起こるために，ストレスが寿命に影響すると考えられます．そのためストレスを加味したディレーティングが必要となります．ディレーティング係数をd_3とすると，

$$\text{ヒューズの}i^2t > \frac{\text{定常電流の}i^2t}{d_3}$$

となります．

column ▶ 02　チップ型ヒューズの溶断のようす（動画）

高藤 裕介

　ヒューズ・エレメントに通電すると，ジュール熱によってエレメントの温度が上昇します．同時に，ヒューズ・エレメントは，端子，ケース，内部の空間やコーティング樹脂などを介して周囲環境へ放熱し，温度上昇を抑制します．ジュール熱による発熱が放熱を上回れば，ヒューズ・エレメントの温度はどんどん上昇し，ヒューズ・エレメントの融点に達すると溶融します．

　このとき，ヒューズ・エレメントの中央部分よりも端子に近い端の部分のほうが，外部との距離が近く，また熱伝導率の高い金属でできた端子を介して基板や周囲の空間に放熱できるため，温度上昇は抑えられます．

　一方で，ヒューズ・エレメントの中央付近は，発熱しているヒューズ・エレメント自身を介するか，熱伝導率の低い内部空間の空気やコーティング樹脂を介してしか放熱ができないため，温度上昇は大きくなります（図B）．

　したがって，ヒューズ・エレメントの溶断は中央付近からはじまる可能性が高くなります．

　チップ型ヒューズの溶断のようすを撮影した動画へのリンクを次に示します．

(1) 薄膜エレメント・タイプのチップ型ヒューズの溶断のようす（1/133倍速，松尾電機，KAB型）
(2) 線エレメント・タイプのチップ型ヒューズの溶断のようす（1/133倍速，松尾電機，JAH型）

▶ (1)と(2)の動画URL…https://www.youtube.com/channel/UCnsrMlO1UoCtTmRumIiVLtA/videos

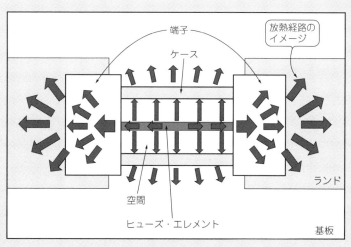

図B　ヒューズの放熱経路
矢印は放熱の経路のイメージ

第4部 パワエレに必須の保護部品…しくみと特性

カタログに i^2t の記載がない場合には，i-t 特性から電流値と時間を読んで，電流の2乗×時間で i^2t を計算してプロットすることもできます．

手順⑦ ヒューズの周囲温度を検討する

● 室内温度とは異なる

周囲温度とはヒューズの近傍の周辺温度です．エレメントの抵抗は温度係数をもつため，周囲温度を考慮する必要があります．それもメーカや型式によって変わるので，メーカの技術資料により確認します．図4に例を示します．

ヒューズの周囲温度はヒューズ近辺の温度であり，室内温度とは異なります．例えば，ケースに収納されている場合は，ほとんどがこれに該当しますが，製品使用環境が0～45℃となっていても，ケース内部温度は周囲の発熱部品によって10～15℃程度上昇していることがあります．厳密には，「ヒューズの周辺温度＋ヒューズの温度上昇分」になります．半導体で例えるならばジャンクション温度と同じ考え方です．

ガラス管タイプは通常は2次側での使用になりますが，チップやマイクロヒューズなどのSMD（表面実装品）の場合はプリント基板の銅はくパターンを伝わって他の部品からの熱伝導を受けやすいため，パターン温度も考慮します．同時に，発熱の大きな部品から離して輻射熱の影響も考慮します．

● 温度ディレーティング

ヒューズの定格電流を I_n，定常電流を I_{RMS}，周囲温度ディレーティング係数を d_4 とすると，

$$I_n \geq \frac{I_{RMS}}{d_4}$$

となります．

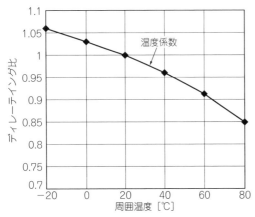

図4　ヒューズの温度係数

● 定格電流の再選定

それぞれの係数を乗じてヒューズの定格電流を選定すると，次のようになります．

$$I_n \geq \frac{I_{RMS}}{d_1\,d_2\,d_4}$$

総合係数を考慮すると，例えば

　定常電流係数：$d_1 = 0.85$
　パルス負荷電流係数：$d_2 = 0.8$
　ヒューズの温度係数：$d_4 = 0.85$
　突入電流係数：$d_3 = 0.28$
　最大負荷電流：I_{out}

$$I_n \geq \frac{I_{out}}{d_1\,d_2\,d_4}$$
$$= 1.73 \times I_{out}$$

となります．

この例では負荷電流の1.74倍以上の定格電流をもつヒューズが必要になります．

また，突入電流がある場合には負荷電流の i^2t を考慮します．突入電流の回数，寿命に関わるのですが，10^5 回は保証したいとすれば，図3のヒューズの寿命回数特性例より $d_3 = 0.28$ を選択すると，

$$\text{ヒューズの}\,i^2t > \frac{\text{負荷の}\,i^2t}{0.28}$$

となるので，負荷の i^2t の3.57倍以上のヒューズを選択します．

この例では，ヒューズ定格は負荷電流の1.73倍の定格ヒューズ電流 I_n を，突入電流での寿命回数を考慮すると負荷電流の i^2t の3.57倍以上のヒューズの i^2t を選定することになります．

手順⑧ 電流遮断容量を検討する

● 安全に遮断する

遮断容量とは，定格電圧において安全に遮断できる最大電流です．遮断時にヒューズの外装の破損や破裂などがなく，またエレメントの飛散による周囲への影響を及ぼすことなく遮断できる容量をいいます．

ヒューズの定格遮断電流は規格により定められています（Appendix 3の表3を参照）．溶断時には，回路にインダクタンス分がある場合には，その誘起電圧 $L\,(di/dt)$ で定格電圧を超えることもあります．ヒューズ両極間でアークが切れずヒューズが破損に至ることがあるので，実機で確認します．

例えば，情報処理機器規格のIEC 60950では，短絡電流が35Aまたは定格電流の10倍を超える場合には，高遮断容量の1500Aのヒューズが要求されています．製品のカテゴリによっても要求が異なります．

電源装置などでは，突入電流規定があるため電流抑制素子を挿入することが多く，その抵抗値での電流が

最大値になります．

手順⑨ 溶断時間特性を検討する

● 溶断時間に相違がある

ヒューズには溶断時間の異なる種類があります．これを溶断時間特性といいます．

必要な溶断特性は，保護する機器によって違います．突入電流やピーク電流のある回路であれば，基本的にはタイムラグ・ヒューズや耐ラッシュ特性をもつものを選択します．メーカや種類によっては名称だけで選択してはなりません．

● 実機での確認が重要

手順は前後してもよいので，各項目のポイントを確認しながら選択し，最終的には実機で動作確認を行います．

実機確認は，ヒューズの切れる／切れないは，負荷側の各部品がオープンした場合やショートした場合を想定して，発煙，発火，部品温度の異常な上昇，絶縁劣化がないことを調べます．

ヒューズが溶断した場合には，ヒューズ自身が破損しないことも確認しておきます．破損があった場合には見直しを行います．

column ▶ 03　ディレーティング係数の考え方

高藤 裕介

ヒューズに数千～数十万時間に及ぶ長い時間にわたって電流を流すためには，定格電流値に図Cに示すような温度によるディレーティング係数を掛けた電流値以下にする必要があります．

また，図Cのⓑのように，常温（25℃）であっても係数が100％未満，つまり常温でも電流を軽減する必要がある製品もあります．これを定格ディレーティングと言います．なぜ，常温（25℃）でも電流を軽減しないといけないのでしょうか．

その理由は定格電流の決め方に起因します．定格電流は，各メーカの規格や，従う安全規格によって，次のような条件を満たす範囲で設定されています．
(1) 定格電流を通電したときにx時間溶断しないこと
(2) 定格電流を通電したときの製品温度上昇がy℃以下であること

そのため，「定格電流」と「長時間流すことができる電流」とは必ずしも一致しません．むしろ，

　　　長時間流すことができる電流＜定格電流

となっている場合のほうが多いでしょう．

一方で，「長時間流すことができる電流」は実際に通電試験を実施した結果から，各メーカの設定寿命に耐えられる値になっている場合が多いでしょう．

すなわち，ディレーティング係数は，

　　　長時間流すことができる電流÷定格電流

ということになります．

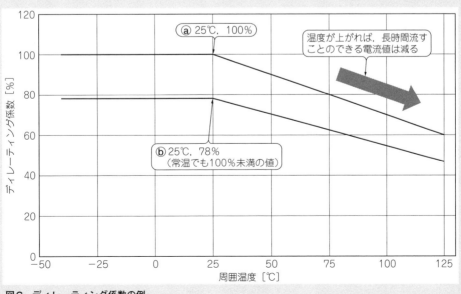

図C　ディレーティング係数の例

第22章 電源投入時の突入電流の測り方から寿命計算まで

具体例で示す ヒューズの正しい選び方

布施 和昭 Kazuaki Fuse

実際に仕様要件を設定して，それに適合するようにヒューズを選定していきます．

その①ガラス管ヒューズを使う場合

● 製品の仕様要件
  安全規格：日本，北米，欧州
  定格電圧：AC 100～230 V
  形状：φ5×20 mm（L：ケースの長さ）
  構造：ガラス管ヒューズ

● 突入電流を測定する

機器の電流測定ではクランプ式カレント・プローブを用いて測定します．プローブがない場合には，負荷抵抗を十分に無視できる低抵抗Rを使い，両端電圧Vを測定して電流Iを求めます．測定回路を図1に示します．これにより定常電流の最大の実効電流を求めます．基本の近似波形を利用して，容易に求められます．

突入電流では，同様にスイッチONの瞬時のピーク電流波形を測定します．突入電流を測定するために供給する電源は，インピーダンスの低い配電盤などの分岐回路や配線の影響の小さいところから供給します．

最大電流をつかむために，電圧位相は+90°～-90°の点までを測定します．位相可変できない場合には+90，-90°を目安に最大値を測定します．測定波形を図2に示します（正弦波電圧のピーク点が最大電流近傍となる）．

なお，測定時にはコンデンサ負荷などが十分に放電する時間間隔を取ります．また，突入電流防止サーミスタを使用する場合には，抵抗値が一番低い状態（負荷通電してサーミスタが十分に熱くなった安定状態）にて測定します．

電流波形から時間積分 i^2t を求めます．i は電流の瞬時値で，時間 $0～t$ を積分します．

$$i^2t = \int_0^t i^2(t)dt$$

簡易的には波形を三角波や正弦波に近似して表1のように求めると容易ですし，ジュール熱 i^2t も同様に表2から近似化して求められます．表1，表2は各種波形に対する実効値 I_{RMS} と i^2t の計算値ですので，このような近似波形に置き換えて求めることもできます．

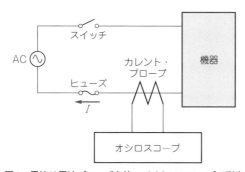

図1 電流は電流プローブを使ってオシロスコープで測定

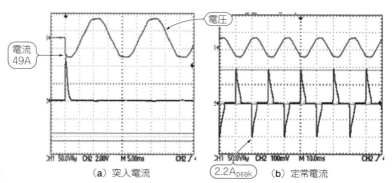

図2 突入電流と定常電流の測定例　（a）突入電流　（b）定常電流

第22章 具体例で示すヒューズの正しい選び方

表1 各種波形の実効値

名　称	波　形	実効値
正弦波		$\dfrac{1}{\sqrt{2}}I_{\mathrm{m}} \fallingdotseq 0.707 I_{\mathrm{m}}$
半波整流波		$0.5 I_{\mathrm{m}}$
三角波		$\dfrac{1}{\sqrt{3}}I_{\mathrm{m}} \fallingdotseq 0.577 I_{\mathrm{m}}$
方形波		I_{m}
方形パルス		$I_{\mathrm{m}}\sqrt{\dfrac{\tau}{T}}$
三角形パルス		$I_{\mathrm{m}}\sqrt{\dfrac{\tau}{3T}}$

表2 各種波形のジュール積分値

名　称	波　形	ジュール積分値
正弦波（1サイクル）		$\dfrac{1}{2}I_{\mathrm{m}}^2 t$
正弦波（1/2サイクル）		$\dfrac{1}{2}I_{\mathrm{m}}^2 t$
三角波		$\dfrac{1}{3}I_{\mathrm{m}}^2 t$
方形波		$I_{\mathrm{m}}^2 t$
台形波		$\dfrac{1}{3}I_{\mathrm{m}}^2 t_1 + I_{\mathrm{m}}^2(t_2-t_1) + \dfrac{1}{3}I_{\mathrm{m}}^2(t_3-t_2)$
変形波1		$I_1 I_2 + \dfrac{1}{3}(I_1-I_2)^2 t$
変形波2		$\dfrac{1}{3}I_1^2 t_1 + \left\{ I_1 I_2 + \dfrac{1}{3}(I_1-I_2)^2 \right\}(t_2-t_1) + \dfrac{1}{3}I_2^2(t_3-t_2)$
充/放電波形	$I(t)=I_{\mathrm{m}}e^{-t/\tau}$	$\dfrac{1}{2}I_{\mathrm{m}}^2 \tau$

● 定常電流を求める

　定常負荷電流は，波形入力100 Vのほうが大きいため100 V時を採用すると，**図2(b)**からピーク$I_{\mathrm{peak}} = 2.2\,\mathrm{A_{peak}}$を読み，パルス幅$t_{\mathrm{p}} = 4\,\mathrm{ms}$，周期$T = 10\,\mathrm{ms}$ですから，電流波形を三角波と近似すると，次のように求められます．

$$I_{\mathrm{RMS}} = I_{\mathrm{peak}}\sqrt{\frac{t}{3T}}$$
$$= 2.2\sqrt{4/(3 \times 10)} \fallingdotseq 0.8\,\mathrm{A_{RMS}}$$

● ピーク電流のi^2tを求める

　ピーク電流は200 V入力時のほうが大きいので，その波形［**図2(a)**］の拡大図を**図3**に示します．突入電流のi^2tは波形より，ピーク電流$I_{\mathrm{peak}} = 49\,\mathrm{A}$，時間幅$t_{\mathrm{p}} = 1.4\,\mathrm{ms}$とし，ピーク電流波形を三角波と近似すれば実効値は，

$$I_{\mathrm{RMS}} = \frac{I_{\mathrm{peak}}}{\sqrt{3}}$$
$$= 49/\sqrt{3}$$

となります．i^2tは，
$$i^2t = I_{\mathrm{RMS}}^2\,t_{\mathrm{p}}$$
より，
$$i^2t = (49/\sqrt{3}\,)^2 \times 1.4\,\mathrm{ms}$$
$$= 1.12\,\mathrm{A^2s}$$
となります．

　周囲温度は60℃までとして，ヒューズは80℃まで考慮することとします．

　ここでは突入電流があるため，ヒューズ溶断特性はタイムラグ・ヒューズを選定しました．ここまでの内

167

第4部 パワエレに必須の保護部品…しくみと特性

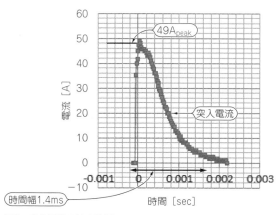

図3 突入電流の拡大波形
時間幅，電流ピーク値を確認する

容を整理すると**表3**のようになります．これらの内容を満足するヒューズをメーカのカタログから探します．

仕向け地は日本，北米，欧州で，定格電圧AC 100～230 Vとしています．ヒューズの記載事項はPSE，UL，EUの認証マークがあることが必要です．電圧はAC 250 V（定格電圧表示），電流はT＊＊A（T：タイムラグ，定格電流表示）などを確認します．負荷電流は0.8 A$_{RMS}$です．

● 定常電流係数を求める

このヒューズのメーカのディレーティング係数を確認すると，**表4**のタイプ別の定常電流係数のように，ヒューズの形状によって係数が異なります．

今回使用するタイプを**写真1**のガラス管型ヒューズとすると，**表4**から定常電流係数は0.6を使用することとします．

● 温度係数を求める

図4から，80℃のときの温度係数は0.85となります．

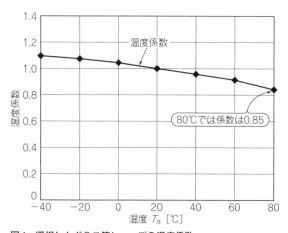

図4 選択したガラス管ヒューズの温度係数

表3 ヒューズ選定条件の整理

仕向け地	日本，北米，欧州
電圧	100～230 V
形状	管型ヒューズ
定常電流	0.8 A$_{RMS}$
突入電流	49 A$_{peak}$
ジュール熱	1.12 A^{2}s
溶断特性	タイムラグ
周囲温度	80℃

表4 ヒューズのタイプ別の定常電流係数

形状	係数	備考
管型タイプ	0.6	メーカにより異なるので要確認
チップ・タイプ	0.5	
マイクロタイプ	0.7	

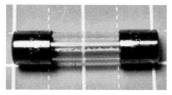

写真1 選択したガラス管ヒューズの外観

● 寿命係数を求める

寿命に関係する投入回数について検討します．

突入電流によるジュール熱積分はi^2tの計算値1.12ですので，**図5**から投入回数を10万回で想定すると，期待寿命係数は0.23となります．

ヒューズのi^2tは，

$$i^2t = 1.12 \div 0.23 = 4.87 \text{ A}^2\text{s}$$

となり，4.87 A^{2}s以上の耐量が必要になります．

● ヒューズ定格電流を選ぶ

定格ヒューズ電流I_nは，温度係数と定常電流係数を考慮すると，先述の想定より，

$$I_n = \frac{I_{out}}{定常電流係数 d_1 \times 温度係数 d_4}$$

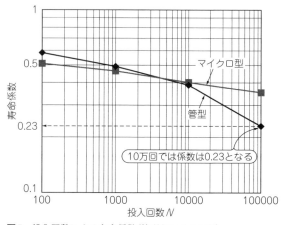

図5 投入回数による寿命係数（管型とマイクロ型）

第22章 具体例で示すヒューズの正しい選び方

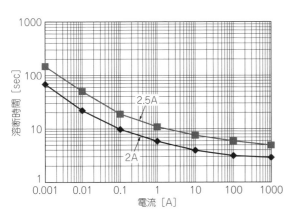

図6 選択候補のヒューズのi-t特性

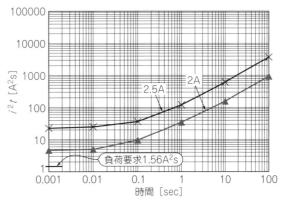

図7 図6から作成したi^2t-t特性

  = 0.8 A ÷ (0.6 × 0.85)
  = 1.56 A

となります．すなわち，ヒューズ電流は1.56 A以上であり，i^2tは4.87 A^2s以上が必要となります．

 ヒューズ特性はタイムラグ，耐ラッシュ，タイム・ディレイなどから満足する製品を選択していきます．カタログのタイムラグ特性から，図6のi-t特性で近い値の2 A，2.5 Aを選択しました．

 また，このi-t特性図よりi^2t-tを計算したものが，図7に示すヒューズのi^2t-t特性です．

 電流値では，2 Aヒューズで1.56 Aを満足します．負荷電流のi^2tは4.87 A^2sで，2 Aヒューズのi^2tは4.62 A^2sで95 %となり，少し余裕がありません．i^2tに余裕をもたせたいのであれば2.5 Aヒューズを選択します．2.5 Aヒューズのi^2tは22.5ですので，十分に満足します．

    ＊   ＊   ＊

 ヒューズを選択する場合には，このような手順で確認していきます．メーカ公表のi-t特性からi^2t-t特性を計算することができますが，寿命回数はメーカのカタログから確認するか，記載がない場合には問い合わせます．

 また，今回選択したヒューズのカタログ仕様での定格遮断容量は1500 A/250 Vですが，負荷の短絡電流は確認する必要があります．突入防止が挿入されていれば，その抵抗値で制限されますが，抵抗が挿入されていない場合にはヒューズ・ライン回路のインピーダンスで制限されるため，供給電源のインピーダンスが低いことを確認する必要があります．

 過負荷，短絡などで確実に遮断するためには，ヒュ

column▶01 定常電流と異常電流の差が小さいときの対策例

高藤 裕介

 定常電流と異常電流（過負荷電流）の差が小さいと，ヒューズによる回路の保護が困難なことがあります．

 解決の例として，図Aに示すような回路を用いて，過電流を検出したときにヒューズに流れる電流を意図的に増やすことで，使用可能なヒューズの候補を増やすことができます．

 過電流を検出する機構を設けるのなら，ヒューズの代わりにリレーや半導体素子などで回路を遮断する方法でもよさそうですが，ヒューズを使うことで回路を電源から完全に切り離せることに安全上のメリットがあります．

 また，過電流を検出する代わりに，過電圧を検出する機構と組み合わせれば，疑似的に過電圧で溶断させることもできます．

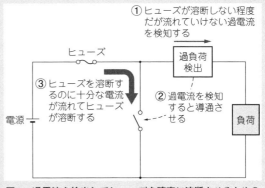

図A 過電流を検出してヒューズを確実に溶断させるための経路を導通させる回路例

第4部 パワエレに必須の保護部品…しくみと特性

ーズ溶断規格（Appendix 3の表3を参照）にあるように，250 V系では故障時には275 %を目安に，それ以上の電流が流れる必要があります．

最終的には実機にて負荷側の部品のオープン，ショート試験を行い，ヒューズの溶断や部品の発熱でもフェイルセーフ（発煙，発火，絶縁劣化など危険な状態にならない）となることの確認が必要です．

その②マイクロヒューズを使う場合

● 製品の仕様要件

　安全規格：北米，欧州
　定格電圧：AC 100～230 V
　形状：マイクロヒューズ
　構造：リード付きアキシャル形状

起動時の電流波形が図8のようになる場合を検討します．電源投入後の約30 msが突入電流で，200 ms以降が定常電流に移行しています．前例と同様に近似波形から，定常電流I_0と突入電流によるi^2tを以下のように求めてみます．

● 定常電流を求める

図8(a)の負荷電流の拡大図を図8(b)に示します．負荷は正弦波と想定し，ピーク電流を7 A$_{peak}$とすると，

$$I_{RMS} = \frac{I_p}{\sqrt{2}}$$
$$= 7 \div \sqrt{2} = 4.95\ A_{RMS}$$

定常電流は4.95 A$_{RMS}$と求められます．

● 突入電流を求める

定常電流に至るまでの突入電流を拡大した波形を図9に示します．この各サイクルの波形から，i^2tを簡易的な近似波形にして確認してみます．

I_{p1}～I_{p4}の各電流ピークは次のように近似できます．
　I_{p1} = 18 A$_{peak}$（3 msの三角波と近似）
　I_{p2} = 5.5 A$_{peak}$（4 msの三角波と近似）
　I_{p3} = 13.5 A$_{peak}$（6 msの正弦波と近似）
　I_{p4} = 3 A$_{peak}$（6 msの正弦波と近似）

各波形を概略近似したジュール熱i^2tは，下記のように計算できます．

$(I_{p1}/\sqrt{3})^2 \times t_1 = (18^2 \div 3) \times 3\ ms = 0.324\ A^2s$
$(I_{p2}/\sqrt{3})^2 \times t_2 = 0.04\ A^2s$
$(I_{p3}/\sqrt{2})^2 \times t_3 = 0.546\ A^2s$
$(I_{p4}/\sqrt{2})^2 \times t_4 = 0.027\ A^2s$

各サイクルの通電時間は10 ms以下のためヒューズ・エレメントの温度の放熱はないものとして，この間を加算して負荷電流のi^2tとします．

30 ms以降200 msまでの間は電流は停止しており，波形からは2次突入電流は見られないので，I_{p1}～I_{p4}間のみを想定すると，起動時からのi^2tは0.324 + 0.04 + 0.546 + 0.027まで加算すると考え，

$$\sum i^2t = 0.937\ A^2s$$

となります．

● 定格電圧と安全規格を検討する

定格電圧はワイド入力電圧対応とし，AC 100～230 VよりAC 250 Vを選びます．安全規格マークは

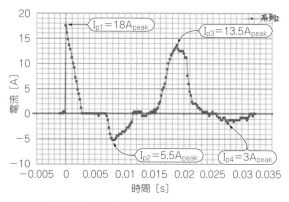

図9　突入電流波形の拡大

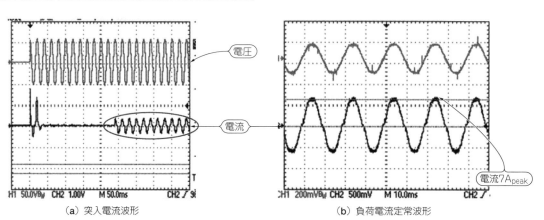

（a）突入電流波形　　　（b）負荷電流定常波形

図8　起動時の突入電流と定常電流

第22章 具体例で示すヒューズの正しい選び方

UL，IECの両方から認証されているものを選択します．

● 電流係数を求める

形状をマイクロヒューズとすると，表4から電流係数は0.7とします．

● 温度係数を求める

使用温度を60℃として，ヒューズ温度係数は80℃までを選定します．図4から，温度係数は0.85となります．

● ヒューズの定格電流を求める

$$\text{ヒューズ定格電流} = \frac{\text{定常電流} I_{RMS}}{\text{電流係数} 0.7 \times \text{温度係数} 0.85} = 8.32\,A$$

より，直近のカタログ定格は図10のように，8Aと10Aがあります．
突入電流を考慮してタイムラグ特性を選択します．

● 寿命係数を検討する

突入電流回数による寿命を10万回とすると，図5のマイクロヒューズから係数は0.35です．
ヒューズの$i^2 t$は，

$0.937 \div (\text{寿命係数}\,0.35) = 2.67\,A^2 s$

以上が必要です．
係数を加味したヒューズ定格電流からは8.32Aでしたので，8A定格では少し少ない状態ですが，10A定格で問題はありません．
また，i-t特性より$i^2 t$-t特性は図11のように展開できます．ヒューズの$i^2 t$に2.67 $A^2 s$のポイントを重ねると，ディレーティングを含めた負荷電流の$i^2 t$は図11の位置になります．$i^2 t$は8A，10Aともに100 $A^2 s$以上ありますので，どちらも問題はありません．以上より，ここでのヒューズ定格電流は10Aを選択しました．

*　　　*　　　*

このように，ヒューズの選定は負荷電流，ジュール熱の$i^2 t$のそれぞれに係数を乗ずることで選定できます．ここでの例はAC入力の保護のためパルス負荷はないのですが，2次側などで繰り返しのパルス負荷が入る場合には，パルス係数d_2も加味します．$i^2 t$は入力インパルス条件やピーク負荷などで大きく変わりますので余裕を見ておきます．
回路の設計時には電流波形などは測定できないので，入力電流に温度と定常電流係数のみを考慮して，温度0.8，電流0.7程度と見積もっておくとよいでしょう．
例えば，負荷1 A_{RMS}であれば$0.8 \times 0.7 = 0.56$より，$1 A \div 0.56 = 1.79\,A$，標準カタログ値から2Aとして見積もっておきます．

● 故障時の最小負荷電流をつかむ（ヒューズが切れるか）

ヒューズの定格を決定した後，実際の事故で溶断するか否かを確認する必要があります．ヒューズの負荷側の部品故障，すなわち回路部品の故障を想定した部品のオープン／ショートを実施して，ヒューズの動作／不動作を確認する必要があります．
ヒューズが動作しない場合には，温度飽和するまで放置し，基板や部品，発煙や発火，および絶縁物などの温度上昇を確認して，安全であることを確かめます．
ヒューズ規格を参考にすれば，250V系で定格の275％以上が流れるかが目安となります．PSEやUL規格品を選定した場合には200％が目安となります．

● 正常時の最大負荷電流をつかむ（ヒューズが切れないか）

PWMスイッチング電源の場合には，安定化動作範囲では入力電圧を低下させることで入力電流が増加し，出力電圧の安定を図ろうと働くため，制御動作が停止するまでを確認する必要があります．むろん負荷のピークも確認します．

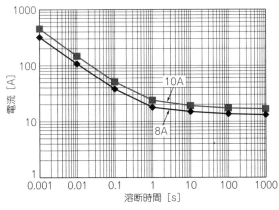

図10 選択候補のヒューズのi-t特性

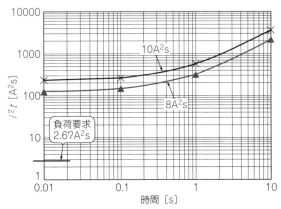

図11 図10から作成した$i^2 t$-t特性

第4部 パワエレに必須の保護部品…しくみと特性

column>02 突入電流に対する耐回数の求め方の実例と注意点

高藤 裕介

ここでは，突入電流耐回数の求め方を具体的な数値を用いた実例で示します．

● 手順① 突入電流を測定する

突入電流を，電流プローブを用いてディジタル・オシロスコープで記録します．使用する電流プローブは，直流にも対応できるホール素子タイプのものが適しているでしょう．

【注意】回路に直列抵抗を挿入して，抵抗の両端電圧からオームの法則で電流値を求めることもできますが，その際は回路の電流が小さくならないように十分に小さな抵抗値である必要があります（ヒューズの内部抵抗よりも1桁以上小さいことが望ましい）．

当然，測定される抵抗両端電圧も小さな値になりますので，測定値の誤差は大きくなってしまいます．また，抵抗器の発熱によって抵抗値が変化した場合，オームの法則で電流を正確に求められなくなる可能性もあります．

● 手順② 突入電流の開始から各時刻までのジュール積分値を算出する

突入電流値のディジタル・データから，コンピュータを用いて，突入電流の開始(ゼロ秒)から各時刻までのジュール積分値(I^2t値)を算出します．

図BにExcelを用いた計算例を示します．

① A列には測定した突入電流データの時刻(時間)，B列には電流値が入っています．
② C列で突入電流の瞬時値の2乗に直前の時刻との差分の値を乗じた値(瞬時のi^2t値)を計算させます(図中の数式を参照)．
③ D列で，②で計算した瞬時のi^2t値の累積値を計算させます．

突入電流の瞬時値のイメージを図Cに示します。

● 手順③ ヒューズの製品固有のジュール積分特性に対する負荷率を算出する

手順2で計算した突入電流の「時刻(時間)-累積のi^2t値」をヒューズ製品固有のジュール積分特性図にプロットします(図D)．

図Dの例では，5msのときにヒューズのジュール積分特性カーブと突入電流のジュール積分値が最接近し，負荷率が最大になります．負荷率は20％と求まります．

【注意】ヒューズのジュール積分特性と耐パルス特性は，ヒューズの製品ごとに異なります．

【注意】突入電流の評価は，ヒューズ・エレメントからの放熱による影響が無視できるほど小さい領域，すなわちヒューズの溶断時間が短い領域でのみ有効です(おおむね数ms，大きくても0.1s以下の領域)．目安としては，ヒューズのジュール積分特性カーブが水平に近い領域です(図Dの⑥付近)．それ以上の

図B Excelを用いた突入電流のジュール積分値の計算例

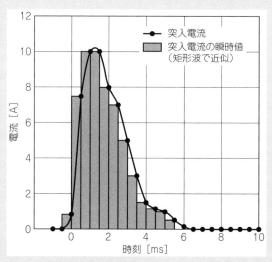

図C 突入電流の瞬時値のイメージ

第22章 具体例で示すヒューズの正しい選び方

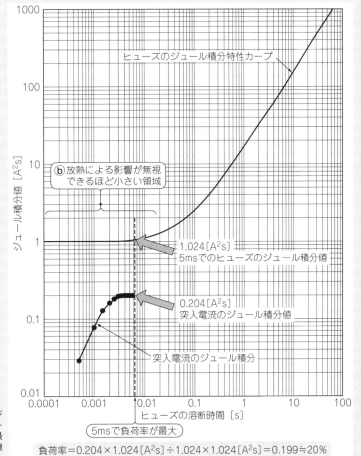

図D　負荷率の算出方法
「時刻（時間）-累積のi^2t値」をヒューズ製品固有のジュール積分特性図にプロットし，ヒューズのジュール積分特性カーブと突入電流のジュール積分値が最接近するところの負荷率（突入電流のジュール積分値÷ヒューズのジュール積分値）を読み取る

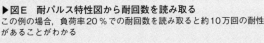

負荷率＝0.204×1.024[A²s]÷1.024×1.024[A²s]＝0.199≒20％

時間領域については，各メーカへ問い合わせることをお勧めします．

● **手順④　ヒューズの製品固有の耐パルス特性図から耐回数を読み取る**

図Eのヒューズ製品の耐パルス特性図より，手順3で求めた負荷率20％での耐回数を読み取ります．

このヒューズ製品の耐パルス特性の場合，約10万回の耐性があることがわかります．

【注意】 メーカによって，耐回数の実力値を示している場合もあれば，ある程度マージンを取った値を示している場合もあり，注意が必要です．

【注意】 耐回数は参考値であり，ヒューズの特性を保証するものではありません．

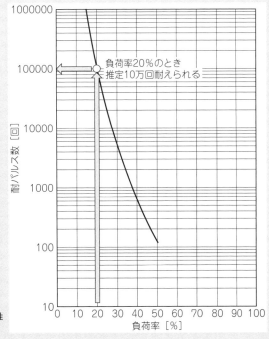

▶**図E　耐パルス特性図から耐回数を読み取る**
この例の場合，負荷率20％での耐回数を読み取ると約10万回の耐性があることがわかる

第4部 パワエレに必須の保護部品…しくみと特性

column ▶ 03 電流波形が近似できないときは波形を時間分割して i^2t を求める

布施 和昭

本文中の例では，簡易的に，波形を既知の波形に近似して i^2t を求めました．しかし，既知の波形にまったく当てはまらない，もしくは判断できないような波形もあります．

そのような場合には少し手数がかかりますが，オシロスコープから電流波形の数値データを実測し，図Fのように電流波形を時間分割した矩形波と想定して，i^2t を算出することで，図Gのようにトータル値を算出することができます．

この例では，突入電流の部分を拡大したものから，$0 \sim +0.032$ s の電流値 i（ピーク値）を測定したものです．時間幅は $20\,\mu$s として，それぞれの i^2t を算出し，それを合計したものです．図G(b)は，時間に対しての瞬時の i^2t のグラフになります．

必要な範囲で i^2t を合計すれば，i^2t を容易に求めることができ，この例では i^2t 値は 0.93 A^{2}s となります．

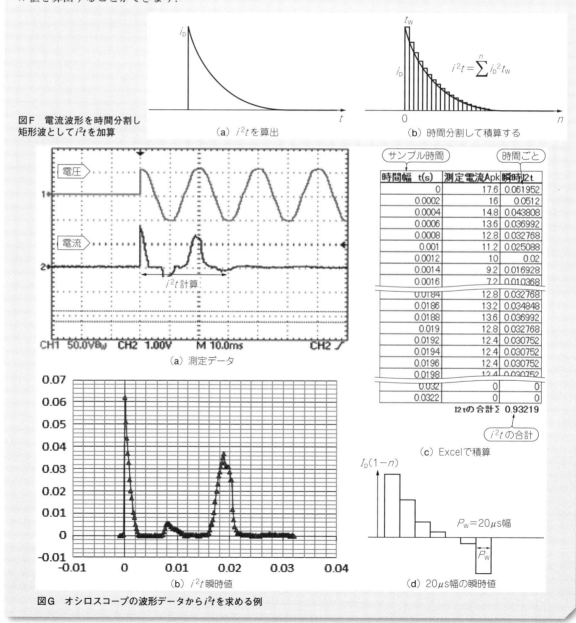

図F 電流波形を時間分割し矩形波として i^2t を加算
(a) i^2t を算出
(b) 時間分割して積算する

図G オシロスコープの波形データから i^2t を求める例
(a) 測定データ
(b) i^2t 瞬時値
(c) Excelで積算
(d) $20\,\mu$s 幅の瞬時値

第23章 材料や環境によって沿面/空間距離が決められている
ヒューズを実装する際の考慮点

布施 和昭 Kazuaki Fuse

ヒューズは熱によって動作する部品なので，実装状態によってさまざまな影響を受けます．特に，沿面距離や空間距離には注意が必要です．

ホルダ&クリップ

● ヒューズは交換できるようにする

ヒューズが溶断した際には，その原因を対策したのちに交換します．交換を容易にするために，一般にホルダやクリップが使用されます．

● ヒューズ・クリップ

一般的にプリント基板によく使用されています．
写真1は，単独タイプのヒューズ・クリップです．
設計時には，実装する単独クリップのヒューズ適合サイズ（φ5×20mm，φ6×30mm，φ10.3×38mm，φ15×50mmなど）や，対向位置のずれなどがないかを確認します．
生産時には，製品の輸送時による振動や衝撃などで外れるような不完全装着にならないかを確認します．
写真2は，単独クリップをフェノールやPBTなどの樹脂基材にインサートしたものです．函体などに使用され，取り付けはねじ止めなどで行います．リード線などで引き出し配線もできます．

● ヒューズ・ホルダ

写真3は，従来からよく使われているヒューズ・ホルダで，パネル実装タイプの部品です．
ヒューズ・ホルダの定格電圧/電流，使用温度範囲を超えないようにします．ホルダ自身の材質や構造によって安全性が考慮されています．
配線時の極性については，感電防止のために，ヒューズの交換時にキャップを外す手前側が無電圧（ニュートラル側）に，先端部（奥側）が活電部（ライブ側）になるように考慮します．
先端部のヒューズ押さえ部分は可動部となるので，リード配線加工やはんだ量などでピンのスプリングが機械的に制限されないように注意します．また，可動部の周辺の部品との空間距離も考慮します．

● 交換しない選択もある

最近の電子回路はインバータ方式など半導体部品で構成されていることが多いため，ヒューズが切れても交換して復旧することは少なくなっています．交換を前提とせず，リード・タイプなどを使用してその部分のユニット交換などで対応することが多いように見受けられます．
ヒューズ以降の部品の劣化有無の判断は難しいため，溶断後はユニットを交換してしまうことが多くなっています．

写真1 代表的なヒューズ・クリップ（5×20mm，個別タイプ）

写真2 モジュール型のヒューズ・クリップ

写真3 代表的なヒューズ・ホルダ
安全規格と電流定格は確認する必要がある

この端子はヒューズ挿入で突出する

第4部 パワエレに必須の保護部品…しくみと特性

column▶01 突入電流が正負往復するような波形の考え方

高藤 裕介

回路の抵抗が小さい場合，直流回路であっても，回路のインダクタンスの影響で図Aのように突入電流が正負往復するような場合があります．

このような波形を細かな「変形波1」に分割してジュール積分値を近似計算する場合を考えます．

式(A)を見てみると電流が2乗されるので，電流値が負値であっても気にすることなく，図のように分割して近似計算することができます．

$$X = \int_0^{t_1} \{I(t)\}^2 dt \cdots\cdots (A)$$

X：ジュール積分値
$I(t)$：突入電流
t：時間
t_1：突入電流パルス幅

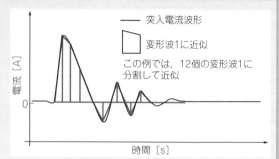

図A 正負往復するような突入電流波形
突入電流波形を細かく分割し，変形波1の集まりとして計算する

表面実装ヒューズ

● 表面実装部品と同様の注意が必要

表面実装ヒューズは，チップ抵抗，チップ・コンデンサなどの他の表面実装部品と同様に基本的な注意が必要です．パッドに対しての部品配置のねじれやずれ，浮きなどの注意点は同様です（図1）．

部品の基材ベース部はセラミック，耐熱樹脂，放熱の良いアルミナなどが使われています．小さいサイズに熱容量をもたせるために，より放熱性の高い基材が使われています．

はんだ付けの条件は，プレヒートやフロー，リフローなどの温度プロファイルについてメーカ資料を参照します．プロファイルの例を図2に示します．

また，基板設計の範ちゅうになりますが，部品配置（縦横方向）によって基板分割などによる曲げストレスや実装時のストレスが異なります．図3のように，A＞B≒C＞D＞Eの順にストレスがかかるので注意が必要です．これは抵抗やコンデンサなどでも同じです．

さらに，洗浄や，酸／アルカリなどの浮遊している周囲環境などがある場合には，メーカに確認する必要もあります．

ヒューズのパターンのパッド・サイズにも注意する必要があります．これはヒューズに限ったことではありませんが，パッド・サイズが大きすぎたり小さすぎたりすると，未はんだやマンハッタン現象（電極の片方のみはんだで引っ張られ，片方は未はんだのまま部

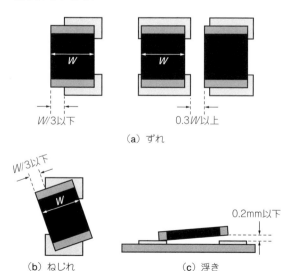

図1 表面実装タイプでは実装上の注意が必要

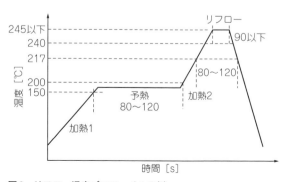

図2 リフロー温度プロファイルの例
チップ・ヒューズの実装ではメーカのはんだプロファイルを守ることが必要

第23章 ヒューズを実装する際の考慮点

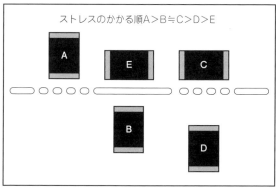

図3 基板を分割する際のストレスに注意が必要となる
チップ部品の配置ではストレスがかからないように設計段階から考慮する

基板パターンと沿面/空間距離

● 安全規格で規定されている

基板の沿面/空間距離は安全規格で規定されていますので，適した配置にする必要があります．
IEC60950の最小沿面距離の例を**表1**に示します．カテゴリは情報機器に該当します．最小空間距離は**表2**のように規定されています．
カテゴリや改訂によって適用規格は異なりますので，その都度，確認してください．

● 材料群と汚損度

表1(b)は，機器の使用環境の分類です．
表1(c)にある材料群のトラッキング指数CTI（Comparetive Tracking Index）とは，材料に電極を設けて塩化アンモニウムを滴下し，材質の耐圧劣化電圧の限度を規定してランクを分類しているものです．汚染状況を想定して，それぞれの沿面/空間距離が規定されています．1次側ACラインに直結する場所にヒューズを設置する場合には，特に注意を払う必要があります．
材質や使用環境（汚損度）によっても安全規格の適用距離が変わります．特にACラインに使用する場合には確認を要します．

品が立ち上がってしまう現象）が起きることもあり，生産歩留まりに影響を与えます．

● 温度管理に注意が必要

リフローやフローはんだの設備にも一考を要します．ヒューズは温度の影響を受けやすいので，パターンからの過度の熱伝導を防ぎ，発熱部品から距離をとり，また輻射熱の大きい部品から避けて配置するなど，パターンの引き回しや発熱部品などの配置にも設計時に考慮すべきです．

表1 最小沿面距離の規定（IEC 60950，Table2Lに基づく）

電圧［V］ （実効値，または直流値）	機能絶縁，基礎絶縁および付加絶縁，距離［mm］							
	汚損度1	汚損度2			汚損度3		
	材料群	材料群			材料群		
	Ⅰ，Ⅱ，Ⅲa，Ⅲb	Ⅰ	Ⅱ	Ⅲa，Ⅲb	Ⅰ	Ⅱ	Ⅲa，Ⅲb
50	空間距離を適用する	0.6	0.9	1.2	1.5	1.7	1.9
100		0.7	1.0	1.4	1.8	2.0	2.2
125		0.8	1.1	1.5	1.9	2.1	2.4
150		0.8	1.1	1.6	2.0	2.2	2.5
200		1.0	1.4	2.0	2.5	2.8	3.2
250		1.3	1.8	2.5	3.2	3.6	4.0
300		1.6	2.2	3.2	4.0	4.5	5.0
400		2.0	2.8	4.0	5.0	5.6	6.3
600		3.2	4.5	6.3	8.0	9.6	10.0
800		4.0	5.6	8.0	10.0	11.0	12.5
1000		5.0	7.1	10.0	12.5	14.0	16.0

＊「強化絶縁の沿面距離は本表の2倍の値とする」

（a）最小沿面距離

汚損度1	空間，沿面の影響を受けない環境．密閉構造など
汚損度2	非導電性の汚損のみ．事務所内での使用など
汚損度3	導電性の汚損．塵埃汚染環境など

（b）使用環境

材料群Ⅰ	CTIが600以上
材料群Ⅱ	CTIが400～600未満
材料群Ⅲa	CTIが175～400未満
材料群Ⅲb	CTIが100～175未満

（c）炭化導電指数CTI（IEC 112のA法に基づく値）

第4部 パワエレに必須の保護部品…しくみと特性

表2 最小空間距離の規定(IEC 60950, Table2Hに基づく)

絶縁部の最大動作電圧		公称AC主電圧 150 V以下						公称AC主電圧 150 ～ 300 V以下						公称AC主電圧 300 ～ 600 V以下		
		汚損度1および2			汚損度3			汚損度1および2			汚損度3			汚損度1,2および3		
ピークまたは直流 [V]	実効値(正弦波) [V]	OP [mm]	B/S [mm]	R [mm]	OP [mm]	B/S [mm]	R [mm]	OP [mm]	B/S [mm]	R [mm]	OP [mm]	B/S [mm]	R [mm]	OP [mm]	B/S [mm]	R [mm]
71	50	0.4	1.0	2.0	0.8	1.3	2.6	1.0	2.0	4.0	1.3	2.0	4.0	2.0	3.2	6.4
210	150	0.5	1.0	2.0	0.8	1.3	2.6	1.0	2.0	4.0	1.5	2.0	4.0	2.0	3.2	6.4
420	300	OP 1.5, B/S 2.0, R 4.0												2.5	3.2	6.4
840	600	OP 3, B/S 3.2, R 6.4													
1,400	1,000	OP, B/S 4.2, R 6.4													
2,800	2,000	OP, B/S, R 8.4													
7,000	5,000	OP, B/S, R 17.5													
9,800	7,000	OP, B/S, R 25													
14,000	10,000	OP, B/S, R 37													
28,000	20,000	OP, B/S, R 80													
42,000	30,000	OP, B/S, R 130													

OP：機能絶縁，B：基礎絶縁，S：付加絶縁，R：強化絶縁に適用する

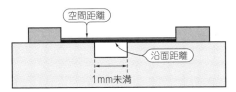

(a) 1mm未満の溝がある場合の距離

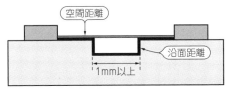

(b) 1mm以上の溝がある場合の距離

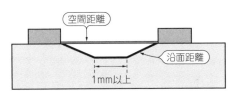

(c) 1mm以上のV字溝がある場合の距離

(d) 突起がある場合の距離

図4 沿面距離と空間距離の考えかた

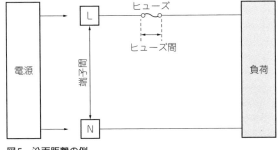

図5 沿面距離の例

● 沿面/空間距離の確保

　沿面/空間距離を確保するために，スリットやバリアを入れる手法を図4に示します．1mm未満のスリットでは沿面/空間距離の延長は認められません．1mm以上であれば，沿面距離の延長は認められます．
　図4(c)は，沿面をさらに広げるため谷型にカットしたもので，底部1mm以上の部分から認められます．
　図4(d)のように，バリアを付けることで沿面/空間距離ともに確保することもできます．バリアの厚みは，機能絶縁，基礎絶縁については規定がありません．付加絶縁，強化絶縁については0.4 mmの規定があるので注意が必要です．
　特に表面実装ヒューズの場合には，形状は小さいのですが，周囲の部品や他のパターンと距離を取る必要があるため，電圧が高い回路などでは思った以上にスペースを空ける必要があるケースもあります．
　例えば，1次-1次間入力端の沿面距離は，AC電源が100 ～ 240 V ± 10 %の仕様であれば85 ～ 264 V_{RMS}の範囲になります．最大の電圧を考慮すると，AC電圧は最大264 Vなので，表1から300 V_{RMS}までを選択します．
　対象が一般事務機の場合，通常は汚損度2に該当します．基板のCTIが未確定であれば，CTI＜400とす

第23章 ヒューズを実装する際の考慮点

column 02 突入電流のジュール積分値の計算の落とし穴

高藤 裕介

突入電流のジュール積分値は，当然，波形の初めから最後までを積分した場合が最も大きな値になります（図Bのⓐ）．

しかし，負荷率が最大となるのは，必ずしも突入電流のジュール積分値が最大になるところと一致するとはかぎりません．突入電流波形の形と製品のジュール積分特性カーブの形によっては，突入電流の途中で最も負荷率が高くなる場合が起こりえます（図Bのⓑ）．

ヒューズのジュール積分値と突入電流のジュール積分値の距離が近いほど負荷率が高くなり，耐回数の予測値は少なく見積もられます．

このことに気づかないで，突入電流波形全域で見たときの「時間」と「ジュール積分値」からヒューズを選定した場合，実際に回路に組み込むと予期せぬ溶断を招く可能性があります．

$$負荷率 = \frac{突入電流のジュール積分値}{電ヒューズのジュール積分値}$$

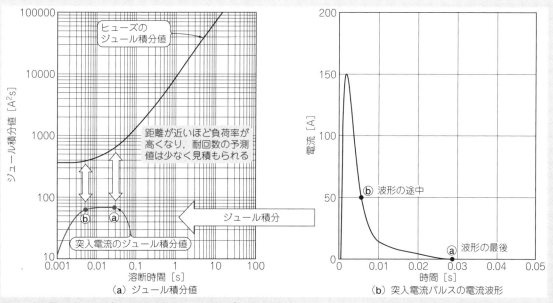

図B 突入電流パルスのジュール積分値とヒューズのジュール積分値
ⓐはジュール積分値が最大のところ，ⓑは負荷率が最大のところ

ると，材料群でⅢaとなり，機能絶縁で3.2 mmの沿面距離の確保が要求されることになります．

また，図5のように，ヒューズが溶断した場合にはヒューズのパッド間は異極となるので，3.2 mm以上の距離の確保が必要になります．ヒューズより負荷側では機能絶縁で，オープン／ショート試験で発煙，発火がないことの確認は必要です．

第24章 温度ヒューズ/復帰型電流保護素子/サージ吸収素子/突入電流防止回路

電流ヒューズ以外の保護素子

布施 和昭 Kazuaki Fuse

温度ヒューズ

● 電流ヒューズの代わりにはならない

電流ヒューズは，ヒューズのエレメント抵抗に流れる電流で発生するジュール熱によって溶断するのですが，温度ヒューズ(tharmal fuse)は負荷電流によってエレメントが切れるのではなく，周囲温度によってエレメントが溶断します．温度ヒューズの構造を図1に示します．

エレメントの抵抗は非常に小さいので電流による発熱は小さく，外装ケースの温度を検出して溶断します．ただし，温度ヒューズは電流ヒューズと異なり速断とはならず，数十秒以上と遅い動作となります．ヒューズの代わりにはなりませんが，温度保護として適所に配置されます．

● 温度ヒューズを単体で使う場合は部品の耐熱温度以下で溶断するように考慮する

写真1のような比較的容量の大きい商用トランスなどは，細い巻き線が何層にも巻かれています．過負荷や周囲環境などにより巻き線やコアが発熱して，巻き線の絶縁劣化を引き起こし，レアショート(layer short，巻き線層間のショート)に至ることもあります．その結果，焼損や感電，漏電，火災などにつながってきます．

このような商用電源トランスでは巻き線のインピーダンスが比較的大きいため，レアショートした部位によっては，電流ヒューズが溶断する電流には達せず，保護することが困難になります．

そのような場合には，温度を直接検出する温度ヒューズを使用します．保護として温度ヒューズを用い，トランス巻き線に直列に接続して巻き込んで内部の熱を検知しやすいようにします．

温度定格は極めて詳細に分類されているので，トランスの絶縁種に対応した温度のものを選択します．絶縁種は材料の温度グレードによって，許容温度がA種105℃，B種120℃，E種130℃，F種155℃，H種180℃のように規定されています．

そのほかに，ノート・パソコン，携帯端末などに使用されているリチウム・イオン蓄電池の過熱保護など，用途はさまざまです．家電分野ではヒータを応用した製品，電気カーペット，温風送風機，電気こたつ，トースタなど身近なところで使われています．

形状としてはチップ・タイプなどもそろっています．

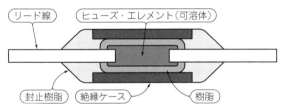

図1 温度ヒューズの構造

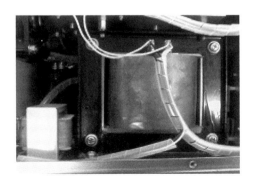

写真1 中〜大容量の商用電源トランスの過熱保護には巻き線に温度ヒューズが巻き込まれている

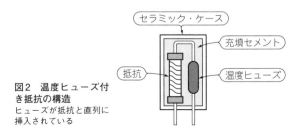

図2 温度ヒューズ付き抵抗の構造
ヒューズが抵抗と直列に挿入されている

第24章 電流ヒューズ以外の保護素子

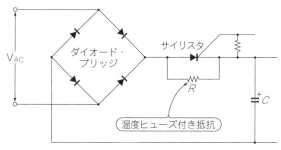

図3 整流回路に挿入された温度ヒューズ付き抵抗の例

● 温度ヒューズが組み込まれている部品

図2は，温度ヒューズが組み込まれた抵抗器です．抵抗に直列に温度ヒューズを配置してセメントなどで封止したもので，抵抗体が過熱した場合に熱を検知してエレメントが溶断し，抵抗をオープンさせて回路を遮断します．

温度ヒューズ付き抵抗の使用例を図3に示します．起動時に電流はヒューズ付き抵抗Rを通り，コンデンサCが充電されてからサイリスタがONとなるので，突入電流を抑制します．

何らかのトラブルでサイリスタが動作中にOFFしてしまった場合は，Rに負荷電流が流れ続けるため過熱の危険にさらされます．Rが異常に過熱してヒューズの定格温度になった場合に，溶断します．電流ヒューズと同様に復帰はしません．

復帰型電流保護素子

電流ヒューズや温度ヒューズは，一度動作するとエレメントが溶断するため復帰することができませんが，このタイプでは繰り返し使用することができるためメンテナンス・フリーとなります．

● PTCサーミスタ

PTC(Postive Temperature Coefficient)サーミスタは，高温になると抵抗が増加する素子です．トリップ温度以下の定常時では低抵抗ですが，規定温度（トリップする温度）である高温時には高抵抗へと急激に変化するため，電流を急激に低下させることができます．自動復帰型の過熱保護素子として使用できます．外観例を写真2に示します．

温度変化を利用したものなので瞬時には動作しませんが，温度が定常状態に戻ると復帰し，繰り返し使用することができます．

用途としては，リセッタブルなため，過電流保護や電力制御など多くの分野で使われています．ヒューズのように厳密なON/OFFはできませんが，高抵抗と低抵抗の範囲で急峻に変化するものであり，正常な温度に戻ると自動復帰します．

製品としては，導電性ポリマを使用したものやセラミック，磁気を利用したものなどがあります．特性は同じPTC特性ですが，ポリマ・タイプはヒューズと同様に電流値で規定されており，セラミック・タイプや磁気タイプは温度で規定されています．

▶ポリマ・タイプ

熱可塑性導電性ポリマを使っています．ポリマにカーボン・ブラックなどの導電性粒子を混合したもので，温度によってポリマの体積が膨張/収縮することによりカーボン・ブラックが密から疎になることで，低抵抗から高抵抗へと変化する動作となります（図4）．カーボン・ブラックの配合割合により電流値を変化させることができます．動作温度は，同一ポリマを使用していれば溶融点80～100℃程度で変わりません．

電流値規定になっているので，回路に直列に挿入して電流抑制に使用されます．このタイプのPTCは初期抵抗から10^4～10^6程度の抵抗比を作ることができ

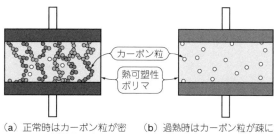

(a) 正常時はカーボン粒が密になり抵抗値は小さい　(b) 過熱時はカーボン粒が疎になり抵抗値が大きくなる

図4　ポリマ・タイプPTCサーミスタの動作

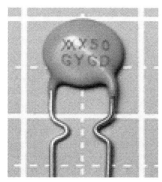

写真2　PTCサーミスタの例（ポリマ・タイプ）

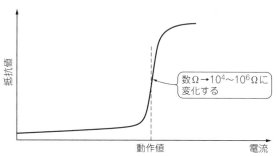

図5　PTCサーミスタの動作特性

第4部　パワエレに必須の保護部品…しくみと特性

ます．また，初期抵抗も数Ω程度まで下げることが可能です(**図5**)．

電流が増加してトリップ電流点に達すると，負荷電圧は低下し電流も減少しますが，負荷電圧が減少したぶんPTCに電圧移行するためPTCの損失が大きくなり，温度は増加する方向になります．その結果，温度正帰還ループ(定温度ループ＝定電力)になり，温度を維持する方向に働き，電流は保持電流以下にはならず高温で安定してしまうこともあります．

負荷電流が極端に減少し，負荷極減してPTCの電流も増加できない状態であればトリップ電流を下回り，保持電流以下になって元の状態に復帰となります．

負荷のほうは電流が低下しますが，PTCのほうは逆に電圧を背負う形になり，温度が高温で維持されるため使用にあたっては保持電流に注意が必要です．

▶セラミック・タイプ

セラミック・タイプのPTCサーミスタも，動作特性はポリマ・タイプと同様です．25℃からキュリー点までほぼ一定の抵抗値を示しますが，キュリー点を超えると急激に抵抗値が増加します．

また，キュリー点以上に温度上昇すると抵抗値は下がる傾向になります．

材質は，チタン酸バリウムに希土類元素を添加することでキュリー点(60〜130℃ほど)を制御しています．この特性を利用することで，温度変化による抵抗値の急激な変化によるスイッチ特性を作り出しています．初期抵抗比は10^3〜10^4程度に変化します．先のポリマ・タイプと同様に，キュリー点を超えた近傍では定電力特性になりますので，スムースな電力制御に応用が可能です．

初期抵抗および飽和抵抗が存在するため，スイッチのようにON＝0Ω／OFF＝∞Ωとはなりませんが，回路の組み合わせによっては応用範囲は広がります．

このタイプは温度規定になっています．セラミック・タイプは温度検出，電流制限，過熱保護など用途は多岐にわたります．

● バイメタル

古くから定番で使用されているバイメタル(bimetal)は，ヒータの温度調節，過熱保護，温度検出のために使用される自動復帰タイプの温度感知素子です(**写真3**)．

図6のように，熱膨張率の異なる金属を2枚張り合わせて，膨張率の大きな金属が小さい金属側に湾曲することを利用して接点をON/OFFするものです．構造が簡素であるため壊れにくく信頼性が高いことから，家電製品から工業製品まで広く用いられています．

バイメタルの場合には，PTCサーミスタなどと異なり物理的に動くので，スイッチと同様のON/OFF動作が可能です．

電気カーペットや電気こたつなどで，ON/OFF調節が容易な回路が構成できます．設定温度でのON/OFFの繰り返しで，一定の平均温度に制御することができます．

● 磁気感温型リード・スイッチ

磁気感温リード・スイッチ(magnetic temperature sensitivity)は少し古典的な感じのスイッチです(**写真4**)．ガラス管に密閉されたリード・スイッチと，磁石および感温フェライトで構成されます．磁石の磁束は，感温フェライトを通ってリード・スイッチ片を磁化して

写真3　バイメタルの外観例

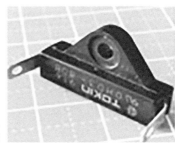

写真4　磁気感温リード・スイッチの外観例

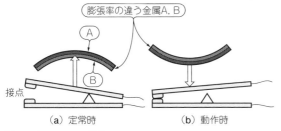

図6　バイメタルの動作
金属の膨張率の違いを利用している

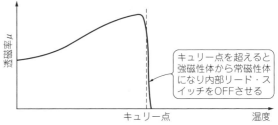

図7　磁気感温リード・スイッチの特性

第24章 電流ヒューズ以外の保護素子

磁石に戻るループとなります．感温フェライトは図7のような特性をもっています．

例として常時ONの場合では，この感温フェライトは軟磁性体(Mg-Zn系フェライト)でキュリー点より低い温度のときには高い透磁率μを示し，リード接点(Fe-Ni系)を通る磁束はリード接点を磁化して引きつけて閉じています［図8(a)］．

温度が上昇するに従い透磁率は大きくなりますが，キュリー温度点では急激に低下して透磁率は1になります．そのため，磁石の磁束ループはなくなり，リード接点はオープンとなります［図8(b)］．キュリー温度から低下すると即座に透磁率が大きく戻るので，リード接点は復帰します．

スイッチは密閉されていますので，塵挨や湿気のある場所でも使用が可能です．

応用は回路の過熱保護，温度検知などさまざまです．キュリー温度点を制御することで－10～＋130℃の範囲が選択できます．

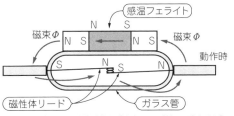
(a) 低温時は磁気抵抗が小さく，磁気回路を形成
（リード・リレーはON）

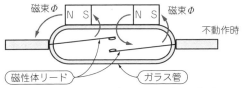
(b) 高温時は磁気抵抗が大きく，回路を形成しない
（リード・リレーはOFF）

図8 感温フェライトの動作
キュリー点を超える温度になると透磁率が低下し磁気がなくなることを利用

column▶01 並列使用時の注意点その1：配線パターン

高藤 裕介

ヒューズをN個並列に使用することで，定格電流（通電できる電流）がN倍の大きなヒューズとして使用することができます．また，ヒューズ1つ当たりの電流が減るため，発熱量を減らすこともできます．

しかし，各ヒューズに流れる電流を均等にしなければ，これらのメリットを十分に発揮することはできません．

具体的には，図A(a)，図A(b)のように，各ヒューズにつながる基板の回路パターンの電気抵抗を均等にする必要があります．もし，図A(c)のように各経路の電気抵抗が異なるようなパターンの場合は，基板の発熱の偏りや各ヒューズに流れ込む電流値が均等にならないため，電流が一番多く流れる経路のヒューズが耐えられなくなります．したがって，流せる電流はN倍にはならなくなってしまいます．

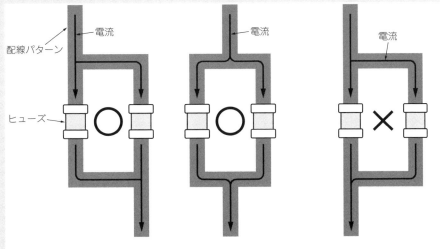

図A 同一のヒューズを並列に接続するパターン
(a) 各経路の電気抵抗は均等　(b) 各経路の電気抵抗は均等　(c) 各経路の電気抵抗に偏りがある

第4部 パワエレに必須の保護部品…しくみと特性

サージ吸収素子(＋ヒューズ)

● バリスタとヒューズ

電源回路の入力サージ電圧保護にバリスタ(varistor)やアレスタ(arrester)を使用する場合があります．バリスタは故障時には短絡(ショート)となるのでヒューズ保護が必要です．

図9に，バリスタのパルス電圧クランプ特性を示します．バリスタは，ある一定の電圧(バリスタ電圧)を超えると大きな電流を流してインピーダンスを下げ，電圧をクランプします．バリスタ電圧を背負いながら電流が流れるため，電力損失が大きくなります．電源にたとえるならドロッパ方式というところです．

そのため，故障時には短絡になることが多くなります(雷サージなど想定以上にエネルギーの大きい場合には素子のオープン破損もある)．オープン故障でエレメントが飛び散ることも考えられるため，できれば難燃性の絶縁キャップなどで保護しておきます．

図10(a)はヒューズの負荷側にバリスタVSを挿入した例です．バリスタがショートしたときに電源側のヒューズを切ります．

ヒューズは負荷回路とバリスタ回路とで兼用できます．例えば，CSA規定によるバリスタ径φ5(サージ電流が500A以下)を使用するのであれば，ヒューズ最大定格電流が3Aと規定されており，負荷電流保護が3Aヒューズ以下で満足できれば，ヒューズは1個で済みます．

負荷電流保護で3Aヒューズより小さいものが必要となる場合には，バリスタに電流が流れるたびにサージ電圧で切れてしまうこともあります．そのような回路には，図10(b)のようにバリスタに単独にヒューズを挿入します．

対地間に挿入する場合には，接地抵抗などにより電流が抑制されてヒューズが溶断しないことも想定し，図10(c)のようにバリスタに温度ヒューズを抱かせるなどの考慮を要します．

バリスタは数千pF〜数万pFと大きな静電容量をもつため，漏れ電流や伝導ノイズに影響してくることもあります．バリスタ挿入後にはこれらの確認が必要になります．

● 対地間保護ではアレスタとバリスタを使用

対地間のサージ保護にはバリスタの代わりにアレスタを挿入する場合もあります．アレスタでは，動作後は放電停止電圧に移行させる必要があります．

インパルス電圧を印加したときのアレスタの動作特性を図11に示します．

バリスタでは電圧クランプの遅れがないのと比較して，アレスタでは放電時間の遅れがあるので，放電開始電圧まではサージ電圧が印加されてしまいます．放電開始電圧に達した段階でアーク放電し，アレスタ電圧はショート状態へと移行します．

サージ電圧がなくなっても，放電停止電圧に至るまでアレスタはショート状態を維持し，アレスタの端子間電圧はショート状態のままになります．

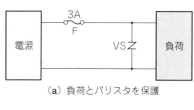

(a) 負荷とバリスタを保護

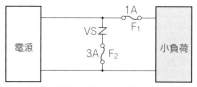

(b) 負荷とバリスタを独立に保護

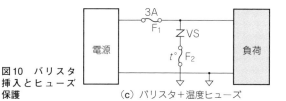

(c) バリスタ＋温度ヒューズ

図10 バリスタ挿入とヒューズ保護

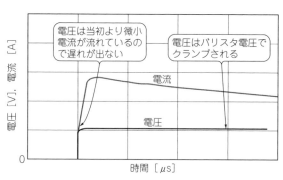

図9 バリスタの電圧抑制特性

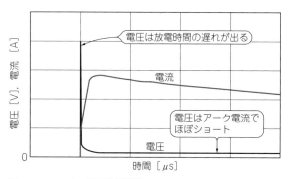

図11 アレスタの電圧抑制特性

第24章 電流ヒューズ以外の保護素子

アレスタの場合の損失は，スイッチング電源の制御に例えると，ほぼ電圧ゼロで電流大と損失は小さいため電流耐量が大きくなります．その反面，放電停止電圧以下にならないとアークの続流電流が続くことになるため，インピーダンスを挿入してアレスタの放電停止電圧にもっていくことを考慮する必要があります．

アレスタでの電流抑制としては，抵抗やバリスタなどを直列に接続し，放電後のアレスタ電圧を抵抗やバリスタに移行させ，放電停止電圧にもっていき，続流を遮断します．ただし，抵抗やバリスタの耐量が小さい場合にはアレスタの十分な働きが抑えられてしまうことがあります．このとき，抵抗やバリスタの電力損失が大きくなりますので温度保護を併用します．

アレスタはバリスタの動作と異なり，ヒューズを挿入することはアレスタ動作の意に反するものです．アレスタでの故障モードは，電極間がガス充填されたギャップであるため，バリスタとは異なりオープンとなります．電極間の静電容量は数pFと非常に小さいため，漏れ電流の増加やノイズの変動を考慮する必要はありません．

● ELBを併用する

対地間電圧抑制は漏洩電流を流すことになるので，ELB（Earth Leakage Circuit Breaker；漏電遮断器）の併用も考慮します．

対地間に電流が流れることは即ち，地絡電流（漏電流）ですので，バリスタ，アレスタの電源側には漏電遮断器を設置します．これらの機器の電流設定値ならびに動作時間にも注意を払います．

また，安全規格では絶縁抵抗や耐電圧試験，および感電の恐れから規定の漏洩電流値が要求されるため，耐圧試験や絶縁抵抗，漏洩電流の測定では場合によっては，これらの保護素子を外せる構造も必要となりますし，仕様の確認も必要です．バリスタやアレスタの選定では安全規格品を使う必要があります．

想定されるサージ耐量での素子の選定が必要になりますので，メーカなどの技術資料やカタログを参照するとよいでしょう．

突入電流防止回路

最後に，各種の素子を使った突入電流防止回路を紹介します．

● 突入電流は電圧の投入角で大きく変わる

突入電流については第21章でも述べました．スイッチング電源などでは平滑用に大容量のコンデンサが挿入されているため，正弦波の入力電圧位相（90°，270°）により大きな電流が初充電時に流れます．

突入電流が電圧位相によって大きく変わることについてシミュレーションします．回路例を図12に示します．電圧位相が0°で投入された場合と90°で投入された場合に，どのような差があるかをシミュレーションで見てみます．

図13は，電圧が0°位相で投入された場合です．突入電流波形は半波の正弦波波形となり，電流はピークで25Aとなっています．これは，電圧が徐々にゼロから増加しながらコンデンサを充電していくため，電流も比例してなだらかに増加するからです．

図14は，電圧が90°で投入された場合です．最初に電圧のピークでコンデンサを充電するので，大きな電流が発生します．この場合には62.3Aと非常に大きな電流となります．

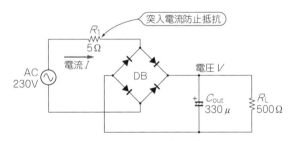

図12 突入電流をシミュレーションする回路

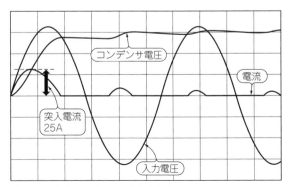

図13 電圧が0°位相で投入された場合

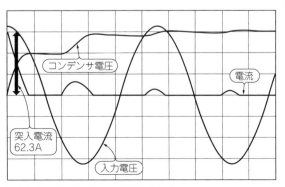

図14 電圧が90°位相で投入された場合

第4部 パワエレに必須の保護部品…しくみと特性

● 突入電流の測定と抑制方法

このように投入位相角によって突入電流値の値は大きく変わるので、移相器などにて投入位相を設定するとよいです。それができない場合には、位相を見ながら最大電流となる電流を何回か測定する必要があります。

また、一度投入されるとコンデンサ電圧は長時間保持されることがあるので、測定時には放電のための間隔を十分に空ける必要があります。

突入電流が大きい場合にはヒューズの劣化や溶断、場合によってはAC電源のブレーカを遮断することもあります。配電線によっては、瞬時の電圧降下で同一配電線に接続されている他の機器に影響を及ぼすこともあります。入力電源のライン・インピーダンスは状況により想定することが難しいため、このインピーダンスを無視できる突入防止抵抗を挿入して、電流を抑制しておく必要があるわけです。

抑制方法は、抵抗、パワー・サーミスタ、サイリスタ、FET、トライアックなどがあります。

● AC突入電流防止回路の例

図15は抵抗を挿入した例です。抵抗値R [Ω]、電圧E [V_{RMS}]、突入電流I_pとすると、

$$I_p = \sqrt{2}\frac{E}{R}$$

の電流に抑制できます。電圧100 V、抵抗10 Ωの例では、14 A_{peak}の電流に抑制されます。抵抗は常時負荷電流が流れて損失がI^2Rとなるため、小電力の電源に用いられます。

図16はパワー・サーミスタを用いた例です。図15の抵抗損失を低減することができます。パワー・サーミスタは温度上昇により抵抗値が減少するため、起動時の温度が低いとき(T_a = 25 ℃)には規定の抵抗値をもっていますが、サーミスタ電流によって素子が温度上昇するに従い抵抗値が減少します。そのため損失が小さくて済みます。

初期T_a = 25 ℃のみの条件にて、先ほどと同様に$I_p = \sqrt{2} \cdot E/R$の電流に抑制できます。ただし、次式で示すように、温度変化によるサーミスタ抵抗値で変化します。

$$R_S = R_A \cdot \exp\left\{B\left(\frac{1}{T_C} - \frac{1}{T_A}\right)\right\}$$

R_S [Ω]：温度T [℃]での抵抗値
R_A [Ω]：25 ℃での抵抗値
B：常数(タイプにより変わる)
T_A [K]：初期温度(@25 ℃)
T_C [K]：サーミスタ温度

図17はサイリスタ方式です。サイリスタがONするまでは抵抗を通してコンデンサを充電し、充電後にサイリスタがONとなるようにゲート電圧の時定数を設定しておきます。これによって、損失はサイリスタのON電圧のみに低減できます。中/高容量の電源に用いられます。

前回路に比較すると構成が煩雑になりますが、同様に$I_p = \sqrt{2} \cdot E/R$の電流に抑制できます。ただし、前記のようにサイリスタがOFFとなった場合には抵抗損失が大きくなりますので、ヒューズ抵抗を用います。

図18はリレーの遅延を利用したもので、リレーの接点でR_Sをショートするためほとんど損失はありません。電流は$I_p = \sqrt{2} \cdot E/R$に抑制できます。

接点開閉となるので、接点の摩耗劣化を考慮してソケットを使用するなど、メンテナンス面の考慮も必要になります。

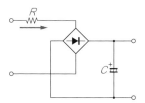

図15 抵抗による突入電流防止回路

- 小容量向け
- 抵抗の損失が大きい
- 低コスト、構成が容易

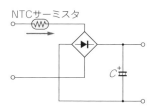

図16 サーミスタによる突入電流防止回路

- サーミスタの損失は比較的小さいが、サーミスタは熱い
- サーミスタ温度が高いうちは突入電流は大きい

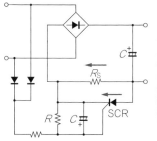

図17 サイリスタによる突入電流防止回路

- CR時定数後サイリスタ(SCR)がONするとR_Sをショートするので損失は小さい
- 中〜大容量向け
- SCRが停止した場合にR_S損失大のためヒューズ抵抗が必要

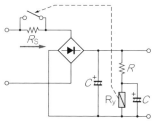

図18 リレーによる突入電流防止回路

- CR時定数後リレー(R_y)がONするとR_Sをショートするので損失はほぼゼロ
- R_yがOFFしたときR_Sの損失拡大のためヒューズ抵抗が必要
- 大容量向け

第24章 電流ヒューズ以外の保護素子

column ▶ 02　並列使用時の注意点その2：遮断特性

高藤 裕介

　ヒューズを並列に使用することで，定格電流が大きなヒューズとして使用することができます．

　しかし，遮断容量（ヒューズに流すことができる最大の電流）の値は増やすことができません．なぜならば，たとえ1つ当たりに流れる電流値を抑制したとしても，それはあくまで並列につながったすべてのヒューズが切れていない状態のときに限っての話だからです．

　異常電流が流れたときに，すべてのヒューズが寸分の狂いもなくまったく同時に切れることは現実には起こりえません．ほぼ同時に切れているように見えても，細かく見ると，必ず早く切れるヒューズと遅く切れるヒューズがあります．

　そして，最後に切れるヒューズは，切れる直前にはすべての異常電流を一手に引き受けることになります．このときの異常電流値がそのヒューズの遮断容量の規格を超えていた場合，ヒューズが安全に切れる保証はありません．パッケージの損傷や，最悪の場合は基板パターンへのダメージに至る可能性もあります．

　ゆえに，ヒューズの並列使用では遮断容量を増やすことはできません．

　図19はトライアックを用いた回路で，サイリスタと同様な動作をします．ゼロクロス・スイッチ回路を付加することにより，突入電流の低減が図れます．この回路方式も大容量向けに使用できます．$I_p = \sqrt{2} \cdot E/R$の電流に抑制できます．

　図20は，ゼロクロスのトライアック・カプラを使用して電圧のゼロ点を検出してONします．このカプラ信号でメインのトライアックをドライブすることにより，電圧ゼロ点の投入が可能になります．$I_p = \sqrt{2} \cdot E/R$の電流抑制になります．ただし，回路が複雑でコストも高くなります．

◆参考・引用＊文献◆

(1) 大東通信機，カタログ　https://www.daitotusin.co.jp/
(2) Littelfuse，カタログ，研修資料　https://www.littelfuse.co.jp/
(3) 富士端子工業，カタログ　https://www.fujiterminal.co.jp/
(4) Bel fuse，カタログ　https://www.belfuse.com/circuit-protection
(5) エス・オー・シー，ヒューズカタログ
(6) 社団法人電子技術産業協会，JEITA RCR-4800
(7) 三菱マテリアル，技術資料（第2版），サージアブソーバテクニカルデータ
(8) KOA抵抗器，チップヒューズ技術資料　https://www.koaglobal.com/
(9) パナソニック，チップヒューズカタログ・サージアブソーバ　https://industrial.panasonic.com/jp/
(10) 日本ケミコン，バリスタカタログ・テクニカルノート
(11) 三菱電機，配電制御機器技術講座，電力ヒューズ
(12) オムロン，主要安全規格既要
(13) ビシェイ，テクニカルノート　https://www.vishay.com/company/press/
(14) タイコエレクトロニクスジャパン　https://www.te.com/jpn-ja/home.html
(15) 公益法人日本セラミック協会，セラミックス42(2007)，No.4
(16) 村田製作所，PCTサーミスタ温度特性資料
(17) 内橋エステック，温度ヒューズカタログ　https://www.uchihashi.co.jp/
(18) 電気用品安全法，別表Ⅲ，J60127
(19) 安全規格，IEC 60950，Table 2L，2H
(20) 日之出電機製作所，カタログ　https://www.hinodedenki.co.jp/
(21) タムラ製作所，温度ヒューズカタログ　https://www.tamura-ss.co.jp/
(22) トーキン　https://www.tokin.com
(23) SEMITEC　https://www.semitec.co.jp
(24) 森田浩一：スイッチング電源［1］，AC入力1次側の設計，2015年4月30日，CQ出版社．
(25) 松尾電機，カタログ　https://www.ncc-matsuo.co.jp/

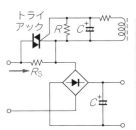

図19　トライアックによる突入電流防止回路

- CR時定数後トライアックがONするとR_Sをショートするので損失は小さい
- 中〜大容量向け
- トライアックがOFFした場合にはR_S損失が大きいためヒューズ抵抗が必要
- ゼロクロス回路を使うと突入電流が低減

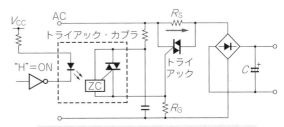

図20　トライアック・カプラによる突入電流防止回路

- 中〜大容量向け
- ゼロ電圧ONのため突入電流が低減
- トライアックがOFFした場合にはR_S損失が大きいためヒューズ抵抗が必要
- 回路が複雑

初出一覧

本書の下記の項目は，「トランジスタ技術」誌に掲載された記事をもとに再編集したものです．

●第1章
2023年1月号，pp.152-164

●第2章
2023年1月号，pp.165-169

●第3章
2023年1月号，pp.170-177

●Appendix 1
2023年10月号，pp.100-106

●第4章
2018年3月号，pp.145-153

●第5章
2022年8月号，pp.78-82

●第6章
2018年2月号，pp.180-187

●第7章
2015年1月号，pp.105-109

●第8章
2022年3月号，pp.144-150

●第9章
2023年10月号，pp.107-112

●第10章
2019年3月号別冊付録，pp.6-13

●第11章
2019年3月号別冊付録，pp.14-18

●第12章
2019年3月号別冊付録，pp.19-22

●第13章
2019年3月号別冊付録，pp.23-27

●Appendix 2
2019年3月号別冊付録，pp.30-32

●第14章
2019年3月号別冊付録，pp.52-58

●第15章
2019年3月号別冊付録，pp.69-79

●第16章
2019年11月号別冊付録，pp.12-17
2022年2月号，pp.46，125-126

●第17章
2008年5月号，pp.106-108
2009年6月号，pp.89-95

●第18章
2009年6月号，pp.97-99

●第19章
2019年7月号別冊付録，pp.20-27

●第20章
2019年7月号別冊付録，pp.28-32

●Appendix 3
2019年7月号別冊付録，pp.33-37

●第21章
2019年7月号別冊付録，pp.38-43

●第22章
2019年7月号別冊付録，pp.44-52

●第23章
2019年7月号別冊付録，pp.53-57

●第24章
2019年7月号別冊付録，pp.64-71

学生&新人エンジニアのための トラ技Jr.

■トラ技ジュニアとは

トラ技ジュニアとは，エレクトロニクス総合誌「トランジスタ技術」の小冊子で，学生さん・新人エンジニアさんに無料で配布しています．申し込んでいただいた先生に郵送しますが，社会人やバック・ナンバー希望の方は，オンライン購入することも可能です．1・4・7・10月の10日に発行しています．
無料配布の申し込みはこちらから．
https://toragijr.cqpub.co.jp/about/#sec02

Twitter @toragiJr

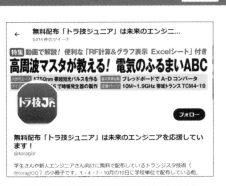
https://twitter.com/toragiJr

Facebook @toragiJr

https://www.facebook.com/toragiJr/

SNSなど

公式ウェブ・サイト

https://toragijr.cqpub.co.jp/

メルマガ

https://cc.cqpub.co.jp/system/contents/12/

役にたつエレクトロニクスの総合誌

トランジスタ技術

■ トランジスタ技術とは

トランジスタ技術は，国内でもっとも多くの人々に親しまれているエレクトロニクスの総合誌です．これから注目のエレクトロニクス技術を，実験などを交えてわかりやすく実践的に紹介しています．毎月10日発売．

Twitter @ToragiCQ

https://twitter.com/toragiCQ

Facebook @ToragiCQ

https://www.facebook.com/toragiCQ/

SNSなど

公式ウェブ・サイト

https://toragi.cqpub.co.jp/

メルマガ

https://cc.cqpub.co.jp/system/contents/6/

研究や実務に役立つエレクトロニクスの参考書

トランジスタ技術 SPECIAL

■トランジスタ技術SPECIALとは

エレクトロニクスの総合誌「トランジスタ技術」で好評いただいた記事や書き下ろし記事を再編集して，電子回路設計入門者向けの実務教科書としてまとめたシリーズです．3・6・9・12月の29日に発行しています．

Twitter @ToragiSP

https://twitter.com/toragiSP

Facebook @ToragiSP

https://www.facebook.com/toragiSP/

SNSなど

公式ウェブ・サイト

https://www.cqpub.co.jp/trs/index.htm

メルマガ

https://cc.cqpub.co.jp/system/contents/2816/

〈著者一覧〉 五十音順

市村 徹

梅前 尚

岡田 芳夫

白井 慎也

眞保 聡司

瀬川 毅

高藤 裕介

富澤 裕介

藤井 眞治

藤田 昇

布施 和昭

山田 順治

山本 真義

八幡 和志

●本書記載の社名，製品名について ── 本書に記載されている社名および製品名は，一般に開発メーカーの登録商標または商標です．なお，本文中では ™, ®, © の各表示を明記していません．

●本書掲載記事の利用についてのご注意 ── 本書掲載記事は著作権法により保護され，また産業財産権が確立されている場合があります．したがって，記事として掲載された技術情報をもとに製品化をするには，著作権者および産業財産権者の許可が必要です．また，掲載された技術情報を利用することにより発生した損害などに関して，CQ出版社および著作権者ならびに産業財産権者は責任を負いかねますのでご了承ください．

●本書に関するご質問について ── 文章，数式などの記述上の不明点についてのご質問は，必ず往復はがきか返信用封筒を同封した封書でお願いいたします．勝手ながら，電話でのお問い合わせには応じかねます．ご質問は著者に回送し直接回答していただきますので，多少時間がかかります．また，本書の記載範囲を越えるご質問には応じられませんので，ご了承ください．

●本書の複製等について ── 本書のコピー，スキャン，デジタル化等の無断複製は著作権法上での例外を除き禁じられています．本書を代行業者等の第三者に依頼してスキャンやデジタル化することは，たとえ個人や家庭内の利用でも認められておりません．

JCOPY 〈出版者著作権管理機構委託出版物〉
本書の全部または一部を無断で複写複製（コピー）することは，著作権法上での例外を除き，禁じられています．本書からの複製を希望される場合は，出版者著作権管理機構（TEL：03-5244-5088）にご連絡ください．

パワエレ回路技術 部品特性から入門

編　集	トランジスタ技術SPECIAL編集部	2024年10月1日発行
発行人	櫻田 洋一	©CQ出版株式会社 2024
発行所	CQ出版株式会社	（無断転載を禁じます）
	〒112-8619　東京都文京区千石4-29-14	

編集担当者　平岡 志磨子／上村 剛士
DTP　株式会社啓文堂
印刷・製本 三晃印刷株式会社
Printed in Japan

電　話　販売 03-5395-2141
　　　　広告 03-5395-2132

定価は裏表紙に表示してあります
乱丁，落丁本はお取り替えします